普通高等教育机械类应用型人才及卓越工程师培养规划教材

机 械 原 理

（第 2 版）

张　静　刘春东　主　编

电子工业出版社
Publishing House of Electronics Industry
北京·BEIJING

内 容 简 介

本书是根据教育部高等教育机械基础课程教学指导分委员会的要求而编写的，旨在满足全国众多应用型本科院校培养机械类人才的需要。全书共 13 章，内容包括绪论、平面机构的结构分析、平面连杆机构及其设计、凸轮机构及其设计、齿轮机构及其设计、轮系及其设计、间歇运动机构、平面机构的运动分析、平面机构的力分析、机械的平衡、机械的运转及其速度波动的调节、机构创新设计基本理论与方法和机械传动系统的方案设计。各章后附有一定数量的思考题、习题及考研真题，方便读者学习。

本书主要作为应用型本科院校机械类各专业本科生必修课的教材，也可作为高职高专机械类各专业的教材，还可作为非机械类学生及有关工程技术人员的参考书。

未经许可，不得以任何方式复制或抄袭本书之部分或全部内容。
版权所有，侵权必究。

图书在版编目（CIP）数据

机械原理 / 张静，刘春东主编. —2 版. —北京：电子工业出版社，2021.2
普通高等教育机械类应用型人才及卓越工程师培养规划教材
ISBN 978-7-121-35352-9

Ⅰ. ①机… Ⅱ. ①张… ②刘… Ⅲ. ①机构学－高等学校－教材 Ⅳ. ①TH111

中国版本图书馆 CIP 数据核字（2019）第 007169 号

责任编辑：郭穗娟
印　　刷：天津千鹤文化传播有限公司
装　　订：天津千鹤文化传播有限公司
出版发行：电子工业出版社
　　　　　北京市海淀区万寿路 173 信箱　邮编　100036
开　　本：787×1 092　1/16　印张：17　字数：432 千字
版　　次：2015 年 2 月第 1 版
　　　　　2021 年 2 月第 2 版
印　　次：2021 年 2 月第 1 次印刷
定　　价：59.80 元

凡所购买电子工业出版社图书有缺损问题，请向购买书店调换。若书店售缺，请与本社发行部联系，联系及邮购电话：（010）88254888，88258888。
质量投诉请发邮件至 zlts@phei.com.cn，盗版侵权举报请发邮件至 dbqq@phei.com.cn。
本书咨询联系方式：（010）88254502，guosj@phei.com.cn。

前　言

本书在第 1 版的基础上，根据教育部高等教育机械基础课程教学指导分委员会的要求并吸取编者教学实践中所积累的经验修订而成。

具体的修订工作主要有以下两方面。

（1）保持原内容体系，对第 1 版内容进行部分增、删或改写，使之更便于教与学。

（2）增强实用性，使教材内容更贴近工程实践。

本书注重能力的培养，力求做到不断强化自学能力、思维能力、创造性地解决问题的能力，以及不断自我更新知识的能力；促进学生向富有鲜明个性的方向发展，旨在满足全国众多应用型本科院校培养机械类人才的需要。

本书各章结合生产实践和日常生活实际的应用实例，在阐述机械原理的基本概念、基本原理和基本方法的同时，遵循由浅入深、循序渐进的原则，内容侧重应用型人才的培养。课堂教学学时宜为 60 学时左右，实验学时为 6～8 学时，课程设计时间为 1.5 周。

各章参考学时见下表。

章　节	参考学时
第 1 章　绪论	1
第 2 章　平面机构的结构分析	8
第 3 章　平面连杆机构及其设计	8
第 4 章　凸轮机构及其设计	6
第 5 章　齿轮机构及其设计	12
第 6 章　轮系及其设计	4
第 7 章　间歇运动机构	2
第 8 章　平面机构的运动分析	4
第 9 章　平面机构的力分析	4
第 10 章　机械的平衡	3
第 11 章　机械的运转及其速度波动的调节	4
第 12 章　机构创新设计基本理论与方法	2
第 13 章　机械传动系统的方案设计	2

本书由河北建筑工程学院张静和刘春东担任主编。张静编写第 2、3、4、6、7、11 章，以及 5.1～5.8 节；刘春东编写第 1、8、9、10、12、13 章，以及 5.9～5.11 节。感谢电子工业出版社对本书的修订工作给予了热情的关注和大力支持。

尽管编者为本书付出了很多的心血和努力，但疏漏和欠妥之处定然存在，恳请广大读者批评指正。

编　者

2020 年 5 月

目　　录

第1章　绪论 1
　1.1　机械原理课程研究的对象与内容 1
　　　1.1.1　机器 1
　　　1.1.2　机构 3
　　　1.1.3　构件与零件 3
　1.2　机械原理课程在专业中的地位和作用 4
　1.3　如何进行本课程的学习 4
　1.4　机械原理学科的发展现状及趋势 5
　习题与思考题 6

第2章　平面机构的结构分析 7
　2.1　平面机构的结构分析的内容和目的 7
　2.2　运动副、运动链及机构 7
　　　2.2.1　运动副 7
　　　2.2.2　运动链及机构 8
　2.3　平面机构运动简图 8
　　　2.3.1　构件的自由度 8
　　　2.3.2　平面运动副的分类及表示 8
　　　2.3.3　构件的分类及表示 10
　　　2.3.4　平面机构运动简图 12
　2.4　平面机构自由度 13
　　　2.4.1　平面机构自由度计算公式 13
　　　2.4.2　平面机构具有确定运动的条件 14
　　　2.4.3　计算平面机构自由度时应注意的事项 15
　2.5　平面机构的组成原理与结构分类 20
　　　2.5.1　平面机构的组成原理 20
　　　2.5.2　平面机构的结构分类 20
　2.6　平面机构的结构分析 21
　2.7　平面机构的高副低代 22
　习题与思考题 24

第3章　平面连杆机构及其设计 27
　3.1　平面连杆机构及其传动特点 27
　3.2　铰链四杆机构的基本类型及其演化 27

		3.2.1 铰链四杆机构的基本类型及其应用 ………………………………… 27

           3.2.1 铰链四杆机构的基本类型及其应用 ………………………………… 27
           3.2.2 铰链四杆机构存在曲柄的条件及类型的判定 ………………………… 30
           3.2.3 铰链四杆机构的演化 …………………………………………………… 31
    3.3 平面四杆机构的运动特性 ……………………………………………………… 36
           3.3.1 曲柄摇杆机构的运动特性 ……………………………………………… 36
           3.3.2 两种常用平面四杆机构的运动特性 …………………………………… 40
    3.4 平面四杆机构的设计 …………………………………………………………… 41
           3.4.1 用图解法设计平面四杆机构 …………………………………………… 42
           3.4.2 用解析法设计平面四杆机构 …………………………………………… 46
           3.4.3 用实验法设计平面四杆机构 …………………………………………… 47
    习题与思考题 …………………………………………………………………………… 48

第 4 章 凸轮机构及其设计 …………………………………………………………… 52

    4.1 概述 ……………………………………………………………………………… 52
           4.1.1 凸轮机构的组成 ………………………………………………………… 52
           4.1.2 凸轮机构的应用和分类 ………………………………………………… 52
    4.2 从动件的运动规律 ……………………………………………………………… 55
           4.2.1 凸轮机构的基本概念和参数 …………………………………………… 55
           4.2.2 从动件常用的运动规律 ………………………………………………… 56
           4.2.3 从动件运动规律的选择 ………………………………………………… 66
    4.3 盘形凸轮轮廓曲线的设计 ……………………………………………………… 67
           4.3.1 凸轮轮廓曲线设计基本原理 …………………………………………… 67
           4.3.2 用图解法设计盘形凸轮轮廓曲线 ……………………………………… 68
           4.3.3 用解析法设计盘形凸轮轮廓曲线 ……………………………………… 72
    4.4 凸轮机构基本参数的确定 ……………………………………………………… 75
           4.4.1 压力角的确定 …………………………………………………………… 76
           4.4.2 基圆半径的确定 ………………………………………………………… 78
           4.4.3 滚子半径的确定 ………………………………………………………… 78
           4.4.4 平底从动件长度的确定 ………………………………………………… 79
    习题与思考题 …………………………………………………………………………… 80

第 5 章 齿轮机构及其设计 …………………………………………………………… 83

    5.1 概述 ……………………………………………………………………………… 83
           5.1.1 齿轮机构的特点 ………………………………………………………… 83
           5.1.2 齿轮机构的分类 ………………………………………………………… 83
    5.2 传动比和齿廓啮合基本定律 …………………………………………………… 85
           5.2.1 传动比 …………………………………………………………………… 85
           5.2.2 齿廓啮合基本定律 ……………………………………………………… 85
    5.3 渐开线的形成、性质、方程和函数 …………………………………………… 86
           5.3.1 渐开线的形成 …………………………………………………………… 86

目录

- 5.3.2 渐开线的性质 ··· 86
- 5.3.3 渐开线方程与渐开线函数的求解 ··· 87

5.4 渐开线标准直齿圆柱齿轮的基本参数和几何尺寸 ··· 88
- 5.4.1 齿轮各部分名称和符号 ··· 88
- 5.4.2 标准齿轮的定义和基本参数 ··· 90
- 5.4.3 几何尺寸计算 ··· 90
- 5.4.4 内齿轮和齿条的尺寸计算 ··· 91

5.5 渐开线齿轮传动及渐开线齿廓的啮合特性 ··· 92
- 5.5.1 节点、节圆、啮合线和啮合角 ··· 92
- 5.5.2 渐开线齿廓的啮合特性 ··· 92

5.6 渐开线齿轮正确啮合、安装和连续传动条件 ··· 94
- 5.6.1 正确啮合条件 ··· 94
- 5.6.2 正确安装条件 ··· 95
- 5.6.3 连续传动条件 ··· 97

5.7 渐开线齿廓的切削加工 ··· 99
- 5.7.1 渐开线齿廓的切削原理 ··· 99
- 5.7.2 渐开线齿廓的根切现象 ··· 102
- 5.7.3 渐开线标准外齿轮不发生根切现象的条件 ··· 102

5.8 变位齿轮概述 ··· 103
- 5.8.1 变位齿轮的定义及特点 ··· 103
- 5.8.2 不发生根切现象的最小变位系数 x_{min} 的计算 ··· 104
- 5.8.3 变位齿轮的几何尺寸计算 ··· 104
- 5.8.4 变位齿轮传动条件 ··· 105
- 5.8.5 变位齿轮传动类型及特点 ··· 106
- 5.8.6 变位齿轮传动的设计步骤 ··· 108

5.9 斜齿圆柱齿轮机构 ··· 108
- 5.9.1 渐开线斜齿圆柱齿轮齿面的形成及其传动特点 ··· 108
- 5.9.2 渐开线斜齿圆柱齿轮的基本参数及几何尺寸 ··· 109
- 5.9.3 斜齿圆柱齿轮的当量齿轮和当量齿数 ··· 112
- 5.9.4 斜齿圆柱齿轮啮合传动条件 ··· 113
- 5.9.5 交错轴斜齿轮传动 ··· 114

5.10 圆锥齿轮机构 ··· 116
- 5.10.1 圆锥齿轮传动的特点 ··· 116
- 5.10.2 直齿圆锥齿轮齿廓曲面的形成 ··· 117
- 5.10.3 圆锥齿轮的背锥与当量齿数 ··· 117
- 5.10.4 圆锥齿轮啮合传动及其几何尺寸 ··· 118

5.11 蜗杆传动 ··· 120
- 5.11.1 蜗杆传动的特点 ··· 120
- 5.11.2 蜗杆传动的基本参数 ··· 120
- 5.11.3 蜗杆传动的正确啮合条件 ··· 122

>　　5.11.4　蜗杆传动的几何尺寸计算 122
>　习题与思考题 123

第6章　轮系及其设计 126

>　6.1　轮系的分类 126
>　6.2　定轴轮系的传动比计算 127
>　6.3　周转轮系的传动比计算 129
>　6.4　复合轮系的传动比计算 132
>　6.5　轮系的功用 133
>　6.6　周转轮系的设计及各个齿轮齿数的确定 136
>　6.7　其他类型的行星齿轮传动概述 139
>　　6.7.1　渐开线少齿差行星齿轮传动 139
>　　6.7.2　摆线针轮行星齿轮传动 140
>　　6.7.3　谐波齿轮传动 140
>　习题与思考题 141

第7章　间歇运动机构 145

>　7.1　棘轮机构 145
>　　7.1.1　棘轮机构的组成和工作原理 145
>　　7.1.2　棘轮机构的类型 145
>　　7.1.3　棘轮机构的应用 146
>　7.2　槽轮机构 147
>　　7.2.1　槽轮机构的组成及工作原理 147
>　　7.2.2　槽轮机构的类型 147
>　　7.2.3　槽轮机构的应用 148
>　7.3　不完全齿轮机构 149
>　　7.3.1　不完全齿轮机构的组成及工作原理 149
>　　7.3.2　不完全齿轮机构的类型及应用 150
>　7.4　螺旋机构 151
>　　7.4.1　螺旋机构的组成及工作原理 151
>　　7.4.2　螺旋机构的应用 152
>　7.5　万向联轴节 153
>　　7.5.1　单万向联轴节 153
>　　7.5.2　双万向联轴节 154
>　　7.5.3　万向联轴节的应用 155
>　习题与思考题 155

第8章　平面机构的运动分析 156

>　8.1　利用瞬心法对平面机构进行速度分析 156
>　　8.1.1　瞬心的概念和数目计算 156

8.1.2 瞬心的位置 ··· 157
　　　8.1.3 瞬心法在机构速度分析中的应用 ·· 158
　8.2 利用相对运动图解法对机构进行速度和加速度分析 ······································ 160
　　　8.2.1 同一构件上两点之间的速度和加速度分析 ·· 160
　　　8.2.2 组成移动副的两个构件瞬时重合点之间的速度和加速度分析 ············· 163
　8.3 利用解析法对机构进行速度和加速度分析 ·· 167
　　　8.3.1 矩阵法 ··· 168
　　　8.3.2 复数矢量法 ··· 170
　8.4 运动线图 ·· 171
　习题与思考题 ·· 172

第9章 平面机构的力分析 ·· 175

　9.1 机构的惯性力确定和动态静力分析 ·· 175
　　　9.1.1 构件惯性力的确定 ··· 175
　　　9.1.2 机构的动态静力分析 ··· 176
　9.2 机构传动摩擦力的确定 ·· 179
　　　9.2.1 移动副摩擦力的确定 ··· 179
　　　9.2.2 螺旋副摩擦力的确定 ··· 182
　　　9.2.3 转动副摩擦力的确定 ··· 183
　　　9.2.4 考虑运动副摩擦情况下的机构力分析 ·· 185
　9.3 机械效率与自锁 ··· 186
　　　9.3.1 机械效率 ··· 186
　　　9.3.2 机构自锁 ··· 189
　习题与思考题 ·· 192

第10章 机械的平衡 ··· 195

　10.1 机械平衡的目的和内容 ·· 195
　　　10.1.1 机械平衡的目的 ··· 195
　　　10.1.2 机械平衡的分类 ··· 195
　10.2 刚性转子的平衡原理及方法 ··· 196
　　　10.2.1 静平衡 ··· 196
　　　10.2.2 动平衡 ··· 197
　　　10.2.3 平衡实验概述 ··· 199
　　　10.2.4 转子的许用不平衡量 ··· 201
　10.3 平面连杆机构的平衡 ·· 202
　　　10.3.1 完全平衡 ··· 202
　　　10.3.2 部分平衡 ··· 204
　习题与思考题 ·· 206

第 11 章 机械的运转及其速度波动的调节 209
11.1 机械系统动力学问题 209
11.1.1 研究机械系统动力学问题的目的和内容 209
11.1.2 机械的运转过程 209
11.1.3 驱动力和工作阻力的类型及机械特性 210
11.2 机械系统的等效动力学模型 211
11.2.1 等效动力学模型的基本原理 211
11.2.2 等效力矩和等效力 212
11.2.3 等效转动惯量和等效质量 212
11.3 机械运转速度波动的调节 215
11.3.1 周期性速度波动产生的原因 215
11.3.2 周期性速度波动的不均匀系数 217
11.3.3 周期性速度波动调节的基本原理 218
11.3.4 飞轮转动惯量 J_F 的近似计算 219
11.3.5 非周期性速度波动的调节 221
习题与思考题 222

第 12 章 机构创新设计基本理论与方法 225
12.1 机构的变异与创新设计 225
12.1.1 构件形状变异与创新设计 225
12.1.2 运动副形状变异与创新设计 226
12.1.3 运动副等效代换与创新设计 228
12.2 机构的组合与创新设计 230
12.2.1 机构组合的基本概念 230
12.2.2 机构的串联组合与创新设计 232
12.2.3 机构的并联组合与创新设计 234
12.2.4 机构的叠加组合与创新设计 236
12.2.5 机构的封闭组合与创新设计 239
12.2.6 其他类型的机构组合与创新设计 242
习题与思考题 243

第 13 章 机械传动系统的方案设计 244
13.1 概述 244
13.2 机械传动系统方案设计及机构类型的选择 244
13.2.1 机械传动系统方案设计的基本原则 244
13.2.2 机构类型的选择 246
13.2.3 机构构件之间运动的协调与机械系统运动循环图 247
13.3 机械传动系统方案设计举例 250
13.3.1 C1325 型单轴六角自动车床转塔刀架机械传动系统的分析 250

13.3.2　多头专用自动钻床的机械传动系统设计 252
13.4　现代机械传动系统发展情况简介 255
　13.4.1　系统分析设计方法 256
　13.4.2　创造性设计方法 256
　13.4.3　优化设计方法 256
　13.4.4　可靠性设计方法 257
　13.4.5　机构的动力平衡 257
习题与思考题 258

参考文献 259

第 1 章 绪 论

学习目标：掌握机器和机构的定义、特征，以及机器的组成；了解机械原理学科的发展，了解本课程的主要内容及其在机械专业中的地位和作用，了解学习本课程的目的。

1.1 机械原理课程研究的对象与内容

机械原理是一门介绍各类机械产品中常用机构设计的基本知识、基本理论和基本方法的重要技术基础课，本课程以高等学校机械类专业的学生为对象，研究机械中机构的结构和运动，以及机器的结构、受力、质量和运动。通过理论学习与不断实践，加强创新思维和工程设计能力的训练，为机械产品创新设计提供必要的基础知识与方法；通过启发创新思维，培养学生主动实践的工程设计能力。

1.1.1 机器

"机械"是机器和机构的统称。在日常生产和生活中，我们接触过很多机器。不同的机器具有不同的形式、构造和用途，但通过分析可以看出，机器都是为了完成某种功能而专门设计的系统化装置。例如，内燃机和电动机用来转换能量；各类机床用来改变物料的形状或状态；起重运输机械用于传递物料；计算机、DVD 等用来加工、转换和传递电子信息等。图 1-1 所示为单缸四冲程内燃机，其一个工作循环由吸气、压缩、工作和排气 4 个行程组成，将燃气的热能转换为机械能。该内燃机工作顺序如下：活塞 3 下行将燃气由进气管通过进气门吸入汽缸 4 后，进气门关闭；活塞 3 上行压缩燃气；火花塞点火使高压燃气在汽缸中燃烧，迅速膨胀产生的压力推动活塞 3 下行，通过连杆 1 带动曲轴 2 转动，输出机械能；活塞 3 再次上行，排气门打开，废气通过排气管排出。其中，凸轮 7 和顶杆 6 用于控制进、排气门的开闭。图 1-2 所示为颚式破碎机，由电动机 1、带轮 2、V 带 3、带轮 4、偏心轴 5、动颚板 6、摇杆 7、定颚板及机架 8 组成。电动机转动通过带传动带动偏心轴转动，进而使动颚板产生平面运动，与定颚板一起实现压碎物料的功能。

由以上两个实例可以看出，机器应该具有以下 3 个共同特征。

（1）机器是人为的实物组合体，非自然之物。

（2）该组合体各部分之间都具有确定的相对运动。

（3）该组合体能够完成有用的机械功或实现能量、物料或信息的转换或转移。

同时具备上述 3 个特征的实物组合体就称为机器。典型机器主要由以下 4 部分组成。

（1）动力部分：是机器的动力来源，常用的有内燃机、电动机等。

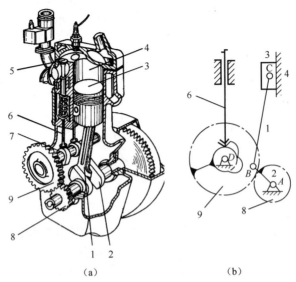

1—连杆 2—曲轴 3—活塞 4—汽缸 5—进气阀 6—顶杆 7—凸轮 8,9—齿轮

图 1-1 单缸四冲程内燃机

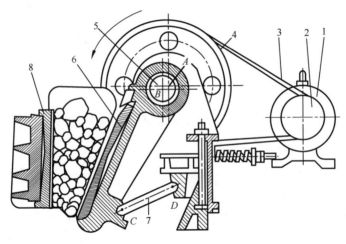

1—电动机 2—带轮 3—V带 4—带轮 5—偏心轴 6—动颚板 7—摇杆 8—定颚板及机架

图 1-2 颚式破碎机

（2）传动部分：连接动力部分和执行部分的中间环节，传递或变换运动和动力，主要由各种传动结构组成。

（3）执行部分：机器的执行终端，完成预期的动作和实现一定功能。

（4）控制部分：用于协调动力部分、传动部分和执行部分的工作形式和状态，能够有序、准确、可靠地完成预定的功能。

随着科学技术的发展，机器的种类也层出不穷，就其功能而言，大体可以将机器分为以下 3 类。

（1）动力机器：将其他形式的能量转化为机械能（如内燃机、电动机等）。

（2）工作机器：完成有用的机械功或搬运物品（如切削机床、轧钢机、起重机、织布机、包装机、运输机等）。

(3) 信息机器：完成信息的传递与转换（如复印机、打印机、传真机、照相机、绘图机等）。

1.1.2 机构

图 1-3（a）所示为工件自动装卸装置。其工作原理如下：由电动机通过带传动、蜗杆传动、凸轮机构和连杆机构等的传动，使滑杆向左移动时，滑杆上的动爪和定爪将工件夹住。电动机反转，带动滑杆向右移动到如图 1-3（b）所示的一定位置时，夹持器的动爪受挡块的压迫将工件松开，于是工件落于工件载送器上，被送往下道工序。工件自动装卸装置包含了很多的传动机构，虽然机构形式各样，但都具有以下两个共同特征。

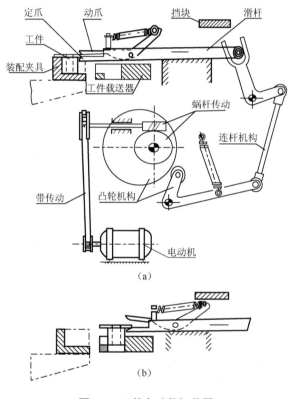

图 1-3 工件自动装卸装置

（1）机构是人为的实物组合体。
（2）该组合体各部分之间都具有确定的相对运动。
通过以上分析可知，机器与机构的区别如下：
① 机器可以包含一个机构，也可以包含多个机构。
② 机构只用来传递运动和力，而机器除了传递运动和力，还具有变换或传递能量、物料和信息的功能。

1.1.3 构件与零件

机构由许多具有确定相对运动的单元体所组成，其运动单元体称为构件。一个构件可以是一个零件，也可以是由多个零件装配而成的刚性整体。例如，图 1-1（a）所示内燃机中的曲轴既是一个构件也是一个零件；图 1-4（a）所示的连杆是内燃机中的一个构件，它由连杆体 1、连杆盖 2、轴瓦 3~5、螺栓 6、螺母 7、开口销 8 零件刚性连接构成，如图 1-4（b）所示。由此可见，构件和零件是两个不同的概念，构件是机械中独立的运动单元，而零件是机械中的制造单元。

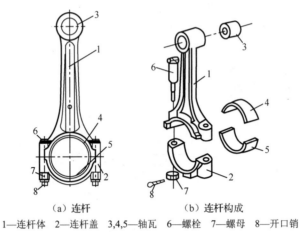

(a) 连杆　　　(b) 连杆构成
1—连杆体　2—连杆盖　3,4,5—轴瓦　6—螺栓　7—螺母　8—开口销

图 1-4　连杆及其构成

1.2　机械原理课程在专业中的地位和作用

机械原理是机械类专业研究机械共性问题的一门专业技术基础课程，具有更宽的研究范围和更广的适应性，是承上启下、联系基础课和专业课的桥梁和纽带，在机械专业学生的课程体系中占有非常重要的地位。

（1）为机械类专业课程奠定基础。本课程主要研究具有机械共性的理论问题与实验分析方法，使学生掌握机构运动学和动力学的基本理论、基本知识和基本技能，学会常用机构的分析和设计方法，了解和掌握机械系统的设计过程，为专业课程的学习打下一个良好的基础。

（2）为合理使用机械设备提供指导。作为机械专业的工程技术人员，将在工作中面对各种各样的机械设备。要能够正常使用、维护、管理各类机械设备、充分发挥设备的能力，就必须了解机械产品的原理和特性。通过本课程的学习，深入了解机构性能和基本特性，就能更好地使用、维护、管理各类机械设备。

（3）为机械产品的改造和创新提供指导。创新是发展的动力，工业的进步离不开创新。对已有的机械设备如何改造、完善，如何根据市场需要设计、开发出新的产品是机械专业工程技术人员所必须面对的问题。而产品的改造和创新主要是原理和设计方案的创新，本课程所涉及的知识就可以提供必不可少的指导和帮助。

1.3　如何进行本课程的学习

鉴于本课程的特点和所占学科地位，为了学好本课程，就要着重弄清基本概念，理解基本原理，掌握基本规律和机构分析与设计的基本方法。因此，在学习过程中就需要做到以下几点。

（1）在学习知识的同时，注重能力的培养。通过各种实习，实践机会，加深理论理解，培养动手能力。

（2）在重视逻辑思维的同时，加强形象思维能力的培养。本课程所讲述的内容都是一些原理性的知识，比较抽象，不容易理解，因此不仅要具有一定的逻辑思维能力，而且还要具有一定的形象思维能力。

（3）注意先修课程的应用。本课程与一些基础课程联系紧密，如高等数学、理论力学、机械制图等，这些课程学习的好坏将直接影响本课程的学习。

（4）理论联系实际，能够做到举一反三。现实生活中有各种设计新颖、构思巧妙的机构和机器，平时应注意观察、分析、比较和积累，主动将所学知识用于实践中。

1.4 机械原理学科的发展现状及趋势

现代机械工业日益向高速、重载、高精度、高效率、低噪声等方向发展，对机械提出的要求也越来越苛刻。例如，有的用于宇宙探测，有的要在深海作业；有的小到能沿人体血管爬行，有的又是庞然大物；有的速度数倍于声速，有的又要做亚微米级甚至纳米级的微位移等。

现代机械原理学科的发展趋势主要体现在以下几个方面：

（1）新机构的研发。为适应生产发展的需要，当前在自控机构、机器人机构、仿生机构、柔性机构和机、电、光、声、液、气、热一体的综合机构等的研制上有很大进展。

（2）重视对空间连杆机构、多杆多自由度空间机构、特殊串联及多环并联机构、连杆机构的弹性动力学和连杆机构的动力平衡的研究。

（3）发展了齿轮啮合原理，提出了许多性能优异的新型齿廓曲线和新型传动，加速了对高速齿轮、精密齿轮、微型齿轮的研制。

（4）十分重视对高速凸轮机构的研究。为了获得动力性能好的凸轮机构，在凸轮机构推杆运动规律的开发、选择和组合上做了很多工作。

（5）为了适应现代机械高速度、快节拍、优性能的需要，还发展了高速、高定位精度的分度机构，具有综合性能优良的组合机构，以及各种机构的变异和组合等。

（6）在机械的分析与综合方面，一方面由只考虑其运动性能转向同时考虑其动力性能；考虑机械在运转时构件的振动和弹性变形、运动副中的间隙和构件的误差对机械运动及动力性能的影响；如何对构件和机械进一步做好动力平衡的问题等。另一方面日益广泛地应用了计算机，发展并推广了计算机辅助设计、优化设计、考虑误差的概率设计。

总之，作为机械原理学科，其研究领域十分广阔，内涵非常丰富。在机械原理的各个领域，每年都有大量内容新颖的文献资料涌现。然而，作为一门专业技术基础课程，我们将只研究有关机械的一些最基本的原理及最常用的机构分析和综合方法，这些内容也都是进一步研究机械原理课题所必需的知识基础。

习题与思考题

1-1 什么是机器？机器的功用是什么？机器与机构的主要区别是什么？
1-2 如何才能学好机械原理课程？
1-3 本课程研究的内容主要包括哪几个方面的问题？
1-4 通过观察身边的机械，分析其功能与结构组成。

第 2 章　平面机构的结构分析

学习目标：掌握平面运动副和构件的分类及表示方法，掌握平面机构自由度计算及机构具有确定运动的条件，掌握根据实物绘制机构运动简图；了解平面机构的组成原理和结构分析。

2.1　平面机构的结构分析的内容和目的

平面机构的结构分析内容和目的如下：

（1）研究机构的组成及其具有确定运动的条件。机构可以传递运动和动力，因此机构需要具有确定的运动。研究机构的组成及其具有确定运动的条件，这是机构结构分析的内容之一。

（2）根据结构特点进行机构的结构分析。对机构的运动和动力进行分析，以便了解机构中构件的速度、加速度及其受力的变化规律。

（3）研究机构的组成原理。研究机构的组成原理不仅有利于新机构的创造，而且可以根据组成原理，将各种机构进行结构分类，对机构的运动和动力进行分析。

2.2　运动副、运动链及机构

2.2.1　运动副

机构是由构件以一定方式连接而成的，其中每个构件至少与另一个构件相连接，这种连接既使两个构件直接接触，又使两个构件能产生一定的相对运动。把两个构件直接接触而形成的可动连接称为运动副。例如，在图 1-1 所示的内燃机中，汽缸 4 与活塞 3 的连接、连杆 1 与曲轴 2 的连接、凸轮 7 与顶杆 6 的连接，以及齿轮 8 与齿轮 9 的啮合都构成了运动副。

构成运动副的两个构件间的接触主要有点、线、面 3 种形式，两个构件上参与接触而构成运动副的点、线、面称为运动副元素。

运动副常见的分类方法有以下 3 种。

（1）按运动副的接触形式分类。两个构件通过面接触形成的运动副称为低副，而通过点、线接触形成的运动副称为高副。低副根据其运动形式又分为转动副和移动副。

（2）按运动空间分类。若构成运动副的两个构件之间的相对运动为平面运动，则称之为平面运动副。若构成运动副的两个构件之间的相对运动是空间运动，则称之为空间运动副。

（3）按运动副引入的约束数分类。引入一个约束的运动副称为 I 级副，引入两个约束的运动副称为 II 级副，依此类推，最多为 V 级副。

2.2.2 运动链及机构

两个或两个以上的构件用运动副连接构成的构件系统称为运动链,运动链可分为闭式链和开式链两种。各构件用运动副首尾连接构成封闭环路的运动链称为闭式链,简称闭链,如图2-1(a)所示;各构件用运动副首尾连接构成不封闭路线的运动链称为开式链,简称开链,如图2-1(b)所示。根据运动链中各构件间的相对运动为平面运动还是空间运动,也可以把运动链分为平面运动链和空间运动链两类,分别如图2-1和图2-2所示。一般机械中多数采用平面闭式链,如内燃机、颚式破碎机等;开式链多用于工业机器人等机械中。

在运动链中,若将某一构件加以固定,而让另一个(或几个)构件按给定运动规律相对于该固定构件运动,其余各构件都能得到确定的相对运动,则此运动链称为机构。

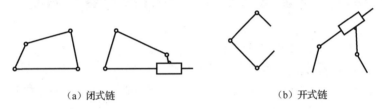

(a) 闭式链　　　　　　　　(b) 开式链

图 2-1　平面运动链

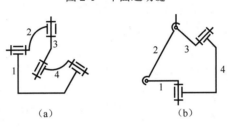

(a)　　　　　　　(b)

图 2-2　空间运动链

2.3　平面机构运动简图

所有构件都在同一平面或相互平行的平面内运动的机构称为平面机构,否则,称为空间机构。平面机构在工程上应用较多,本课程主要讨论平面机构。

2.3.1　构件的自由度

构件是机构中的运动单元体,它是组成机构的要素。构件的自由度是指构件具有的独立运动。任何一个自由构件在平面内运动时皆有3个自由度,即在直角坐标系 xOy 中沿着坐标 x 轴、y 轴方向的移动和绕坐标原点 O 的转动,如图2-3所示。

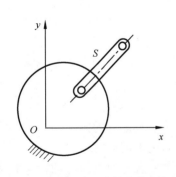

图 2-3　平面自由构件的自由度

2.3.2　平面运动副的分类及表示

只允许被连接的两个构件在同一平面或相互平行的平面内作相对运动的运动副称为平

面运动副，平面机构中的运动副都属平面运动副。两个构件通过运动副连接后，构件的某些运动必将受到约束。

两个构件可以通过点、线或面接触形成运动副。两个构件通过面接触形成的运动副称为低副。按照接触特性，平面运动副可分为转动副、移动副和高副。其中，转动副和移动副统称为低副。

（1）转动副。形成运动副的两个构件之间只能绕某一轴线作相对转动时的低副称为转动副。转动副使构件失去沿 x 轴和 y 轴方向两个移动的自由度，只保留一个绕原点 O 转动的自由度。转动副又称为铰链，其中一个构件为固定件，称为固定铰链。若两个构件均为活动构件，则称之为活动铰链。

（2）移动副。形成运动副的两个构件只能沿某一直线作相对移动的低副称为移动副。移动副使构件失去沿某一直线方向移动和在平面内绕原点 O 转动的两个自由度，只保留了沿另一直线方向移动的自由度。

（3）高副。两个构件通过点接触或线接触形成的运动副称为高副。在凸轮机构中凸轮1与从动件2、在齿轮机构中齿轮1与齿轮2在接触点 A 处形成的运动副都是高副。高副使构件失去了沿接触点 A 公法线 $n—n$ 方向移动的自由度，保留了绕接触点 A 转动和沿接触点 A 公切线 $t—t$ 方向移动的两个自由度。用符号表示高副时，一般需要把两个构件在接触点处的曲线轮廓画出（如凸轮机构），但对于齿轮机构，习惯上只用点画线画出两个齿轮的节圆。

平面运动副及其表示方法见表 2-1。

表 2-1　平面运动副及其表示方法

名称		图形	运动副简图
低副	转动副		
	移动副		
高副			

续表

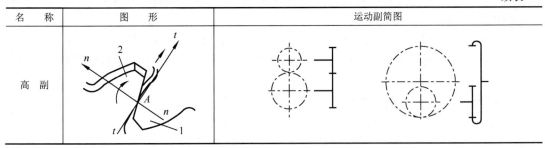

2.3.3 构件的分类及表示

组成机构的构件按其运动性质可分为固定件、主动件和从动件。

1. 固定件

固定件也称为机架,是用来支撑活动构件的构件。如图 2-4 所示的压力机机座 9,它是用来支撑齿轮 1、齿轮 5、滑杆 3 及冲头 8 等构件的。在分析机构的运动时,固定件作为参考坐标系。

2. 主动件

主动件是运动规律已知的活动构件。它的运动和动力由外界输入,因此,该构件常与动力源相关联,如图 2-4 所示,齿轮 1 就是主动件。主动件又称为原动件。

3. 从动件

从动件是由主动件的运动规律及机构中运动副的类型以及运动副之间的相对位置限定其运动的构件。在机构中除了机架与主动件,其他构件都是从动件。而在从动件中按预期的规律向外界输出运动或动力的构件称为输出构件,如图 2-4 所示的冲头 8。

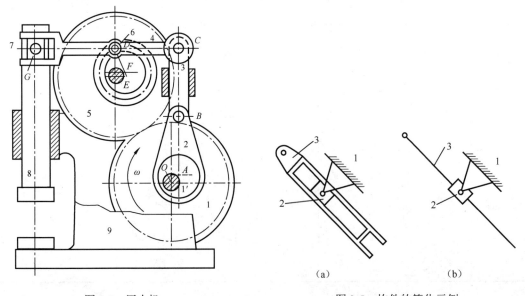

图 2-4 压力机

图 2-5 构件的简化示例

实际构件的外形和结构是复杂而多样的。在绘制机构运动简图时，构件的表达原则是撇开那些与运动无关的构件外形和结构，仅把与运动有关的尺寸用简单的线条表示出来。图2-5（a）中的构件3与滑块2形成移动副，构件3的外形和结构与运动无关，因此可用图2-5（b）所示的简单线条来表示。

常用机构运动简图见表2-2，一般构件的表示方法见表2-3。

表 2-2 常用机构运动简图

名称	简图	名称	简图
在支架上的电动机		带传动	
链传动		外啮合圆柱齿轮传动	
内啮合圆柱齿轮传动		齿轮齿条传动	
圆锥齿轮传动		圆柱蜗杆传动	
凸轮传动		槽轮机构	外啮合　内啮合
棘轮机构	外啮合　内啮合	摩擦轮传动	
可移式联轴节		单向式离合器	

表 2-3　一般构件的表示方法

名称	表示方法
固定构件	
同一构件	
两副构件	
三副构件	

2.3.4　平面机构运动简图

实际机械的外形和结构大多比较复杂，为了便于分析和研究，工程中常用简单的线条和符号表示构件及运动副，并以此绘制机构运动简图。

用构件和运动副的特定符号来表示机构中各构件间相对运动关系的简单图形，称为机构示意图。按一定的长度比例尺绘制的机构示意图称为机构运动简图。机构运动简图不仅可以简明地反映原机构的运动特性，而且可以对机构进行运动和动力分析。绘制机构运动简图的一般流程可以用图 2-6 粗略地表示。

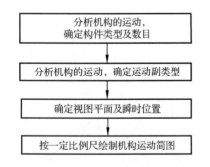

图 2-6　绘制机构运动简图的一般流程

绘制机构运动简图的具体步骤如下：

（1）分析机构的运动，找出固定件（机架）、主动件与从动件，即判别构件的类型并用 1、2、3、4…表示构件的数目。

（2）从主动件开始，按照运动的传递顺序分析各构件之间相对运动的性质，确定运动副的类型并用 A、B、C、D…表示运动副的序号。

（3）合理选择视图平面。为了能清楚地表明各构件间的相对运动关系，通常选择构件所在的平面或平行于构件运动的平面作为视图平面。

（4）选择能充分反映机构运动特性的瞬时位置。若瞬时位置选择不当，则会出现构件间相互重叠或交叉，使得机构运动简图既不易绘制也不易辨认。

（5）选择比例尺 $\mu_l = \dfrac{\text{实际尺寸(m)}}{\text{图上尺寸(mm)}}$，确定各运动副之间的相对位置，用特定符号绘制机构运动简图。比例尺应根据实际机构和图幅大小来适当选取。计量单位可用 m/mm 或 mm/mm。例如，若用图上的 1mm 代表实际尺寸的 5mm，则 $u_l = 5\text{mm/mm}$。

【例 2.1】 绘出如图 2-4 所示压力机的机构运动简图。

分析：该机构主要由机座 9、齿轮（偏心轴 1'）1、齿轮（偏置凸轮）5、连杆 2、滑杆 3、摆杆 4、滚子 6、滑块 7、冲头 8 等组成。在齿轮 1 带动下齿轮 5 绕 E 点转动，连杆 2 驱动滑杆 3 上下移动，摆杆 4 在滑杆 3 及偏置凸轮（与齿轮 5 固连）带动下摆动，从而拨动滑块 7 并带动冲头 8 上下移动冲压零件。

机构中各构件之间的连接关系如下：构件 8 与构件 9、构件 7 与构件 4、构件 3 与构件 9 之间为相对移动，形成移动副；构件 1 与构件 9、构件 5 与构件 9、构件 2 与构件 1'、构件 3 与构件 2、构件 3 与构件 4、构件 4 与构件 6、构件 7 与构件 8 之间为相对转动，形成转动副；构件 1 与构件 5 之间形成高副（齿轮副），构件 5 的凸轮与构件 6 形成高副（凸轮副）。

解：选取适当的比例尺，从机架 9 与主动件 1 连接的运动副 O 开始，按照运动与动力传递的路径及相对位置关系依次画出各运动副和构件，即得到如图 2-7 所示的机构运动简图。

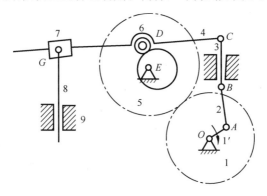

图 2-7 压力机的机构运动简图

在机构运动简图中，通常在主动件上用箭头标明运动方向，如图 2-7 中的构件 OA。绘制机构运动简图是一个反映机构结构特征和运动本质、由具体到抽象的过程。只有结合实际机构多加练习，才能熟练地掌握机构运动简图的绘制技巧。

2.4 平面机构自由度

2.4.1 平面机构自由度计算公式

一个含有 n 个活动构件的平面机构在引入运动副前，由于每个自由构件作平面运动时都有 3 个自由度，则 n 个活动构件应有 $3n$ 个自由度。引入运动副后，每个低副保留了 1 个自由度引入 2 个约束，每个高副保留了 2 个自由度引入 1 个约束。如果该机构中有 P_L 个低副和 P_H 个高副，这时共引入 $(2P_L + P_H)$ 个约束，于是整个机构的自由度应为

$$F = 3n - 2P_L - P_H \tag{2-1}$$

在图 2-8 所示的四杆机构中，

机构活动构件数目 $n = 3$

低副数目 $P_L = 4$

高副数目 $P_H = 0$

则机构的自由度 $F = 3n - 2P_L - P_H = 3 \times 3 - 2 \times 4 - 0 = 1$

显然,要使机构能够运动,必须使机构的自由度 $F>0$;否则,构件系统将成为一刚性桁架[图 2-9(a)和图 2-9(b)]或者成为超静定桁架[图 2-9(c)],而不是机构。

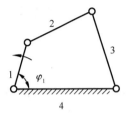

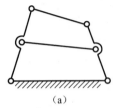
(a)

(b)

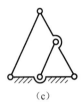
(c)

图 2-8 具有一个自由度的平面机构　　　　图 2-9 桁架

在图 2-9(a)中,

机构活动构件数目 $n = 4$

低副数目 $P_L = 6$

高副数目 $P_H = 0$

则图 2-9(a)中机构的自由度 $F = 3n - 2P_L - P_H = 3 \times 4 - 2 \times 6 - 0 = 0$

在图 2-9(b)中,

活动构件数目 $n = 2$

低副数目 $P_L = 3$

高副数目 $P_H = 0$

则图 2-9(b)中机构的自由度 $F = 3n - 2P_L - P_H = 3 \times 2 - 2 \times 3 - 0 = 0$

图 2-9(a)和图 2-9(b)中构件间没有相对运动,属于刚性桁架。

在图 2-9(c)中,

机构活动构件数目 $n = 3$

低副数目 $P_L = 5$

高副数目 $P_H = 0$

则图 2-9(c)中机构的自由度 $F = 3n - 2P_L - P_H = 3 \times 3 - 2 \times 5 - 0 = -1$(多一个约束)属于超静定桁架。

2.4.2 平面机构具有确定运动的条件

为了使机构具有确定的运动,还必须使给定的独立运动规律的数目等于机构的自由度 F。而给定的独立运动规律是通过主动件提供的,通常每个主动件只提供一种独立运动规律。因此,机构具有确定运动的条件如下:

① $F>0$。

② 主动件数等于机构的自由度 F。

在如图 2-8 所示的四杆机构中,构件 1 为主动件,其独立转动的参变数为位置角 φ_1。当给定一个 φ_1 值时,从动件 2 和从动件 3 便有一个确定的位置,则该机构的自由度 $F=1$。因为主动件数目等于机构的自由度 F,所以该机构运动确定。

若构件 1 和构件 3 同时作为主动件，则会导致构件系统被破坏，或者所给定的运动实际上并不能实现。

在图 2-10 所示的铰链五杆机构中，

机构活动构件数目　　　　　$n = 4$
低副数目　　　　　　　　　$P_L = 5$
高副数目　　　　　　　　　$P_H = 0$
则该机构的自由度　　　　　$F = 3n - 2P_L - P_H = 3 \times 4 - 2 \times 5 - 0 = 2$

为了使该机构有确定的运动，需要两个主动件。

若只给定一个主动件（如构件 1），则当 φ_1 给定后，由于 φ_4 没有给定，从动件 2、从动件 3 和从动件 4 既可处于实线所示的位置 $BCDE$，又可处于虚线所示的位置 $BC'D'E$，即从动件的位置不能确定。因此，构件系统不能成为机构。若构件 1 和构件 4 同时作为主动件，则其余构件的运动可完全确定。

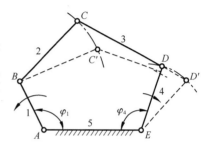

图 2-10　具有两个自由度的平面机构

综上所述，根据主动件数目与机构的自由度 F 之间的关系，可以判断机构是否具有确定的运动：

（1）若 $F > 0$ 且主动件数等于机构的自由度 F，则机构具有确定的运动。

（2）若 $F \leqslant 0$ 或主动件数大于机构的自由度 F，则机构不能运动。

（3）若主动件数小于机构的自由度 F，则机构可以运动，但运动不确定。

根据机构具有确定运动的条件，可以分析和认识已有机构，也可以计算和检验新构思的机构能否达到预期的运动要求。

2.4.3　计算平面机构自由度时应注意的事项

1. 复合铰链

两个以上的构件在同一轴线上用转动副连接起来便形成了复合铰链。图 2-11（a）所示为三个构件形成的复合铰链，图 2-11（b）是其侧视图，由侧视图可见，三个构件共形成两个转动副。当 k 个构件形成复合铰链时，其转动副数为 $(k-1)$。

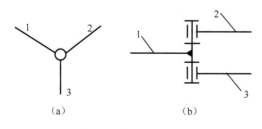

图 2-11　复合铰链

【例 2.2】　计算图 2-12 所示平面机构的自由度，并判断该机构是否具有确定的运动。

解： 该机构中有 7 个活动构件，B、C、D、E 处都是由 3 个构件形成的复合铰链，各具有两个转动副。因此，该机构中共有 10 个转动副，没有高副。

机构活动构件数目　　　　　$n = 7$

低副数目 $P_L=10$

高副数目 $P_H=0$

则该机构的自由度 $F=3n-2P_L-P_H=3\times 7-2\times 10-0=1$

构件 2 是主动件,因为主动件数目等于机构的自由度 F,所以该机构具有确定的运动。

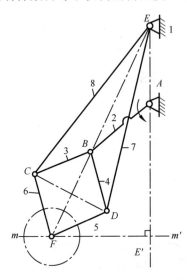

图 2-12 具有复合铰链的平面机构

2. 局部自由度

与输出构件运动无关的自由度称为局部自由度。由于局部自由度对整个机构的运动没有影响,计算机构的自由度时应将局部自由度除去不计。

【**例 2.3**】 计算图 2-13(a)所示平面机构的自由度,并判断该机构是否具有确定的运动。

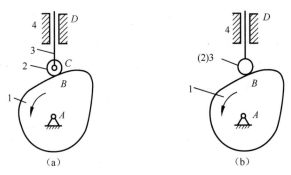

图 2-13 具有局部自由度的平面机构

解:该机构活动构件数目 $n=3$

低副数目 $P_L=3$

高副数目 $P_H=1$

则该机构的自由度 $F=3n-2P_L-P_H=3\times 3-2\times 3-1=2$

而构件 1 为主动件,主动件数目为 1,表明机构不能运动,这显然与事实不符。

实际上，该机构在运动的过程中滚子 2 绕其轴线 C 的转动不影响凸轮 1 与从动件 3 的运动关系，因此是局部自由度。可以设想将滚子 2 与从动件 3 固连成一体，C 处的转动副则随之消失，如图 2-13（b）所示。在该机构中，

机构活动构件数目　　　$n=2$
低副数目　　　　　　　$P_L=2$
高副数目　　　　　　　$P_H=1$
则该机构的自由度　　　$F=3n-2P_L-P_H=3\times2-2\times2-1=1$

因为主动件数目等于机构的自由度 F，所以该机构具有确定的运动。

【例 2.4】 试计算图 2-7 所示压力机的机构自由度，并判断其运动是否确定。

解： 首先分析机构的结构，可知 D 处为局部自由度，将滚子 6 与构件 4 视为一体，这时活动构件数 $n=7$，机构中构件之间共形成 6 个转动副和 3 个移动副以及 2 个高副，即低副数 $P_L=9$，$P_H=2$，可得该机构的自由度为

$$F=3n-2P_L-P_H=3\times7-2\times9-2=1$$

机构有一个自由度，需要有一个主动件机构运动就能确定，机构中齿轮 1 是主动件。因为主动件数目等于机构的自由度 F，所以该机构具有确定的运动。

局部自由度虽然不影响整个机构的运动，但是可以使高副接触处的滑动摩擦转变为滚动摩擦，减小接触面之间的摩擦和磨损。因此，在机械中常有局部自由度存在。

3. 虚约束

有些运动副引起的约束对机构运动的限制是重复的，这些不独立起约束作用的重复约束称为虚约束，在计算机构自由度时也应除去不计。

在图 2-14（a）所示的铰链五杆平面机构中，

机构活动构件数目　　　$n=4$
低副数目　　　　　　　$P_L=6$
高副数目　　　　　　　$P_H=0$
则该机构的自由度　　　$F=3n-2P_L-P_H=3\times4-2\times6-0=0$

说明该机构不能运动，这显然与实际情况是不相符的。

在图 2-14（a）所示的铰链五杆机构中，由于构件的长度 $L_{AB}=L_{CD}=L_{EF}$，$L_{BC}=L_{AD}$，$L_{BE}=L_{AF}$，并且对边平行，因而，当主动件 2 运动时，构件 3 作平移运动。构件 3 上 E 点的轨迹是以 F 点为圆心、以 L_{EF} 为半径的圆，构件 3 上 C 点的轨迹是以 D 点为圆心、以 L_{CD} 为半径的圆。由于构件 3 上 E 点轨迹与构件 5 上 E 点轨迹重合，所以机构中增加构件 5 及转动副 E、F 后，虽然机构增加了一个约束（因为引入构件 5 增加了 3 个自由度，而引入 2 个转动副带入 4 个约束，所以机构共增加 1 个约束），但此约束并不能起限制机构运动的作用，因而是一个虚约束。

计算此机构自由度时，应将虚约束除去不计，即将构件 5 及转动副 E、F 除去不计，如图 2-14（b）所示，此机构称为平行四边形机构。

机构活动构件数目　　　$n=3$
低副数目　　　　　　　$P_L=4$
高副数目　　　　　　　$P_H=0$

则机构的自由度　　　　$F = 3n - 2P_L - P_H = 3 \times 3 - 2 \times 4 - 0 = 1$

因为主动件数目等于机构的自由度 F，所以该机构具有确定的运动。

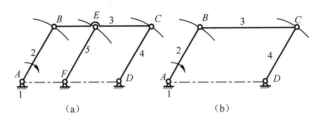

图 2-14　具有虚约束的平面机构

平面机构的虚约束常出现在下列情况中：

（1）若两个构件同时在多处接触构成多个转动副，并且其轴线又是重合的，则只有一个转动副起约束作用，其余转动副所带入的约束均为虚约束，如图 2-15（a）所示。

（2）若两个构件在多处接触构成移动副，并且各导路又是互相平行或重合的，则只有一个移动副起约束作用，其余移动副所带入的约束均为虚约束，如图 2-15（b）所示。

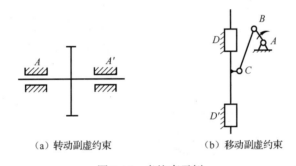

图 2-15　虚约束示例

（3）如果两个构件在多处接触构成平面高副，并且各接触点处公法线重合，只能算一个平面高副，如图 2-16 所示。

当两个构件在多处接触而构成平面高副，并且各接触点处的公法线不重合的，相当一个低副，如图 2-17 所示。若各接触点处的公法线相交，则相当于一个转动副，如图 2-17（a）所示；若各接触点处的公法线平行，则相当于一个移动副，如图 2-17（b）所示。

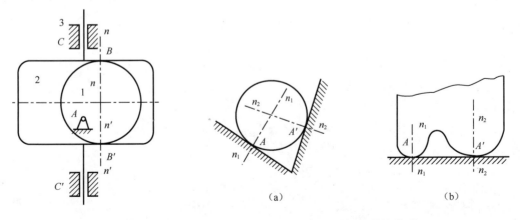

图 2-16　平面高副机构　　　　　　图 2-17　平面低副机构

（4）在机构的运动过程中，若两个构件两点间的距离始终保持不变（图 2-14 中 E 和 F 两点），则在此两点间以构件相连所产生的约束必定是虚约束。

（5）在机构中，某些不影响机构运动的重复部分所引入的约束均为虚约束。

在图 2-18 所示的齿轮传动中，为了改善受力情况，主动齿轮 1 通过 3 个完全相同的齿轮 2、齿轮 2′ 和齿轮 2″，驱动内齿轮 3。而实际上从机构运动传递角度来看，对于齿轮 2、齿轮 2′ 和齿轮 2″，只要有其中一个齿轮就可以传动了，而其余两个齿轮并不影响机构的运动传递，故这两个齿轮引入的约束为虚约束。计算机构的自由度时，只考虑重复部分中的一处。

虚约束都是在一定几何条件下形成的。虚约束虽对运动不起独立的约束作用，但可增加构件刚度（如图 2-15 所示）和改善机构受力状况（如图 2-18 所示）。若不满足形成虚约束的几何条件，则虚约束就成为实际约束，这不仅影响机构的正常运转，而且会使机构不能运动。例如，图 2-15（a）所示的两个转动副，当其轴线重合时，其中一个转动副为虚约束；而当轴线不重合时，就成为实际约束，构件会被卡紧，甚至不能作相对运动。因此，为了便于加工装配，应尽量减少机构中的虚约束。

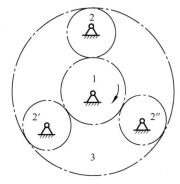

图 2-18 重复结构的虚约束

【例 2.5】 试计算图 2-19 所示活塞泵的机构自由度，并判断其运动是否确定。

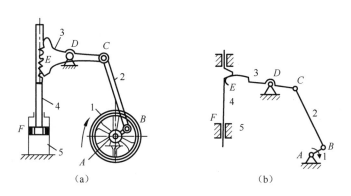

图 2-19 活塞泵及其机构运动简图

解： 该机构主要由机架 5（泵壳）、曲轴 1（圆盘）、连杆 2、摆杆 3 和活塞 4 组成。曲轴 1（圆盘）为主动件，摆杆 3 在连杆 2 的拖动下绕 D 点转动，活塞 4 在摆杆 3 上的齿轮驱动下作上下往复移动，从而抽吸或排出气体或液体。

该机构中各构件之间的连接关系如下：构件 1 与构件 5、构件 1 与构件 2、构件 2 与构件 3、构件 3 与构件 5 之间形成转动副，构件 4 与构件 5 形成移动副，构件 3 与构件 4 形成高副（齿轮副）。

可知，该活塞泵有 4 个活动构件，即 $n=4$，该机构中构件之间共形成 4 个转动副和一个移动副以及一个高副，即 $P_L=5$，$P_H=1$，可得机构的自由度为

$$F = 3n - 2P_L - P_H = 3\times 4 - 2\times 5 - 1 = 1$$

因为该机构有一个自由度，需要有一个主动件机构运动就能确定，机构中曲轴 1（圆盘）是主动件。因为主动件数目等于机构的自由度 F，所以该机构有确定的运动。

2.5 平面机构的组成原理与结构分类

2.5.1 平面机构的组成原理

任何具有确定相对运动的机构都包含机架、主动件和从动件系统三部分。由于机构具有确定运动的条件是主动件的数目等于机构的自由度 F，因此，若将机构的机架以及和机架相连的主动件与从动件组成的系统分开，则余下的从动件系统的自由度应为零。在很多情况下，这种自由度为零的从动件系统还可进一步分解为若干更简单、自由度为零的构件组。把不能再继续拆分的最简单的、自由度为零的构件组称为基本杆组。因此，任何机构都可以看作由若干自由度为零的基本杆组依次连接于主动件和机架上所组成的系统，这就是机构的组成原理。由于基本杆组是机构中传递运动和动力的部分，因此，分析基本杆组是研究机构组成的关键。

2.5.2 平面机构的结构分类

根据式（2-1），组成平面机构基本杆组应满足条件：

$$F = 3n - 2P_\text{L} - P_\text{H} = 0 \tag{2-2}$$

若基本杆组的运动副全部为低副，则式（2-2）可变为

$$F = 3n - 2P_\text{L} = 0 \text{ 或 } n = \frac{2}{3}P_\text{L} \tag{2-3}$$

因为活动构件数 n 和低副数 P_L 都必须是整数，所以根据式（2-3）解得的 n 应是 2 的倍数，P_L 应是 3 的倍数，它们的组合有 $n=2$，$P_\text{L}=3$；$n=4$，$P_\text{L}=6$；…由此可见，最简单的平面基本杆组是由两个构件 3 个低副组成的杆组，称为 II 级组。它是应用最广的基本杆组。由于平面低副中有转动副（常用 R 表示）和移动副（常用 P 表示）两种类型，对于由两个构件 3 个低副组成的 II 级组，根据其 R 副和 P 副的数目和排列的不同，它只有图 2-20 中所给出的 5 种形式。

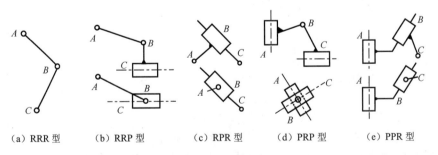

(a) RRR 型　　(b) RRP 型　　(c) RPR 型　　(d) PRP 型　　(e) PPR 型

图 2-20 II 级组

除 II 级组外，还有 III 级、IV 级组等较高级的基本杆组。图 2-21 中给出了 III 级组的 3 种常用形式，它们都是由 4 个构件 6 个低副组成的。在实际机构中，更高级别的基本杆组很少见。

在同一个机构中可包含不同级别的基本杆组，把机构中所包含的基本杆组的最高级数作为机构的级数。由最高级别为 II 级组的基本杆组构成的机构称为 II 级机构，由既有 II 级组

又有Ⅲ级组的基本杆组构成的机构称为Ⅲ级机构，由主动件和机架组成的机构（如杠杆机构、斜面机构、电动机等）称为Ⅰ级机构。

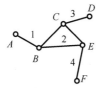 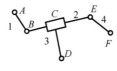 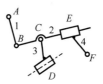

（a）全传动副Ⅲ级组　　　（b）一个移动副Ⅲ级组　　　（c）两个移动副Ⅲ级组

图 2-21　Ⅲ级组

2.6　平面机构的结构分析

机构的结构分析是将已知机构分解为主动件、机架和若干基本杆组，进而了解机构的组成，并确定机构的级别。

机构的结构分析步骤如下：

（1）绘制机构运动简图，除去虚约束和局部自由度。

（2）计算机构的自由度并确定主动件。

（3）拆分杆组。将主动件和机架拆分，剩下由从动件组成的构件系统。

拆分从动件组成的构件系统，从远离主动件的构件开始拆分，按基本杆组的特征，首先试拆Ⅱ级组。若不可能拆分时，再试拆Ⅲ级组。

（4）确定机构的级数。把机构中所包含的基本杆组的最高级数作为机构的级数。

【例 2.6】　试计算图 2-22（a）所示的双滑块机构的自由度，并确定该机构的级数。

解：（1）计算机构的自由度并确定主动件。

由图 2-22（a）可知双滑块机构有 5 个活动构件，即 $n=5$。该机构中各构件之间共形成 5 个转动副和 2 个移动副，没有高副，即 $P_L=7$，$P_H=0$，可得机构的自由度为

$$F = 3n - 2P_L - P_H = 3 \times 5 - 2 \times 7 - 0 = 1$$

可知，该机构有一个自由度，只要一个主动件机构的运动就能确定，该机构中构件 2 是主动件，其他构件是从动件。因为主动件数目等于机构的自由度 F，所以该机构有确定的运动。

（2）拆杆组。将主动件 2 与机架 1 拆分，剩下由从动件（构件 3～构件 6）组成的构件系统。

由从动件组成的构件系统，从远离主动件 2 的构件开始拆分，由构件 4 和 5 拆分Ⅱ级组 4—5；由剩余构件 3 和构件 6 拆分Ⅱ级组 3—6。其各杆组及主动件和机架的分解，如图 2-22（b）所示。

（3）确定机构的级数。因为基本杆组的最高级数为Ⅱ级组，所以该机构属于Ⅱ级机构。

若构件 5 为主动件，将构件 5 与机架 1 拆分后，则只可拆分出一个由构件 2、构件 3、构件 4 和构件 6 组成的Ⅲ级组 2—3—4—6，如图 2-22（c）所示。因基本杆组的最高级数为Ⅲ级组，此时该机构为Ⅲ级机构。

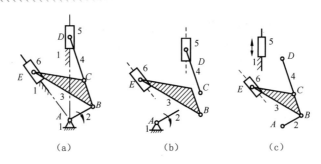

图 2-22 双滑块机构

需要指出的是，同一个机构因所选主动件不同，其基本杆组的级数和机构级数也可能不同。但是，当机构的主动件确定后，基本杆组的拆分和机构的级别就确定了。

2.7 平面机构的高副低代

平面机构结构分类中包含的基本杆组都是由低副组成的，若平面机构中含有高副，则可根据一定条件将平面机构中的高副虚拟地用低副替代，这种方法称为高副低代。

进行高副低代时必须满足的条件如下：

（1）替代前后机构的自由度完全相同。

（2）替代前后机构的运动特性（位移、速度、加速度）相同。

在图 2-23（a）所示的平面高副机构中，构件 1 和构件 2 是分别为绕 A 点和 B 点转动的两个圆盘，两个圆盘的圆心分别为 O_1、O_2，半径为 r_1、r_2，它们在 C 点构成高副。当机构运动时，AO_1、O_1O_2 $(=r_1+r_2)$、O_2B 距离均保持不变，线段 O_1O_2 同时也是两个圆盘高副 C 点处的公法线。若设想在 O_1 与 O_2 之间加入一个虚拟的构件 4，它在 O_1、O_2 处分别与构件 1 和构件 2 构成转动副，形成虚拟的四杆机构 AO_1O_2B，如图 2-23（b）所示。此机构替代原机构时，在替代前后，机构中构件 1 和构件 2 之间的相对运动完全一样。替代前后两个机构的自由度也完全相同，所以该机构可用全由低副组成的铰链四杆机构来代替。只要用一个虚拟的构件分别与两个高副构件在过接触点处的曲率中心用转动副连接即可。上述替代方法可以推广应用到各种高副。

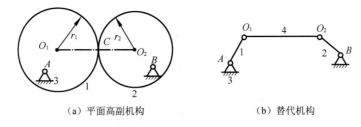

（a）平面高副机构　　　　　　（b）替代机构

图 2-23 平面高副机构及其替代机构

图 2-24（a）所示为两个接触轮廓为任意曲线的平面高副机构，$m-n$ 为过接触点 C 处的公法线，O_1、O_2 为接触点 C 处的曲率中心。用一个虚拟的构件 4 在曲率中心 O_1、O_2 处形成转动副连接，如图 2-24（b）所示。

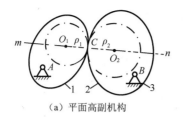
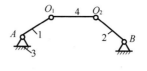

(a)平面高副机构　　　　　　　(b)替代机构

图 2-24　两个接触轮廓为任意曲线的平面高副机构及其替代机构

图 2-25 所示的平底从动件凸轮机构的两个接触轮廓之一为一条直线，平底从动件 2 的曲率中心在无穷远处。在进行高副低代时，虚拟的构件一端为移动副，另一端为转动副。该转动副的位置为凸轮瞬时的曲率中心 O_1，如图 2-25 中的虚线所示。

在图 2-26（a）所示的尖顶从动件凸轮机构中，构件 1 和构件 2 的接触轮廓为一个尖点 B，尖顶从动件 2 的曲率中心在尖点处。在进行高副低代时，虚拟的构件一端为转动副，该转动副的位置为尖顶从动件 2 的尖点 O_2；另一端也为转动副，该转动副的位置为凸轮瞬时的曲率中心 O_1，如图 2-26（b）所示。

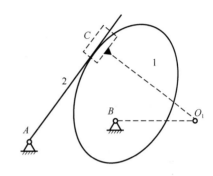

图 2-25　平底从动件凸轮机构及其替代机构

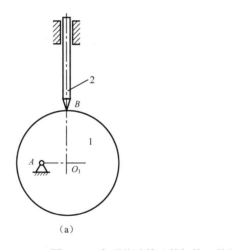

(a)　　　　　　　　(b)

图 2-26　尖顶从动件凸轮机构及其替代机构

需要指出的是，当机构运动时，随着接触点的改变，两个轮廓曲线在接触点处的曲率中心也随着改变。因此，对于一般高副机构，只能进行瞬时替代，机构在不同位置时将有不同的瞬时替代机构，但是替代机构的基本形式是不变的。

按照上述方法，将含有高副的平面机构全部转换为低副的平面机构之后，就可以按照低副平面机构的结构分类进行分析。

【例 2.7】 试计算图 2-27 所示振动筛机构的自由度，并确定该机构的级数。

解：(1) 计算机构的自由度并确定其运动形式。

通过分析机构的结构，可知该振动筛为一个平面八杆机构，并且 C 点处为复合铰链，F 点处为局部自由度，E 点或 E' 点处为虚约束，将滚子与构件 4 视为一体，再除去 E 点处的

虚约束，这时 $n=7$，$P_L=9$，$P_H=1$。因此，机构的自由度为
$$F = 3n - 2P_L - P_H = 3 \times 7 - 2 \times 9 - 1 = 2$$

因为该机构有两个自由度，需要两个主动件，机构运动形式才能确定，构件 1 和构件 5 是主动件。因为主动件数目等于机构的自由度 F，所以该机构有确定的运动形式。

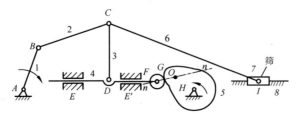

图 2-27 振动筛机构

（2）绘制替代机构的运动简图。

由图 2-27 可知，除去虚约束和局部自由度，高副低代后绘制的替代机构运动简图如图 2-28（a）所示。

（3）拆分基本杆组。拆分机架 8 和构件 1、机架 8 和构件 5，剩下由从动件（构件 2、构件 3、构件 4、构件 6、构件 7、构件 9）组成的构件系统。

对从动件组成的构件系统，从远离主动件 1、5 的构件开始拆分，由构件 6 和构件 7 拆分 II 级组 6—7；再从剩余机构中拆分 II 级组 2—3、II 级组 4—9。其余基本杆组、主动件和机架的拆分如图 2-28（b）所示。

（4）确定机构的级数。因为基本杆组的最高级数为 II 级组，所以该机构属于 II 级机构。

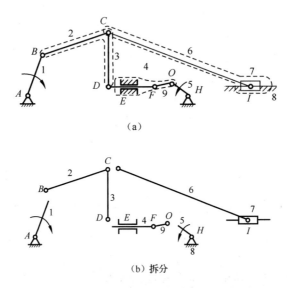

图 2-28 振动筛机构的替代机构运动简图和拆分

习题与思考题

一、思考题

2-1 什么是运动副？什么是运动副元素？运动副如何分类？

2-2 计算机构自由度应注意什么事项？
2-3 机构具有确定运动的条件是什么？
2-4 什么是运动链？运动链和机构有何联系和区别？
2-5 什么是机构的组成原理？这一原理所根据的理论是什么？
2-6 在机构结构分析中，基本杆组的级别与机构的级别有何区别？

二、习题

2-7 绘制如图 2-29 所示的机构运动简图并计算其自由度。

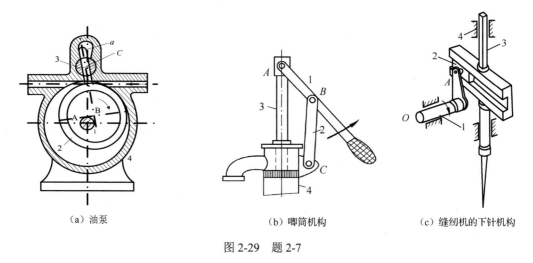

图 2-29 题 2-7

2-8 计算如图 2-30 所示机构的自由度（若含有复合铰链、局部自由度或虚约束，应明确指出）。

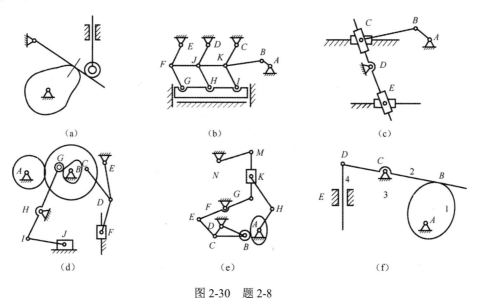

图 2-30 题 2-8

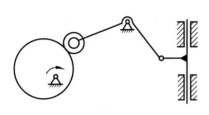

图 2-31　题 2-9

2-9　图 2-31 所示为某一机构的初拟设计方案。
（1）计算其自由度，分析该设计方案是否合理。
（2）若不合理，则如何改进，提出修改措施并用简图表示。

2-10　计算如图 2-32 所示机构的自由度，分别以 2、6 为主动件拆分基本杆组并确定机构的级别。

2-11　计算如图 2-33 所示机构的自由度，并确定该机构的级数。

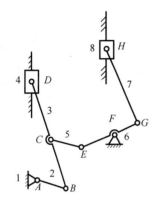

图 2-32　题 2-10

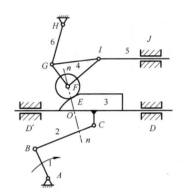

图 2-33　题 2-11

三、考研真题

2-12　（湖南大学，2005 年）两构件通过（　　　）接触组成的运动副为高副。
　　A. 面　　　　　B. 面或线　　　　C. 点或线

2-13　（华东理工大学，2005 年）
（1）平面运动副的最大约束数为（　　　），最小约束数为（　　　），引入一个约束的运动副为（　　　），引入两个约束的运动副为（　　　）。
（2）运动链与机构的区别是（　　　）。

2-14　（武汉理工大学，2005 年）在平面中，不受约束的构件自由度等于（　　　），两构件组成移动副后的相对自由度等于（　　　）。

2-15　（浙江大学，2006 年）某平面机构共有 5 个低副，1 个高副，机构的自由度为 1，该机构具有（　　　）活动构件。
　　A. 0 个　　　　B. 3 个　　　　C. 4 个　　　　D. 5 个

2-16　（武汉科技大学，2007 年）
（1）机构要能够运动，（　　　），机构具有确定运动的条件是（　　　）。
（2）由 M 个构件组成的复合铰链应包括（　　　）运动副。

第3章 平面连杆机构及其设计

学习目标：掌握铰链四杆机构的基本类型、演化方法及铰链四杆机构的应用；掌握铰链四杆机构具有曲柄存在的条件和平面四杆机构的运动特性；掌握图解法设计平面四杆机构；了解解析法和实验法设计平面四杆机构。

3.1 平面连杆机构及其传动特点

由若干刚性构件通过低副相连构成的、在同一个平面内运动的机构称为平面连杆机构。平面连杆机构的应用非常广泛，如内燃机中的曲柄滑块机构、颚式破碎机中的曲柄摇杆机构、各种车辆前轮的转向机构、折叠桌椅的收放机构、缝纫机中的脚踏板驱动机构等。

平面连杆机构具有以下优点：

（1）构成平面连杆机构的转动副、移动副均为低副，接触面积大，压力小，能承受的载荷比较大；运动副元素形状简单，容易加工制造。

（2）能够实现多种运动形式的转换。在主动件运动规律不变的情况下，通过改变其余构件的形状和尺寸，可以使从动件得到不同的运动规律。

（3）在平面连杆机构中，连杆上各点的轨迹是一些形状不同的曲线，称为连杆曲线。连杆曲线丰富多样，可满足不同轨迹的设计要求。

平面连杆机构也存在以下缺点：

（1）平面连杆机构的运动需要通过中间构件进行传递，传动路线比较长；运动副间隙引起的累积误差比较大，难以精确地实现复杂的运动规律，机构设计比较复杂。

（2）在平面连杆机构中，力的传递需要经过多个摩擦副，传动效率比较低。

（3）平面连杆机构中作平面复合运动的连杆和作往复移动的滑块所产生的惯性力难以平衡，容易产生振动和冲击，不适用于高速运动的场合。

对平面连杆机构，常根据其所含构件的数量来命名，如平面四杆机构、平面五杆机构、平面六杆机构等。其中，平面四杆机构应用最为广泛，并且是构成平面多杆机构的基础。在平面四杆机构中，又以铰链四杆机构为基本形式，其他形式均可由铰链四杆机构演化而得到。因此，本章以铰链四杆机构为重点研究对象介绍平面四杆机构的类型应用、运动特性和设计方法。

3.2 铰链四杆机构的基本类型及其演化

3.2.1 铰链四杆机构的基本类型及其应用

图 3-1 所示的铰链四杆机构是平面四杆机构的基本形式，由 4 个构件和 4 个转动副构成。其中，构件 4 为机架，与机架直接相连的构件 1 和构件 3 称为连架杆，不与机架直接相连的

构件 2 称为连杆。绕着固定铰链 A 或 D 能够作整周转动的连架杆称为曲柄；不能绕着固定铰链 A 或 D 作整周转动，只能在一定角度范围内往复摆动的连架杆称为摇杆。

在铰链四杆机构中，各运动副均为转动副。能够使两个构件作相对整周转动的转动副称为周转副；不能使两个构件作相对整周转动，而只能使其在一定范围内摆动的转动副称为摆转副。

根据曲柄存在的情况不同，可将铰链四杆机构分为三种基本类型：曲柄摇杆机构、双曲柄机构和双摇杆机构。

1. 曲柄摇杆机构

一个连架杆为曲柄、另一个连架杆为摇杆的铰链四杆机构称为曲柄摇杆机构，如图 3-2 所示。曲柄摇杆机构能够实现整周转动与往复摆动的转换。若以曲柄为主动件，则可将曲柄的整周转动转变为摇杆的往复摆动；若以摇杆为主动件，则可将摇杆的往复摆动转变为曲柄的整周转动。图 3-3 所示的雷达天线仰俯角调整机构即以曲柄为主动件的曲柄摇杆机构的应用，图 3-4 所示的缝纫机脚踏板机构即以摇杆为主动件的曲柄摇杆机构的应用。

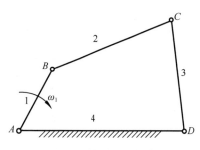

图 3-1 铰链四杆机构

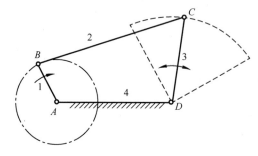

图 3-2 曲柄摇杆机构

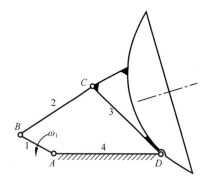

图 3-3 雷达天线仰俯角调整机构

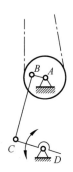

图 3-4 缝纫机脚踏板机构

2. 双曲柄机构

两个连架杆均为曲柄的铰链四杆机构称为双曲柄机构，如图 3-5 所示。图 3-6 所示的惯性筛机构中，当曲柄 1 为主动件作匀速整周转动时，从动曲柄 3 作变速整周转动，通过连杆 5 使筛子 6 在往复运动中具有所需的加速度，从而达到筛分物料的目的。

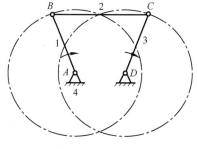
图 3-5 双曲柄机构

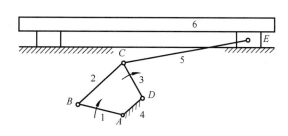
图 3-6 惯性筛机构

在双曲柄机构中，若相对的两杆长度相等且平行，则构成一个平行四边形，称之为平行四边形机构，如图 3-7 所示。平面四边形机构是双曲柄机构的一个特例，该机构的特点如下：两个曲柄作同向同速转动，连杆作平动。图 3-8 所示的移动摄影平台升降机构和图 3-9 所示的机车车轮联动机构都是平行四边形机构的应用实例。

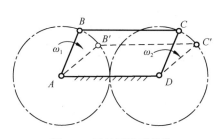
图 3-7 平行四边形机构

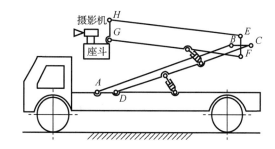
图 3-8 移动摄影平台升降机构

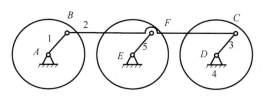
图 3-9 机车车轮联动机构

在双曲柄机构中，若相对两杆长度相等但不平行，则构成逆平行四边形机构，如图 3-10 所示。逆平面四边形机构是双曲柄机构的另一个特例，该机构的特点如下：当主动曲柄匀速转动时，从动曲柄作反向变速转动。图 3-11 所示的汽车车门启闭机构就是利用逆平行四边形机构两曲柄转向相反的特点，使两扇车门同时打开或关闭。

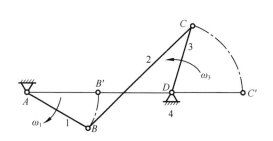
图 3-10 逆平行四边形机构

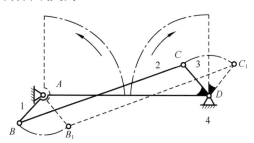
图 3-11 汽车车门启闭机构

3. 双摇杆机构

两个连架杆均为摇杆的铰链四杆机构称为双摇杆机构。图 3-12 所示的鹤式起重机的主体机构就是一个双摇杆机构,连杆上 E 点的运动轨迹近似水平直线。当鹤式起重机吊起重物时,可以避免重物在移动过程中因不必要的升降而引起的能量消耗。

两个摇杆长度相等且为最短杆的双摇杆机构称为等腰梯形机构。图 3-13 所示的汽车前轮转向机构就是等腰梯形机构的应用实例。

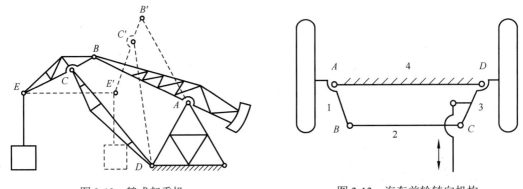

图 3-12　鹤式起重机　　　　　　　　图 3-13　汽车前轮转向机构

3.2.2　铰链四杆机构存在曲柄的条件及类型的判定

铰链四杆机构三种基本类型的主要区别在于连架杆是否存在曲柄或存在几个曲柄,实质上就是取决于各构件的相对长度以及选取哪一构件作为机架。

1. 铰链四杆机构存在曲柄的条件

图 3-14 所示的曲柄摇杆机构中,各杆的长度分别为 a、b、c、d。如果 AB 杆相对于机架 AD 可以作整周转动,那么 AB 杆必须能够顺利通过两个特殊位置 AB' 和 AB'',即曲柄和机架两次共线的位置。在这两个位置,可以得到两个三角形 $\triangle DB'C'$ 和 $\triangle DB''C''$。

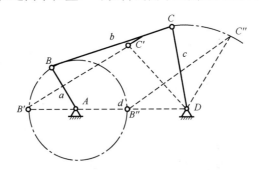

图 3-14　铰链四杆机构存在曲柄的条件

根据三角形的边长关系,可得

在 $\triangle DB'C'$ 中　　　　　　　　$a+d \leqslant b+c$ 　　　　　　　　　　(3-1)

在 $\triangle DB''C''$ 中　　　　$b \leqslant (d-a)+c$,即 $a+b \leqslant c+d$ 　　　　(3-2)

　　　　　　　　　　　　$c \leqslant (d-a)+b$,即 $a+c \leqslant b+d$ 　　　　(3-3)

把以上三个不等式两两相加，可得
$$a \leqslant b, \ a \leqslant c, \ a \leqslant d \tag{3-4}$$
由上述分析可知，在曲柄摇杆机构中，曲柄存在的条件如下：

（1）若最短杆的长度与最长杆的长度之和小于或等于其余两杆的长度之和，则该长度条件称为杆长条件。

（2）曲柄是最短杆。

2. 铰链四杆机构类型的判定

铰链四杆机构的类型不仅与机构中的各构件长度有关，也与机架的选取有关。根据曲柄存在的条件，可按下述方法判断铰链四杆机构的类型。

（1）若最短杆的长度与最长杆的长度之和小于或等于其余两杆的长度之和，则

① 当以最短杆的相邻杆为机架时，该机构是曲柄摇杆机构。

② 当以最短杆为机架时，该机构是双曲柄机构。

③ 当以最短杆的相对杆为机架时，该机构是双摇杆机构。

（2）若最短杆的长度与最长杆的长度之和大于其余两杆的长度之和，则该机构中不可能有曲柄存在。因此，不论选取哪个构件作为机架，都是双摇杆机构。

（3）若构件的长度具有特殊的关系，例如，不相邻的两杆的杆长分别平行且相等，则该机构不论以哪个构件为机架，都是双曲柄机构（平行四边形机构）。

3.2.3 铰链四杆机构的演化

除了铰链四杆机构，通过某些演化方法，还可以得到铰链四杆机构的其他演化机构。铰链四杆机构的演化不只是为了满足运动方面的要求，还是为了改善受力状况以及满足机构设计上的需要。

通常铰链四杆机构的演化方法有下列几种。

1. 转动副转化成移动副

在工程实际中，常用的曲柄滑块机构采用的是转动副转化成移动副的演化方法。图 3-15 所示为曲柄滑块机构的演化过程。在图 3-15（a）所示的曲柄摇杆机构中，摇杆 CD 为杆状构件。摇杆 CD 上 C 点的运动轨迹是以 D 为圆心、CD 为半径的圆弧 $\overset{\frown}{mm}$，当摇杆 CD 的长度逐渐加长时，C 点的运动轨迹 $\overset{\frown}{mm}$ 趋于平缓。当摇杆 CD 的长度无限长时，C 点的运动轨迹 $\overset{\frown}{mm}$ 将变成为一条直线。这时，可以把摇杆做成滑块，摇杆与机架之间的转动副 D 变为滑块与机架之间的移动副，该机构变为一个具有一个移动副的平面四杆机构，曲柄摇杆机构则演化为曲柄滑块机构。若固定铰链 A 偏离了滑块的导路，则称为偏置曲柄滑块机构，滑块的导路与固定铰链 A 之间的垂直距离称为偏心距，用 e 表示，如图 3-15（b）所示。当 $e=0$ 时，则称为对心曲柄滑块机构，如图 3-15（c）所示。

曲柄滑块机构广泛应用于冲床、内燃机、压缩机等往复式机械中，图 3-16 所示为曲柄滑块机构在冲床中的应用，图 3-17 所示为曲柄滑块机构演化为双滑块机构。

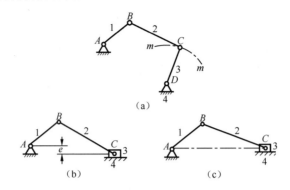

图 3-15 曲柄滑块机构的演化过程

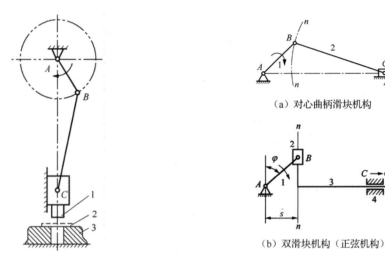

图 3-16 曲柄滑块机构在冲床中的应用　　图 3-17 曲柄滑块机构演化为双滑块机构

在图 3-17（a）所示的对心曲柄滑块机构中，连杆 2 上的 B 点相对于转动副 C 的运动轨迹为圆弧 $\overset{\frown}{nn}$，连杆 BC 为杆状构件。当连杆 2 的长度为无限长时，铰链 B 点的运动轨迹 $\overset{\frown}{nn}$ 趋于直线，如图 3-17（b）所示。此时，连杆 2 变为作直线运动的滑块，而滑块 3 则变为一个呈直角状的杆件，构件 2 与构件 3 形成移动副，原来的对心曲柄滑块机构就演化为具有两个移动副的平面四杆机构，即双滑块机构。

在图 3-17（b）所示的机构中，由于从动件的位移 s 与曲柄的转角 φ 的正弦值成正比，即 $s = l_{AB}\sin\varphi$，因此通常称其为正弦机构。这种机构大多用于一些仪表和解算装置中。

2. 扩大转动副的尺寸

通过扩大转动副，可以得到偏心轮机构。图 3-18 所示为曲柄滑块机构演化为偏心轮机构。图 3-18（a）所示为一个曲柄滑块机构，曲柄 1 上有两个转动副 A、B。有时出于结构的考虑，要求曲柄的尺寸较小，从而造成加工上的困难；而有时又因运动要求，需要加大曲柄的尺寸，以增大其惯性力。为此，通常的做法是将转动副 B 的半径增大，直到将转动副 A 也包括在内。其结果是把曲柄变成圆盘，即将图 3-18（a）中的杆状构件 1 放大成图 3-18（b）中的圆盘 1。该圆盘的几何中心为 B，而其转动中心为 A，A 与 B 并不重合，圆盘 1 称为偏心轮，该机构称为偏心轮机构。

在图 3-18（b）所示偏心轮机构中，几何中心 B 与转动中心 A 之间的距离称为偏心距，用 e 表示。从图中可知，偏心轮机构中的偏心距 e 就是曲柄摇杆机构中曲柄的长度。

偏心轮机构广泛应用于冲床、柱塞油泵和破碎机中。

（a）曲柄滑块机构　　　　　　（b）偏心轮机构

图 3-18　曲柄滑块机构演化为偏心轮机构

3. 选取不同的构件作为机架

在平面四杆机构中，若选取不同的构件作为机架，则可以得到不同形式的平面四杆机构，但不会改变各个构件之间的相对运动关系。这种采用不同构件为机架的演化方式称为机构的倒置。

1）曲柄摇杆机构的演化

图 3-19 所示的铰链四杆机构满足杆长条件，AB 为最短杆。选取不同的构件作为机架，得到的机构是不一样的。若选取 AD 作为机架，则得到曲柄摇杆机构；若选取 AB 为机架，则得到双曲柄机构；若选取 BC 为机架，则得到曲柄摇杆机构；若选取 CD 为机架，则得到双摇杆机构。

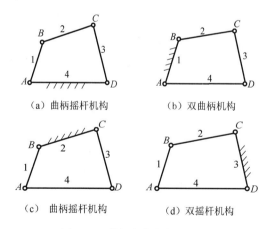

（a）曲柄摇杆机构　　　　（b）双曲柄机构

（c）曲柄摇杆机构　　　　（d）双摇杆机构

图 3-19　曲柄摇杆机构的演化

2）曲柄滑块机构的演化

导杆机构是通过改变如图 3-20 所示的曲柄滑块机构中的固定构件演化而来的。演化后能在构件 3 中作相对移动的构件 4 称为导杆，如图 3-20（b）、图 3-20（c）、图 3-20（d）所示。根据导杆 4 的运动特征，导杆机构又分为四种类型。

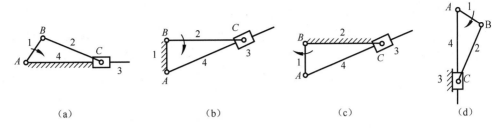

图 3-20 曲柄滑块机构的演化

（1）曲柄转动导杆机构。在图 3-20（a）中把机架 4 更换为构件 1，机架 4 变为杆 4，如图 3-20（b）所示，由于构件 1 和构件 2 的长度 $l_1 < l_2$，因此构件 2 和杆 4 都可以作整周转动。这种具有一个曲柄和一个能作整周转动导杆的平面四杆机构称为曲柄转动导杆机构。图 3-21 所示的小型刨床机构采用的就是由构件 1～构件 4 组成的曲柄转动导杆机构。

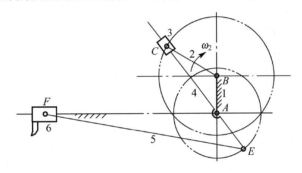

图 3-21 曲柄转动导杆机构在小型刨床机构中的应用

（2）曲柄摆动导杆机构。在图 3-20（b）中，如果构件 1 和构件 2 的长度 $l_1 > l_2$，那么该机构演化成图 3-22 所示的曲柄摆动导杆机构。图 3-23 所示为曲柄摆动导杆机构在电器开关中的应用，当曲柄 BC 处于图示位置时，动触点 4 和静触点 1 接触；当 BC 偏离图示位置时，动触点 4 和静触点 1 分开。

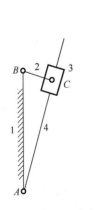

图 3-22 曲柄摆动导杆机构

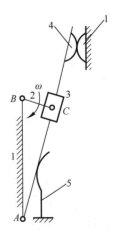

图 3-23 曲柄摆动导杆机构在电器开关中的应用

（3）摆动导杆滑块机构。若将图3-20（a）中的机架4更换为构件2，如图3-20（c）所示，则该机构变成摆动导杆滑块机构，也称摇块机构。图3-24所示的汽车自动卸料机构就是摆动导杆滑块机构的应用实例，图3-25所示的摆动导杆滑块机构为汽车自动卸料机构的运动简图。

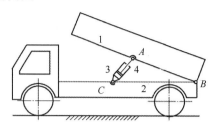

图3-24 汽车自动卸料机构

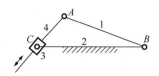

图3-25 摆动导杆滑块机构

（4）移动导杆机构。若将图3-20（a）中的机架4更换为构件3，如图3-20（d）所示，则该机构变为移动导杆机构，也称定块机构。图3-26所示的抽水唧筒为移动导杆机构的应用实例，图3-27所示的移动导杆机构为抽水唧筒的机构运动简图。

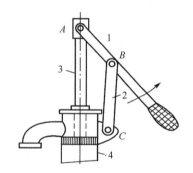

图3-26 抽水唧筒

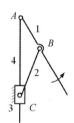

图3-27 移动导杆机构

3）含有两个移动副的四杆机构的演化

图3-28（a）所示为含有两个移动副的正弦机构，选取不同的构件作为机架，或者把转动副用移动副代替，即可得到不同的机构。选取构件1作为机架，得到图3-28（b）所示的双转块机构，选取构件3作为机架，得到图3-28（c）所示的双滑块机构，若将图3-28（a）中的转动副B转变为移动副，则可得到图3-28（d）所示的正切机构。

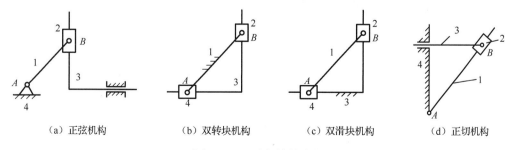

图3-28 正弦机构的演化

在工程实践中，仪表、解算装置、织布机构、印刷机械等采用正弦机构；十字滑块联轴节等采用双转块机构；仪表、解算装置、椭圆仪等采用双滑块机构；作正切运算的解算装置采用正切机构。

3.3 平面四杆机构的运动特性

3.3.1 曲柄摇杆机构的运动特性

1. 急回特性

在图 3-29 所示的曲柄摇杆机构中，曲柄 AB 是主动件，以角速度 ω_1 作顺时针匀速转动，摇杆 CD 是从动件并作往复摆动。

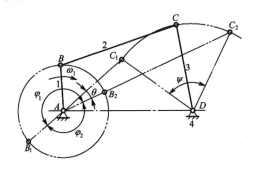

图 3-29 曲柄摇杆机构的急回特性

1）摇杆的极限位置

在图 3-29 中，当曲柄 AB 作为主动件以角速度 ω_1 按顺时针转动一周时，曲柄 AB 有两次与连杆 BC 共线。当曲柄 AB 与连杆 BC 拉直共线时，即曲柄 AB 到达 AB_2 的位置时，摇杆 CD 到达右极限位置 C_2D；当曲柄 AB 与连杆 BC 重叠共线时，即曲柄 AB 转到 AB_1 的位置时，摇杆 CD 到达左极限位置 C_1D。

2）摇杆的摆角

摇杆 CD 在两个极限位置 C_1D 和 C_2D 之间所夹的角度称为摇杆的摆角，用 ψ 表示。

3）曲柄的极位夹角

当摇杆 CD 处于两个极限位置 C_1D 和 C_2D 时，曲柄 AB 相对应的两位置 AB_1 与 AB_2 之间所夹的锐角，称为极位夹角，用 θ 表示。

4）机构的急回运动

在图 3-29 中，当曲柄 AB 以角速度 ω_1 由 AB_1 位置顺时针转到 AB_2 位置时，曲柄 AB 所转过的角度为 $\varphi_1 = 180° + \theta$。此时摇杆 CD 由左极限位置 C_1D 顺时针摆动到右极限位置 C_2D，摇杆 CD 摆过的角度为 ψ，摇杆 CD 的这个摆动过程称为工作行程。设这一过程所用的时间为 t_1，则铰链 C 的平均速度为

$$v_1 = \frac{\widehat{C_1C_2}}{t_1}$$

当曲柄 AB 按顺时针继续转动，从 AB_2 位置转到 AB_1 位置时，曲柄 AB 所转过的角度为

$\varphi_2 = 180° - \theta$，摇杆 CD 则由 C_2D 位置摆回到 C_1D 位置，摇杆 CD 摆过的角度仍然是 ψ，摇杆 CD 的这个过程称为空回行程。设这一过程所用的时间为 t_2，则铰链 C 的平均速度为

$$v_2 = \frac{\widehat{C_2C_1}}{t_2}$$

虽然摇杆 CD 往复摆动的角度相同，但所对应的曲柄 AB 转角却不相等，即 $\varphi_1 > \varphi_2$。当曲柄 AB 匀速转动时，所对应的时间也不相等，即 $t_1 > t_2$。显然，摇杆 CD 在空回行程的平均速度大于其工作行程的平均速度，即

$$v_2 > v_1$$

由此可知，当曲柄 AB 作匀速转动时，摇杆 CD 往复摆动的平均速度是不同的，曲柄摇杆机构的这种运动称为急回运动。机构的这种空回行程速度大于工作行程速度的特性，称为急回特性。

通常用摇杆 CD 在空回行程的平均速度 v_2 和工作行程的平均速度 v_1 的比值 K 来表示机构急回运动的相对程度，K 称为行程速比系数，即

$$K = \frac{v_2}{v_1} = \frac{\widehat{C_2C_1}/t_2}{\widehat{C_1C_2}/t_1} = \frac{t_1}{t_2} = \frac{\varphi_1}{\varphi_2} = \frac{180° + \theta}{180° - \theta} \tag{3-5}$$

由式（3-5）可知，行程速比系数 K 与极位夹角 θ 有关。当 $\theta = 0°$ 时，$v_2 = v_1$，$K = 1$，则该机构没有急回运动。一般情况下，当 $\theta > 0°$ 时，$v_2 > v_1$，$K > 1$，则该机构具有急回运动。θ 越大，K 值就越大，急回运动就越显著，但是机构的传动平稳性也会下降。一般取 $K \leq 2.0$。

将式（3-5）整理后，可得到机构极位夹角 θ 的计算公式：

$$\theta = 180° \frac{K-1}{K+1} \tag{3-6}$$

对有急回要求的机械，设计时可按其对急回特性要求的不同程度确定 K 值，并由式（3-6）求出 θ，然后根据 θ 值确定各构件的长度。

在生产实践中，应将机构的工作行程安排在从动件平均速度较低的行程处，而将机构的空回行程安排在从动件平均速度较高的行程处。这样，可以缩短非生产时间，提高生产效率。例如，牛头刨床、往复式运输机等机械就是利用机构的急回特性。

急回机构的急回方向与主动件的回转方向有关，为避免弄错急回方向，在有急回要求的设备上应标明主动件的正确回转方向。

2. 压力角和传动角

在工程实践中，不仅要考虑平面连杆机构能够实现给定的运动规律或运动轨迹，还必须考虑机构的传力性能，使机构轻便省力，传动效率高。

1）压力角

图 3-30 为一个曲柄摇杆机构的压力角和传动角，曲柄 AB 为主动件。若不考虑各构件的质量、惯性力和运动副中的摩擦力，则连杆 BC 是二力共线的构件。摇杆 CD 上 C 点的受力方向和该点的速度 $\vec{v}_C$ 方向之间所夹的锐角称为机构在该点处的压力角，用 α 表示。设摇杆 CD 在铰链 C 点处所受的驱动力为 F，其方向与连杆 BC 重合。将驱动力 F 分解为相互垂直

的两个分力 F_t 和 F_n，F_t 的方向与铰链 C 点的速度 v_C 方向一致，F_n 的方向沿着摇杆 CD 的方向并与 F_t 的方向垂直，则有

$$\begin{cases} F_t = F\cos\alpha \\ F_n = F\sin\alpha \end{cases}$$

式中，F_t——推动摇杆 CD 摆动的有效分力，对摇杆 CD 产生有效转矩；

F_n——铰链 C 点处的附加压力，加速铰链的摩擦和磨损，为有害分力。

很显然，在驱动力 F 一定的条件下，压力角 α 越小，有效分力 F_t 越大，有害分力 F_n 越小，机构的传力性能越好。因此，压力角 α 的大小可以作为判别连杆机构传力性能好坏的一个重要指标。

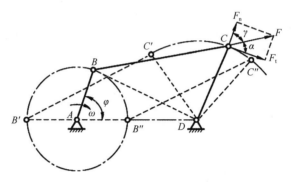

图 3-30　曲柄摇杆机构的压力角和传动角

2）传动角

驱动力 F 与有害分力 F_n 之间所夹的锐角称为传动角（连杆 BC 与从动摇杆 CD 之间所夹的锐角），用 γ 表示。由图 3-30 可知，$\alpha + \gamma = 90°$，即 γ 与 α 互为余角，故 $\gamma = 90° - \alpha$。在工程实践中，常用传动角 γ 的大小来衡量机构的传力性能。传动角 γ 越大，机构的传力性能就越好。

在机构的运动过程中，传动角 γ 的大小是不断变化的。为了保证机构具有良好的传力性能，需要限制最小传动角 γ_{min}，以免传动效率过低或机构出现自锁。对于一般机械，通常应使 $\gamma_{min} \geq 40°$；对于高速和大功率传动机械，应使 $\gamma_{min} \geq 50°$。为此，必须确定 $\gamma = \gamma_{min}$ 时机构的位置，并检验 γ_{min} 值是否大于上述的许用值。

曲柄摇杆机构的最小传动角 γ_{min} 可以按照以下关系求得。如图 3-30 所示，该机构中各杆长度分别为 l_1、l_2、l_3、l_4，在 $\triangle ABD$ 和 $\triangle BCD$ 中分别有

$$(BD)^2 = l_1^2 + l_4^2 - 2l_1 l_4 \cos\varphi \tag{3-7}$$

$$(BD)^2 = l_2^2 + l_3^2 - 2l_2 l_3 \cos\gamma \tag{3-8}$$

联立以上两式求解，得

$$\cos\gamma = \frac{l_2^2 + l_3^2 - l_1^2 - l_4^2 + 2l_1 l_4 \cos\varphi}{2l_2 l_3} \tag{3-9}$$

由式（3-9）可知，对于给定的曲柄摇杆机构，各杆长均为已知，故传动角 γ 的大小仅取决于主动件的转角。当 $\varphi = 0°$ 时，$\angle BCD$ 出现最小值 $(\angle BCD)_{min}$，此值也是传动角 γ 的一个极小值，如图 3-30 中曲柄与机架重叠共线的位置 $AB''C''D$；当 $\varphi = 180°$ 时，$\angle BCD$ 出现最大值 $(\angle BCD)_{max}$，该角若是钝角，则其补角 $180° - (\angle BCD)_{max}$ 应为 γ 的另一个极小值，如

图 3-30 中曲柄与机架拉伸共线的位置 $AB'C'D$。γ 的两个极小值中最小的一个值即机构的最小传动角 $\gamma_{\min}$。可见，曲柄摇杆机构的 $\gamma_{\min}$ 出现在曲柄与机架两次共线的两个位置之一。

3. 死点位置

在图 3-29 所示的曲柄摇杆机构中，当以摇杆 CD 为主动件时，曲柄 AB 为从动件，在摇杆摆到两个极限位置 C_1D 和 C_2D 时，连杆 BC 与曲柄 AB 两次共线，摇杆 CD 通过连杆 BC 施加在曲柄 AB 上的力正好通过曲柄的转动中心 A，该力对 A 点的转矩为零。此时，机构的压力角 $\alpha = 90°$，传动角 $\gamma = 0°$。此时，无论连杆 BC 对曲柄 AB 的作用力有多大，都不能使曲柄 AB 转动，机构处于静止状态，机构的这种位置称为死点。由此可见，平面四杆机构是否存在死点位置，取决于从动件是否与连杆共线。

当机构处于死点位置时，从动件将出现卡死或运动不确定现象。就传动机构来说，机构存在死点是不利的，应该采取措施使机构能顺利通过死点位置。常采取的措施如下：

① 对从动曲柄施加外力。

② 利用从动件的惯性顺利通过死点位置。例如，在图 3-4 所示的缝纫机踏板机构中，借助固联在曲轴上的转动惯量较大的带轮，利用惯性通过死点。

③ 采用机构死点位置错位排列的办法，即将两组以上的机构组合起来，而使各组机构的死点位置相互错开，如图 3-31 所示。

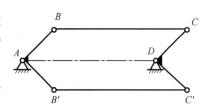

图 3-31 错位排列机构

有时也利用机构的死点位置来实现某些特定的工作要求。图 3-32 所示的飞机起落架机构就是利用死点进行工作的，当着陆轮从飞机机腹的下方被推放出来时，构件 BC 和构件 CD 共线，处于死点位置。这时，着陆轮上可能受到很大的作用力，经构件 BC 传给构件 CD 的力通过回转中心 D，所以起落架不会反转（折回），这样可使降落更加可靠。图 3-33 为工件夹紧机构，加工工件时，将工件放在工作台上，然后用力按下手柄，工件随即被夹紧。此时，构件 BC 与构件 CD 共线，机构处于死点位置，当去掉施加在手柄上的外力 P 之后，无论工件上的反作用力 T 有多大，都不能使构件 CD 绕 D 点转动，夹紧机构能可靠地夹紧工件，这样可保证工件在加工时不会松脱。

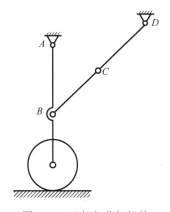

图 3-32 飞机起落架机构

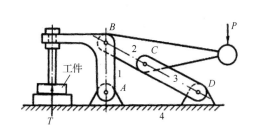

图 3-33 工件夹紧机构

3.3.2 两种常用平面四杆机构的运动特性

1. 曲柄滑块机构

1) 急回特性

图 3-34（a）所示为对心曲柄滑块机构，由于极位夹角 $\theta=0°$，即 $K=1$，滑块 3 的工作行程平均速度和空回行程平均速度相等，所以该机构没有急回特性。而图 3-34（b）所示的偏置曲柄滑块机构，由于极位夹角 $\theta\neq 0°$，即 $K>1$，所以机构有急回特性。

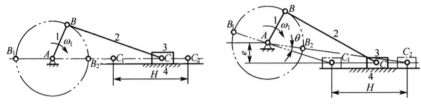

（a）无急回特性的对心曲柄滑块机构　　　　（b）有急回特性的偏置曲柄滑块机构

图 3-34　曲柄滑块机构急回特性的有无

2) 传动角

在曲柄滑块机构中，当曲柄为主动件而滑块为从动件时，最小传动角 γ_{min} 出现在曲柄垂直于滑块导路的瞬时位置：对心曲柄滑块机构的最小传动角如图 3-35（a）所示，当曲柄 AB 转到 AB_1 和 AB_2 位置时，两次出现最小传动角 γ_{min}。偏置曲柄滑块机构的最小传动角如图 3-35（b）所示，只有当曲柄 AB 转到 AB_1 位置时，机构才出现最小传动角 γ_{min}。

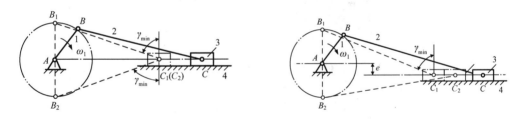

（a）对心曲柄滑块机构的最小传动角　　　　（b）偏置曲柄滑块机构的最小传动角

图 3-35　曲柄滑块机构的最小传动角

3) 死点位置

在图 3-34 所示的曲柄滑块机构中，以滑块 3 为主动件，当滑块 3 移动到两个极限位置 C_1 和 C_2 时，连杆 2 与从动曲柄 1 处在共线位置，即机构处于死点位置。内燃机若不能顺利越过死点，将会自动熄火。为使机构通过死点位置，也可采用如图 3-36 所示的死点位置错位排列的方法。

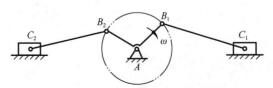

图 3-36　死点位置错开的曲柄滑块机构

2. 曲柄摆动导杆机构

对于曲柄摆动导杆机构，通常都以曲柄为主动件，所以此处只讨论急回特性和传动角。

1) 急回特性

图 3-37 所示的牛头刨床机构就是曲柄摆动导杆机构的应用实例。当曲柄 BC 转动一周、两次与导杆 AC 垂直时，导杆摆到两个极限时 $\theta = 2\alpha$，即 $K > 1$，所以该机构有急回特性。

2) 传动角

在图 3-38 所示的曲柄摆动导杆机构中，当曲柄 1 为主动件时，由于在任何位置上，曲柄 1 通过滑块 2 对导杆 3 的作用力始终垂直于导杆 3，而滑块 2 上力作用点的速度总是沿着导杆，故传动角 γ 始终等于 $90°$，导杆机构的传力性能最好。

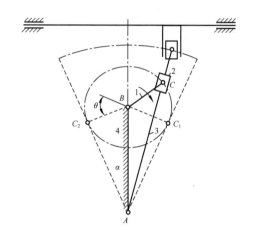

图 3-37 牛头刨床机构

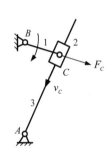

图 3-38 曲柄摆动导杆机构的传动角

3.4 平面四杆机构的设计

平面四杆机构的设计是指根据给定的运动条件，确定机构中各个构件的尺寸。有时还需要考虑机构的一些附加的几何条件或动力条件，如机构的结构要求、安装要求和最小传动角等，保证机构设计可靠、合理。

在实际生产中，对机构的设计要求是多种多样的，给定的条件也各不相同，归纳起来一般分为以下两类：

（1）满足给定的位置或运动规律的要求，即连杆能够占据某些给定位置；两个连架的转角能够满足给定的对应关系；或者在主动件运动规律一定的条件下，从动件能够准确或近似地满足给定运动规律的要求等。

（2）满足给定的运动规律，即要求在机构运动的过程中，连杆上的某一点能实现给定的运动规律。

平面四杆机构的设计方法主要由有图解法、解析法和实验法。

（1）图解法。该方法是通过几何作图来设计平面四杆机构的，是平面四杆机构设计的一种常用方法。首先根据设计要求找出机构运动几何尺寸之间的关系，然后按比例作图并确定出机构的运动几何尺寸。这种方法比较直观,由于作图过程存在一定的误差,因此精度不高,但仍可满足一般机械的使用要求。

(2) 解析法。使用该方法时,首先要建立运动方程,然后根据已知的运动参数对方程式求解。这种方法设计的结果比较精确,能够解决复杂的设计问题,但计算量大,宜采用计算机辅助设计。

(3) 实验法。该方法是利用连杆曲线的图谱来设计平面四杆机构的,为了便于设计,在工程上常常利用已汇编成册的连杆曲线图谱。根据给定的运动规律从图谱中选择形状相近的连杆曲线,便可直接查出机构中的各个尺寸参数,并由此设计出平面四杆机构,这种方法比较简单,但精度较低。

平面四杆机构设计方法的选用应根据具体情况确定。现分别介绍如下:

3.4.1 用图解法设计平面四杆机构

1. 按给定连杆的位置设计铰链四杆机构

如图 3-39 所示,已知连杆 BC 的长度 l_{BC} 和给定的 3 个位置 B_1C_1、B_2C_2 和 B_3C_3,试设计此铰链四杆机构。

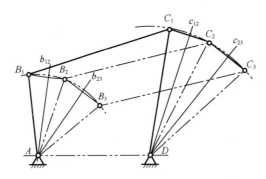

图 3-39 按给定连杆的 3 个位置设计铰链四杆机构

设计铰链四杆机构的实质是确定两个固定铰链中心 A、D 的位置,在铰链四杆机构中,由于活动铰链 B 和 C 的轨迹为圆弧,所以固定铰链中心 A、D 分别为其圆心。设计铰链四杆机构过程如下。

(1) 选定合适的长度比例尺 u_l,取 $\overline{BC} = l_{BC}/u_l$,绘出连杆的 3 个位置 B_1C_1、B_2C_2 和 B_3C_3。

(2) 连接 B_1B_2、B_2B_3,分别作线段 B_1B_2、B_2B_3 的垂直平分线 b_{12}、b_{23},其交点即固定铰链中心 A 的中心位置。

(3) 用同样的方法确定固定铰链 D 的中心位置。

(4) 连接 AB_1、C_1D、B_1C_1、AD,得到铰链四杆机构在第一位置时的机构运动简图。该机构各杆的长度分别为 $l_{AB} = u_l \overline{AB}$,$l_{CD} = u_l \overline{CD}$,$l_{AD} = u_l \overline{AD}$。

由上述作图过程可知,给定连杆的 3 个位置时,有唯一解。如果只给定连杆的两个位置,则固定铰链中心 A、D 可分别在 B_1B_2、C_1C_2 的垂直平分线 b_{12}、c_{12} 上任选,故有无穷多个解。在实际设计时,可以考虑其他附加条件,以得到唯一确定的解。例如,满足最小传动角 $\gamma_{\min}$ 的要求,或者给定机架的长度。

2. 按给定两个连架杆的对应位置设计平面四杆机构

1）设计原理

在图 3-40 所示的铰链四杆机构中，AD 为机架，当主动件 AB 由 AB_1 转到 AB_2 位置时，从动件 CD 则由 C_1D 转到 C_2D 位置，两者转过的角度分别为 α_{12}、φ_{12}。

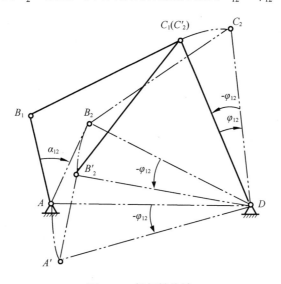

图 3-40　机架转换法

假设将该机构在第二位置时的四边形 AB_2C_2D 刚性化，并让其整体绕 D 点反向转动，转过 $-\varphi_{12}$ 角，使 C_2D 与 C_1D 重合，则 A、B_2 分别转到 A'、B_2' 位置，即机构的第二个位置转到 $DC_1B_2'A'$ 位置。此时，机构已转化为以 CD 为机架、以 AB 为连杆的铰链四杆机构，已知连杆 AB 的两个位置为 AB_1 和 $A'B_2'$。可见，按给定连架杆预定的对应位置设计平面四杆机构的问题，已经转化成了按给定连杆位置设计平面四杆机构的问题。这种方法称为"反转法"或机架转换法。

2）按给定连架杆的 3 个对应位置设计平面四杆机构

如图 3-41（a）所示，已知连架杆 AB 的 3 个位置 AB_1、AB_2、AB_3，与连架杆 CD 上某一条直线 DE 的 3 个位置 DE_1、DE_2、DE_3（分别对应 3 组摆角 φ_1、φ_2、φ_3 及 ψ_1、ψ_2、ψ_3）；连架杆 AB 和机架 AD 的长度分别为 a 和 d，试设计该平面四杆机构。

设计过程如下：

（1）选定合适的长度比例尺 u_l，根据机架的长度 d 确定回转中心 A、D。

（2）根据连架杆 AB 的长度 a 和摆角 φ_1 确定第一位置 AB_1，按转角 φ_2、φ_3 依次作出 AB 的其他两个位置 AB_2、AB_3。同理，根据转角 ψ_1、ψ_2、ψ_3 作出从动件相应的方向线。

（3）以 D 为圆心，以任意长为半径作圆弧，分别与 3 条方向线相交于 E_1、E_2、E_3 点；依次连接 B_1E_1、B_2E_2、B_3E_3，得到四边形 AB_1E_1D、AB_2E_2D、AB_3E_3D。

（4）将四边形 AB_2E_2D、AB_3E_3D 刚性化，分别绕 D 点反转（$\psi_2-\psi_1$）、（$\psi_3-\psi_1$），使 E_2D、E_3D 都与 E_1D 重合，则四边形 AB_2E_2D 到达 $AB_2'E_1D$ 位置，四边形 AB_3E_3D 到达 $AB_3'E_1D$ 位置。

（5）分别作 B_1B_2'、$B_2'B_3'$ 的垂直平分线，使之相交于 C_1 点，则 AB_1C_1D 即按要求设计的平面四杆机构。

（6）杆 BC 和杆 CD 的长度分别为 $l_{BC}=u_l\overline{B_1C_1}$，$l_{CD}=u_l\overline{C_1D}$。

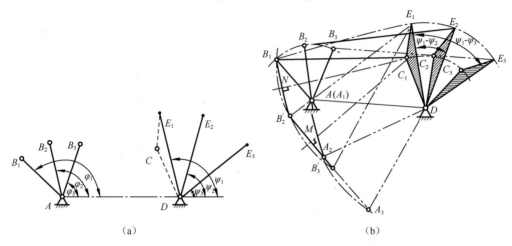

图 3-41　按连架杆对应位置设计平面四杆机构

3. 按给定行程速比系数设计平面四杆机构

1）设计曲柄摇杆机构

已知曲柄摇杆机构中摇杆 CD 的长度 l_{CD}、摇杆 CD 的摆角 ψ 和行程速比系数 K，试设计该曲柄摇杆机构。

分析：设计的实质是确定固定铰链中心 A 的位置，以便确定出其他 3 个构件的长度 l_{AB}、l_{BC} 和 l_{AD}。由曲柄摇杆机构的运动特性（见图 3-29）可知，摇杆在两个极限位置时，A 点与 C_1 点、C_2 点连线之间的夹角即极位夹角 θ。因此，如图 3-42 所示，只要过 C_1、C_2 两点作一个圆，使圆弧 $\overset{\frown}{C_1C_2}$ 所对的圆周角为 θ，然后在优弧 $\overset{\frown}{C_1PC_2}$ 上任取一点作为固定铰链中心 A，都能满足设计要求。

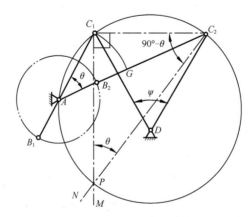

图 3-42　按给定行程速比系数设计曲柄摇杆机构

具体设计步骤如下:

(1) 把行程速比系数 K 代入公式 $\theta = 180° \dfrac{K-1}{K+1}$,求出极位夹角 θ。

(2) 选取适当的长度比例尺 u_l,任选固定铰链中心 D 点的位置,由摇杆长度 l_{CD} 和摆角 ψ,作出摇杆两个极限位置 C_1D 和 C_2D,使 $\angle C_1DC_2 = \psi$,$C_1D = C_2D = l_{CD}/u_l$。

(3) 连接 C_1 点和 C_2 点,并过 C_1 点作直线 $C_1M \perp C_1C_2$,过 C_2 点作直线 C_2N 使 $\angle C_1C_2N = 90° - \theta$,$C_2N$ 与 C_1M 相交于 P 点,由图 3-42 可知,$\angle C_1PC_2 = \theta$。

(4) 以 C_1P 为直径作 $\triangle C_1C_2P$ 的外接圆,在此圆的优弧 $\overset{\frown}{C_1PC_2}$ 上任取一点 A 作为曲柄的固定铰链中心,连接 AC_1 和 AC_2。因同一圆弧的圆周角相等,故 $\angle C_1AC_2 = \angle C_1PC_2 = \theta$。

(5) 确定曲柄、连杆和摇杆的尺寸。因为摇杆在极限位置时,曲柄与连杆共线,$AC_1 = BC - AB$,$AC_2 = BC + AB$,从而可得 $AC_2 - AC_1 = 2AB$;以 A 为圆心、以 AC_1 为半径作一个圆,与 AC_2 相交于 G 点,则 $GC_2 = AC_2 - AC_1 = 2AB$;再以 A 为圆心,以 $GC_2/2$ 为半径作一个圆,与 AC_1 的反向延长线相交于 B_1 点,与 AC_2 相交于 B_2 点。这样,可得曲柄的长度 $l_{AB} = u_l\overline{AB_1}$,连杆的长度 $l_{BC} = u_l\overline{B_1C_1}$ 以及机架的长度 $l_{AD} = u_l\overline{AD}$。

从上面的作图过程可以看出,由于固定铰链中心 A 点是从 $\triangle C_1C_2P$ 外接圆优弧 $\overset{\frown}{C_1PC_2}$ 上任意选取的点,所以满足给定条件的设计结果有无穷多个。但 A 点的位置不同,机构的最小传动角及曲柄、连杆和机架的长度也各不相同。为使机构具有良好的传动性能,可按最小传动角或其他条件(如机架的长度或方位、曲柄的长度等)来确定 A 点的位置。例如,给定机架长度 l_{AD},则以 D 为圆心、以 $AD = l_{AD}/u_l$ 为半径画圆弧,此圆弧与优弧 $\overset{\frown}{C_1PC_2}$ 的交点即曲柄固定铰链中心 A 点的位置。

2) 设计偏置曲柄滑块机构

已知机构的偏心距 e、滑块的行程 H 和行程速比系数 K,试设计偏置曲柄滑块机构。

分析:把偏置曲柄滑块的行程 H 视为曲柄摇杆机构 C 点摆动的弦长。

具体设计步骤如下:

(1) 根据行程速比系数 K 计算极位夹角 θ。

(2) 选取适当的长度比例尺 μ_l,任作一条线段 $C_1C_2 = H/\mu_l$,过 C_1 点作直线 C_1M 垂直于 C_1C_2,如图 3-43 所示。

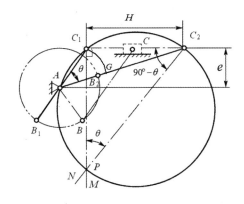

图 3-43 按行给定程速比系数设计偏置曲柄滑块机构

（3）作 $\angle C_1C_2N = 90° - \theta$，$C_2N$ 与 C_1M 交于 P 点，则 $\angle C_1PC_2 = \theta$。

（4）作直角 $\triangle C_1PC_2$ 的外接圆。

（5）作 C_1C_2 的平行线，使之与 C_1C_2 之间的距离为 e/μ_l，此直线与优弧 $\overset{\frown}{C_1PC_2}$ 的交点即曲柄固定铰链中心 A 的位置。

（6）按照设计曲柄摇杆机构的方法，确定曲柄和连杆的长度。

3.4.2 用解析法设计平面四杆机构

所谓解析法就是以机构的尺寸参数表达各运动构件之间的函数关系，从而按给定的条件求解未知的参数。

如图 3-44（a）所示，已知连架杆 AB 的 3 个位置 AB_1、AB_2、AB_3，与连架杆 CD 上某一直线 DE 的 3 个位置 DE_1、DE_2、DE_3（对应 3 组摆角 φ_1、φ_2、φ_3 及 ψ_1、ψ_2、ψ_3）；用解析法设计该平面四杆机构。

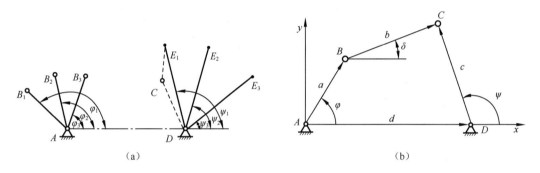

图 3-44 用解析法设计平面四杆机构

分析：设计的实质就是确定各构件的长度 a、b、c 和 d。

设计的具体步骤如下：

（1）建立直角坐标系。如图 3-44（b）所示，以机构中的 A 点为原点，建立直角坐标系 xAy，选取机架 AD 作为 x 轴。分别用矢量 $\vec{a}$、$\vec{b}$、$\vec{c}$ 和 $\vec{d}$ 表示各构件的长度和位置，各矢量相对于 x 轴的转角均从 x 轴的正向沿逆时针方向度量。

（2）列出矢量方程。平面四杆机构 $ABCD$ 组成一个封闭的矢量多边形，可写出下列矢量方程式：

$$\vec{a} + \vec{b} = \vec{c} + \vec{d} \tag{3-10}$$

将式（3-10）分别在 x 轴和 y 轴上投影，可得

$$\begin{cases} a\cos\varphi + b\cos\delta = c\cos\psi + d \\ a\sin\varphi + b\sin\delta = c\sin\psi \end{cases}$$

移项得

$$\begin{cases} b\cos\delta = c\cos\psi + d - a\cos\varphi \\ b\sin\delta = c\sin\psi - a\sin\varphi \end{cases} \tag{3-11}$$

将式（3-11）等号两边平方后相加，以消去同项 δ，经整理可得

$$R_1 - R_2\cos\varphi + R_3\cos\psi = \cos(\varphi - \psi) \tag{3-12}$$

式中，
$$R_1 = \frac{a^2 + c^2 + d^2 - b^2}{2ac}; \quad R_2 = \frac{d}{c}; \quad R_3 = \frac{d}{a}$$

式（3-12）为以机构的尺寸参数表示的两个连架杆与运动关系的方程式，式中的 R_1、R_2 和 R_3 分别为用机构尺寸参数表示的待定参数。

（3）求各构件的长度。将两个连架杆对应位置的参数分别代入式（3-12），可得方程组

$$\begin{cases} R_1 - R_2 \cos\varphi_1 + R_3 \cos\psi_1 = \cos(\varphi_1 - \psi_1) \\ R_1 - R_2 \cos\varphi_2 + R_3 \cos\psi_2 = \cos(\varphi_2 - \psi_2) \\ R_1 - R_2 \cos\varphi_3 + R_3 \cos\psi_3 = \cos(\varphi_3 - \psi_3) \end{cases} \quad (3\text{-}13)$$

解得 R_1、R_2 和 R_3，再根据其他条件选定机架的长度 d 之后，即可最后确定其余各构件的长度 a、b、c。

如果只给定两个连架杆的两组对应位置，就只能得到两个方程。3 个参数 R_1、R_2 和 R_3 中有一个可以任意选定，因此有无穷多个解。此时，可根据机构的用途、结构、传力性能或其他辅助条件来确定机构各构件的长度。

3.4.3 用实验法设计平面四杆机构

如图 3-45 所示，要求用实验法设计一个平面四杆机构，使其连杆上某一点沿轨迹 m—m 运动。具体设计步骤如下。

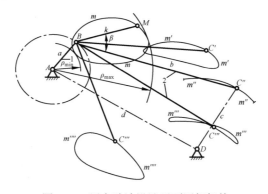

图 3-45 用实验法设计平面四杆机构

选取构件 1 作为曲柄，而把具有若干分支的构件 2 作为连杆。在轨迹 m—m 附近合适的位置上选取曲柄的转动中心 A 点，然后以 A 点为圆心作两个与轨迹 m—m 相切的圆弧，由此可得最大半径 $\rho_{\max}$ 和最小半径 $\rho_{\min}$。要求曲柄长度 a 及连杆上一个分支 BM 的长度 k 应满足

$$k + a = \rho_{\max}, \quad k - a = \rho_{\min}$$

因此可得

$$a = \frac{\rho_{\max} - \rho_{\min}}{2}, \quad k = \frac{\rho_{\max} - \rho_{\min}}{2}$$

实验时，令 M 点沿轨迹 m—m 运动，则曲柄绕 A 点转动，而连杆上其他分支的端点 C'、C''、C''' …，将各自按 m'—m'、m''—m''、m'''—m''' … 轨迹运动，找出其中一条轨迹近似于圆弧或直线的轨迹（若找不出，则可改变各分支的长度和相对分支 BM 的夹角）。如图 3-45 中

C'' 点的轨迹 $m''—m''$ 轨迹近似圆弧，其圆心为 D，而 C'' 即所要求的铰链中心 C，CD 之间的长度为摇杆的长度 c，AD 之间的长度为机架的长度 d。若找出的轨迹近似直线，则表示圆心 D 在无穷远处，即得到曲柄滑块机构。把该近似直线画成直线后作为滑块与连杆的铰链点的运动轨迹，即导路的方向线。

习题与思考题

一、思考题

3-1 铰链四杆机构的基本类型有哪些？
3-2 铰链四杆机构曲柄存在的条件是什么？
3-3 什么是行程速比系数、急回运动特性和极位夹角？
3-4 什么是曲柄摇杆机构的压力角和传动角？
3-5 曲柄摇杆机构的最小传动角在什么位置？
3-6 曲柄摇杆机构具有死点位置的条件是什么？
3-7 举例说明死点位置的危害以及死点位置在工程中的应用。

二、习题

3-8 在铰链四杆机构 $ABCD$ 中，若 AB、BC、CD 3 个构件的长度分别为 $a=120\text{mm}$，$b=280\text{mm}$，$c=360\text{mm}$，构件 AD 为机架，构件 AD 长度为 d。

（1）当此机构为曲柄摇杆机构时，求 d 的取值范围。
（2）当此机构为双摇杆机构时，求 d 的取值范围。
（3）当此机构为双曲柄机构时，求 d 的取值范围。

3-9 如图 3-46 所示，设已知平面四杆机构各构件 AB、BC、CD、AD 的长度分别为 $a=240\text{mm}$，$b=600\text{mm}$，$c=400\text{mm}$，$d=500\text{mm}$。

（1）当取构件 4 为机架时，是否有曲柄存在？
（2）若各构件长度不变，能否采用选不同构件为机架的办法获得双曲柄机构和双摇杆机构？如何获得？
（3）若 a、b、c 长度不变，以构件 AD 为机架，获得曲柄摇杆机构，求 d 的取值范围。

3-10 图 3-47 所示为一个偏置曲柄滑块机构，试求构件 AB 为曲柄的条件。若偏心距 $e=0$ 时，则构件 AB 为曲柄的条件又如何？

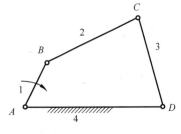

图 3-46 题 3-9

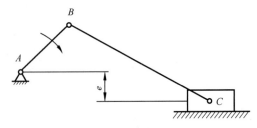

图 3-47 题 3-10

3-11 试作出如图 3-48 所示两种机构的运动简图,并说明它们分别是哪一种机构。

在图 3-48(a)中偏心盘 1 绕固定轴 A 转动,迫使滑块 2 在圆盘 3 的槽中来回滑动,而圆盘 3 又相对于机架转动。

在图 3-48(b)中偏心盘 1 绕固定轴 A 转动,通过构件 2,使滑块 3 相对于机架往复移动。

3-12 图 3-49 所示为一个实验用小电炉的炉门装置,在关闭时位置为 E_1,开启时位置为 E_2,试设计一个平面四杆机构来操作炉门的启闭(相关尺寸见图 3-49)。要求:在开启时炉门应向外开启,炉门与炉体不得发生干涉;在关闭时,炉门应有一个自动压向炉体的趋势(图 3-49 中 S 为炉门质心位置),B、C 为两个活动铰链所在位置。

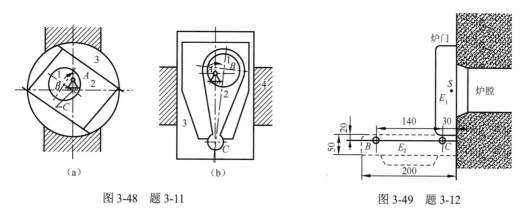

图 3-48 题 3-11　　　　　图 3-49 题 3-12

3-13 已知某操纵装置采用一个铰链四杆机构,其中 $l_{AB}=50\text{mm}$,$l_{AD}=72\text{mm}$,主动件 AB 与从动件 CD 上的一条标线 DE 之间的对应角位置关系如图 3-50 所示。试用图解法设计此平面四杆机构。

3-14 图 3-51 所示为颚式碎矿机机构简图,已知其行程速比系数 $K=1.25$,颚板 CD(相当于摇杆)的长度 $l_{CD}=300\text{mm}$,颚板摆角 $\psi=30°$,试确定:

(1)当机架 AD 的长度 $l_{AD}=280\text{mm}$ 时,曲柄 AB 和连杆 BC 的长度 l_{AB} 和 l_{BC};

(2)当曲柄 AB 的长度 $l_{AB}=50\text{mm}$ 时,机架 AD 和连杆 BC 的长度 l_{AD} 和 l_{BC}。

针对此两种设计结果,分别检验它们的最小传动角 $\gamma_{\min}$ 是否符合工程实际需要。

提示:$[\gamma]=40°$。

3-15 试用图解法设计曲柄滑块机构,设已知滑块的行程速比系数 $K=1.5$,滑块的行程 $H=50\text{mm}$,偏心距 $e=20\text{mm}$,求其最大压力角 $\alpha_{\max}$。

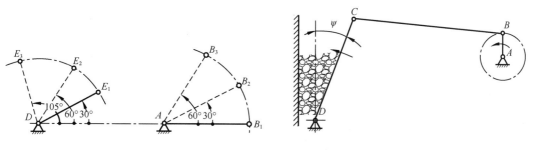

图 3-50 题 3-13　　　　　图 3-51 题 3-14

三、考研真题

3-16 (清华大学,2002 年)在曲柄摇杆机构中,为了提高机构的传力性能,应该( )。
　　A. 增大传动角 γ 　　　　　　　　B. 减小传动角 γ
　　C. 增大压力角 α 　　　　　　　　D. 减小极位夹角 θ

3-17 (湖南大学,2007 年)将曲柄滑块机构的( )作为机架,可演化得到导杆机构。
　　A. 滑块　　　B. 连杆　　　C. 机架　　　D. 曲柄

3-18 (华南理工大学,2006 年)下面各种情况下,存在死点的机构是( )。
　　A. 双曲柄机构　　　　　　　　B. 对心曲柄滑块机构,曲柄为主动件
　　C. 曲柄摇杆机构,曲柄为主动件　　D. 曲柄摇杆机构,摇杆为主动件

3-19 (浙江大学,2005 年)
(1) 平面四杆机构是否存在死点,取决于( )是否与连杆共线。
　　A. 主动件　　B. 从动杆　　C. 机架　　　D. 前三者中的任一项
(2) 四杆机构的杆长满足:$l_1 < l_2 < l_3 < l_4$ 且 $l_1 + l_3 < l_2 + l_4$,l_1 杆为连架杆,则该机构为( )。
　　A. 曲柄摇杆机构　　　　　　　B. 双曲柄机构
　　C. 双摇杆机构　　　　　　　　D. 不能判断

3-20 (武汉科技大学,2009 年)当曲柄为主动件时,曲柄摇杆机构的最小传动角 $\gamma_{\min}$ 总是出现在( )。
　　A. 连杆与曲柄成一条直线时　　B. 连杆与机架成一条直线时
　　C. 曲柄与机架成一条直线时

3-21 (西南交通大学,2005 年)在图 3-52 所示的机构中,$a = 20 \text{mm}$,$d = 40 \text{mm}$。构件 AB 为主动构件,角速度为 ω。
(1) 在 A、B、D 3 个转动副中,哪些为周转副?哪些为摆转副?
(2) 画出导杆 3 的极限位置,标出极位夹角 θ,并确定该机构的行程速比系数。

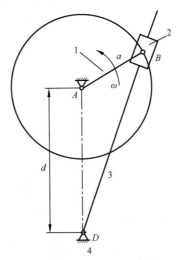

图 3-52　题 3-21

3-22 (西南交通大学,2007 年)试设计一个如图 3-53 所示的曲柄摇杆机构,曲柄 AB 为主动件,并且是单向匀速转动的。摇杆 CD 的长度为 $l_{CD} = 35\text{mm}$,设计要求:摇杆的一个极限位置与机架 AD 之间的夹角 $\varphi = 45°$,并在此位置时机构的传动角 $\gamma = 60°$,机构的行程速比系数 $K = 1.2$。应当如何确定构件 AB 的杆长 l_{AB}、连杆 BC 的长度 l_{BC} 和铰链 A、D 点之间的距离?

3-23 (西南交通大学,2009 年)在图 3-54 所示的平面连杆机构中,已知 $l_{BC} = 65\text{mm}$,$l_{AD} = 82.01\text{mm}$,$AC = 50\text{mm}$,$\omega_1 = 45\text{rad/s}$。

(1)判定构件 1、构件 3 和构件 5 是否为曲柄。

(2)拆分机构中所含的基本杆组,并确定机构的级别。

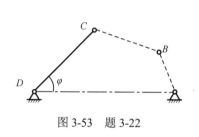

图 3-53 题 3-22

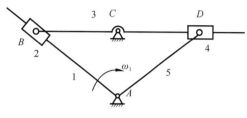

图 3-54 题 3-23

3-24 (山东科技大学,2005 年)如图 3-55 所示,已知曲柄摇杆机构的行程速比系数 $K = 1.2$,摇杆长度 $l_{CD} = 300\text{mm}$,摇杆摆角 $\varphi = 35°$,曲柄长度 $l_{AB} = 80\text{mm}$,求连杆的长度 l_{BC}。

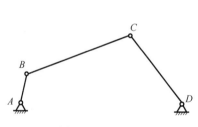

图 3-55 题 3-24

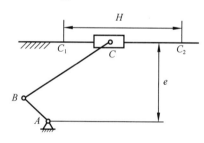

图 3-56 题 3-25

3-25 (山东科技大学,2007 年)图 3-56 所示为偏置曲柄滑块机构的示意图。已知曲柄长度 $l_{AB} = 25\text{mm}$,连杆长度 $l_{BC} = 95\text{mm}$,滑块行程 $H = 60\text{mm}$,试用图解法求:

(1)导路的偏心距 e;

(2)极位夹角 θ;

(3)机构的行程速比系数 K。

第4章 凸轮机构及其设计

学习目标：掌握凸轮机构的应用、组成和分类，掌握从动件的常用运动规律，掌握图解法设计盘形凸轮轮廓曲线，掌握凸轮机构基本参数（凸轮的基圆半径与压力角及自锁的关系）的确定；了解解析法设计盘形凸轮轮廓曲线。

4.1 概　　述

凸轮机构是一种高副机构，也是机械中的一种常用机构，广泛用于各种机械和自动控制装置中。

4.1.1 凸轮机构的组成

凸轮机构是一种由凸轮1、从动件2和机架3组成的高副机构，其基本组成如图4-1所示。其中凸轮1是一个具有曲线轮廓的主动件，一般作连续等速转动，从动件2在凸轮1轮廓驱动下按给定运动规律作往复直线移动或摆动。

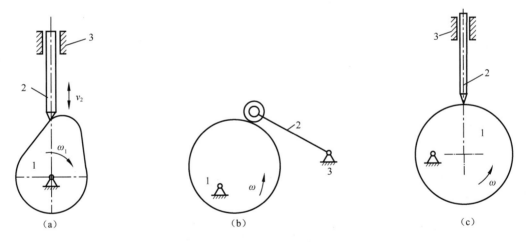

图4-1　凸轮机构的基本组成

4.1.2 凸轮机构的应用和分类

1. 凸轮机构的应用

图4-2所示为内燃机配气凸轮机构，当凸轮1匀速转动时，其轮廓迫使从动件2（气阀）按给定运动规律往复运动，适时开启或关闭进、排气阀门（关闭时借助弹簧的作用力），以控制可燃物质进入汽缸或废气的排出。

图4-3所示为绕线机排线凸轮机构。当绕线轴3快速转动时，齿轮带动凸轮1缓慢转动，通过凸轮轮廓与尖底之间的作用，驱使从动件2往复摆动，使线均匀地缠绕在绕线轴上。

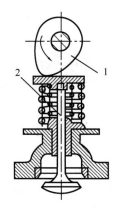
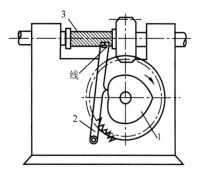

图 4-2　内燃机配气凸轮机构　　　　图 4-3　绕线机排线凸轮机构

图 4-4 所示为凸轮自动送料机构。当带有凹槽的凸轮 1 转动时，通过槽中的滚子，驱使从动件 2 作往复移动。凸轮每转一周，从动件即从储料器中推出一个毛坯，送到加工位置。

2. 凸轮机构的分类

凸轮机构的类型繁多，常用的分类方法如下。

1）按凸轮的形状分类

按照凸轮的不同形状分为三类。

（1）盘形凸轮。盘形凸轮是一个绕固定轴转动且半径不断变化的盘形零件。当其绕固定轴转动时，推动从动件在垂直于凸轮转轴的平面内运动。盘形凸轮是凸轮最基本的形式，结构简单，应用最广。

（2）移动凸轮。当盘形凸轮的回转中心趋于无穷远时，凸轮呈板状，凸轮相对机架作直线运动，这种凸轮称为移动凸轮，如图 4-5 所示。

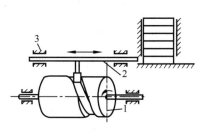
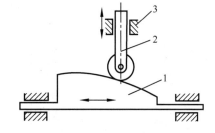

图 4-4　凸轮自动送料机构　　　　　图 4-5　移动凸轮

在盘形凸轮机构和移动凸轮机构中，凸轮与从动件之间的相对运动均为平面运动，又称为平面凸轮机构。

（3）圆柱凸轮。圆柱凸轮可以看成将移动凸轮卷在圆柱体上而得到的凸轮。由图 4-4 可以看出，圆柱凸轮机构是空间凸轮机构。

2）按照从动件的运动形式分类

（1）直动从动件。在凸轮机构运动过程中，从动件作往复直线移动，根据其从动件轴线与凸轮回转中心的相对位置可分成对心凸轮和偏置凸轮两种，如图 4-1（a）和图 4-1（c）所示。

（2）摆动从动件。在凸轮机构运动过程中，从动件作往复摆动，如图 4-1（b）所示。

3）按照从动件的端部形式分类

（1）尖顶从动件。不论凸轮工作轮廓形状如何，从动件的尖顶都能与凸轮工作轮廓保持接触，从而保证从动件按给定的规律运动。但尖顶容易被磨损，仅适用于低速轻载的凸轮机构，适用于仪表机构中，如图 4-1（a）和图 4-1（c）所示。

（2）滚子从动件。在从动件端部安装一个滚子，把从动件和凸轮工作轮廓之间的滑动摩擦转变为滚动摩擦，接触面间磨损小，故能承受较大的载荷。滚子从动件是一种常用的从动件，如图 4-4 和图 4-5 所示。

（3）平底从动件。这种从动件不能与内凹的凸轮工作轮廓接触。当不计摩擦时，凸轮与从动件之间的作用力始终与从动件的平底垂直，其传力性能好，机构传动效率较高，而且从动件与凸轮之间容易形成润滑油膜，故常用于高速凸轮机构中，如图 4-2 所示。

4）按凸轮与从动件维持高副接触（锁合）的方式分类

（1）力锁合。利用从动件的重力、弹簧力或其他外力使从动件和凸轮保持接触，如图 4-1、图 4-2 和图 4-5 所示。

（2）形锁合。依靠凸轮与从动件的特殊几何形状而始终维持接触。例如，在凹槽凸轮机构中，因凹槽两侧面间的距离等于滚子的直径，故能保证滚子与凸轮始终接触，如图 4-6 所示。在主、回凸轮机构中，利用固结在一起的主、回两个凸轮来控制同一从动件，主凸轮驱使从动件逆时针方向摆动；而回凸轮驱使从动件顺时针方向摆动，如图 4-7 所示。在等径凸轮机构中，从动件上装有相对位置不变的两个滚子，当凸轮转动时，其轮廓能始终与两个滚子保持接触，如图 4-8 所示。在等宽凸轮机构中，因与凸轮轮廓线相切的两平底间的距离始终相等，故凸轮和从动件能始终保持接触，如图 4-9 所示。

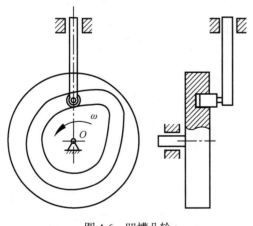

图 4-6　凹槽凸轮

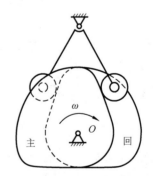

图 4-7　主、回凸轮

将不同类型的凸轮和从动件组合起来，就可以得到各种不同形式的凸轮机构。设计时，根据工作要求和使用场合加以选择，通常需要考虑以下几方面的因素：运动学方面的因素（运动形式和空间等）、动力学方面的因素（运转速度和载荷等）、环境方面的因素（环境条件和噪声等）、经济方面因素（加工成本和维护费用等）。

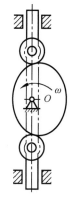
图 4-8　等径凸轮

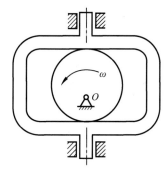
图 4-9　等宽凸轮

3．凸轮机构的优缺点

凸轮机构的优点：只需设计出合适的凸轮轮廓，就可使从动件获得所需的运动规律，并且结构简单、紧凑、设计方便，故在机床、纺织机械、轻工机械、印刷机械、机电一体化控制装置中大量应用。

凸轮机构的缺点：凸轮与从动件之间为点或线接触，接触面容易被磨损，宜用于传力不大的场合。凸轮轮廓加工较困难，从动件的行程太大时，会使凸轮变得笨重。

4.2　从动件的运动规律

设计凸轮机构时首先要根据工作要求选择从动件的运动规律，然后根据所选择的从动件运动规律设计出凸轮的轮廓曲线。由于工程实际中对从动件的运动要求是多种多样的，因此与其相适应的运动规律也各不相同，本节将介绍几种常用的从动件运动规律。

4.2.1　凸轮机构的基本概念和参数

下面以对心尖顶直动从动件盘形凸轮机构为例说明其基本概念和参数，如图 4-10（a）所示。

（1）基圆。凸轮以等角速度 ω 逆时针方向转动。以凸轮的回转中心 O 为圆心、以凸轮工作轮廓的最小向径 r_0 为半径所作的圆称为凸轮的基圆，r_0 称为基圆半径。

（2）推程。当从动件的尖顶与凸轮轮廓曲线上的 A 点（从动件导路中心线与基圆的交点）接触时，从动件处于上升的起始位置。当凸轮转过角度 $\delta_t = \angle AOB$ 时，从动件尖顶被推到距凸轮转动中心 O 最远的位置 B' 处，这个过程称为推程。

（3）推程运动角。推程中凸轮所转过的角度 $\delta_t = \angle AOB$ 称为推程运动角。

（4）远休止角。当凸轮继续转过的角度 $\delta_s = \angle BOC$ 时，从动件的尖顶与以 O 点为圆心的圆弧 BC 接触时，从动件在最远位置 B' 处停留不动。此时，凸轮转过的角度 $\delta_s = \angle BOC$ 称为远休止角。

（5）回程。当向径渐减的凸轮轮廓圆弧 CD 与尖顶接触时，从动件以一定运动规律回到起始位置 A 处，这个过程称为回程。

（6）回程运动角。凸轮在回程中所转过的角度 $\delta_h = \angle COD$ 称为回程运动角。

（7）近休止角。当以 O 点为圆心的圆弧 $\overset{\frown}{DA}$ 与尖顶接触时，从动件在最近位置 A 点停留不动。此时，凸轮转过的角度 $\delta'_s = \angle DOA$ 称为近休止角。

（8）行程。从动件在推程或回程中移动的距离 h 称为行程。凸轮每转一周，从动件就重复一次上述的运动过程。

值得注意的是，当凸轮以等角速度 ω 沿逆时针方向转动一周时，从动件的运动经历了 4 个阶段：上升、静止、下降、静止。这是最常见、最典型的运动形式。其运动过程的组合是依据工作实际的需要而定，而不是必须经历 4 个阶段，可以没有静止阶段，也可以只有一个静止阶段。

从动件在运动过程中，其位移 s、速度 v 和加速度 a 随时间 t 或凸轮转角 δ 的变化规律称为从动件的运动规律。将这些运动规律在直角坐标系中表示出来，就得到从动件的位移线图、速度线图和加速度线图。图 4-10（b）是图 4-10（a）所示的对心尖直动从动件盘形凸轮机构的位移线图。

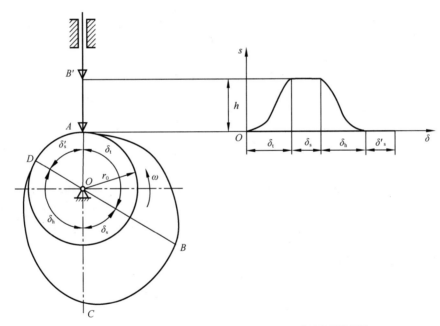

（a）对心尖顶直动从动件盘形凸轮机构　　　　　（b）从动件位移线图

图 4-10　对心尖顶直动从动件盘形凸轮机构及其位移线图

4.2.2　从动件常用的运动规律

凸轮机构的基本运动规律有两类，一类为多项式运动规律，如等速运动规律、等加速/等减速运动规律等；另一类为三角函数运动规律，如余弦加速度运动规律（简谐运动规律）、正弦加速度运动规律（摆线运动规律）等。

1. 多项式运动规律

多项式运动规律的一般形式为

$$s = C_0 + C_1\delta + C_2\delta^2 + C_3\delta^3 + \cdots + C_n\delta^n \tag{4-1}$$

式中，δ 为凸轮转角；s 为从动件位移；C_0，C_1，C_2，C_3，…，C_n 为 $n+1$ 个待定常数，可利用边界条件来确定。

常用的有一次（$n=1$）多项式（等速运动规律）；二次（$n=2$）多项式（等加速等减速运动规律）；五次（$n=5$）多项式运动规律。

1）等速运动规律

当式（4-1）中的 $n=1$ 时，有

$$s = C_0 + C_1\delta \qquad (4\text{-}2)$$

则

$$v = \frac{ds}{dt} = C_1\omega, \quad a = \frac{dv}{dt} = 0$$

在推程，凸轮以等角速度 ω 转动，当转过推程运动角 δ_t 时所用时间为 $\frac{\delta_t}{\omega}$，同时从动件等速完成推程 h，取边界条件：

在始点处，$\delta = 0°$，$s = 0$。
在终点处，$\delta = \delta_t$，$s = h$。

由式（4-2）可得

$$C_0 = 0, \quad c_1 = \frac{h}{\delta_t}$$

从动件推程运动方程为

$$\begin{cases} s = \dfrac{h}{\delta_t}\delta \\ v = \dfrac{h}{\delta_t}\omega \\ a = 0 \end{cases} \qquad (4\text{-}3a)$$

同理，对从动件在回程时取边界条件：

在始点处，$\delta = 0°$，$s = h$。
在终点处，$\delta = \delta_h$，$s = 0$。

则从动件回程运动方程为

$$\begin{cases} s = h - \dfrac{h}{\delta_h}\delta \\ v = -\dfrac{h}{\delta_h}\omega \\ a = 0 \end{cases} \qquad (4\text{-}3b)$$

由上述可知，从动件在运动过程中的速度为一常数，这种运动规律又称为等速运动规律。

值得注意的是无论是推程还是回程，一律由推程的最低位置作为度量位移 s 的基准，而凸轮的转角则分别以各段行程开始时的凸轮向径作为度量的基准。

图 4-11 所示为从动件按等速运动规律在推程中的位移线图、速度线图和加速度线图。由图 4-11（c）可知，在从动件推程始点位置和终点位置，由于速度突然改变，瞬时加速度在理论上趋于无穷大，因此会产生无穷大的惯性力，机构由此产生的冲击称为刚性冲击。实际上，由于构件弹性变形的缓冲作用使得惯性力不会达到无穷大，但仍将引起机械的振动，加速凸轮的磨损，甚至损坏构件。因此，等速运动规律一般只用于低速和从动件质量较小的凸轮机构中。

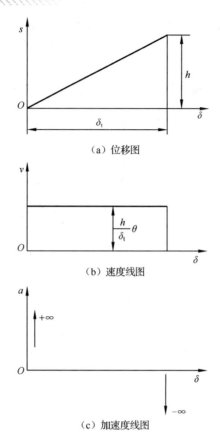

图 4-11　从动件按等速运动规律在推程中的位移线图、速度线图和加速度线图

为了避免刚性冲击或强烈振动，可采用圆弧、抛物线或其他曲线对从动件位移线图的两个端点位置进行修正。

2）等加速/等减速运动规律

当式（4-1）中的 $n=2$ 时，有

$$s = C_0 + C_1\delta + C_2\delta_2^2 \tag{4-4}$$

则

$$v = \frac{ds}{dt} = C_1\omega + 2C_2\omega\delta, \quad a = \frac{dv}{dt} = 2C_2\omega^2$$

在这种运动规律中，凸轮以等角速度 ω 转动，从动件在推程或回程的前半段作等加速运动，从动件在推程或回程的后半段作等减速运动。通常情况下，从动件在两半段的加速度绝对值相等。

推程加速段的边界条件：

在始点处，$\delta = 0°$，$s = 0$，$v = 0$。

在终点处，$\delta = \dfrac{\delta_t}{2}$，$s = \dfrac{h}{2}$。

由式（4-4）可得

$$C_0 = 0, \quad C_1 = 0, \quad C_2 = \frac{2h}{\delta_t^2}$$

从动件在推程加速段的运动方程为

$$\begin{cases} s = \dfrac{2h}{\delta_t^2}\delta^2 \\ v = \dfrac{4h\omega}{\delta_t^2}\delta \\ a = \dfrac{4h\omega^2}{\delta_t^2} \end{cases} \quad (4\text{-}5a)$$

式中，δ 的变化范围为 $0° \sim \dfrac{\delta_t}{2}$。

推程减速段的边界条件：

在始点处，$\delta = \dfrac{\delta_t}{2}$，$s = \dfrac{h}{2}$。

在终点处，$\delta = \delta_t$，$s = h$，$v = 0$。

由式（4-4）可得

$$C_0 = -h, \quad C_1 = \dfrac{4h}{\delta_t}, \quad C_2 = \dfrac{-2h}{\delta_t^2}$$

从动件在推程减速段的运动方程为

$$\begin{cases} s = h - \dfrac{2h}{\delta_t^2}(\delta_t - \delta)^2 \\ v = \dfrac{4h\omega}{\delta_t^2}(\delta_t - \delta) \\ a = -\dfrac{4h\omega^2}{\delta_t^2} \end{cases} \quad (4\text{-}5b)$$

式中，δ 的变化范围为 $\dfrac{\delta_t}{2} \sim \delta_t$。

同理，对从动件在回程加速段取边界条件：

在始点处，$\delta = 0°$，$s = h$，$v = 0$。

在终点处，$\delta = \dfrac{\delta_h}{2}$，$s = \dfrac{h}{2}$。

从动件在回程加速段的运动方程为

$$\begin{cases} s = h - \dfrac{2h}{\delta_h^2}\delta^2 \\ v = -\dfrac{4h\omega}{\delta_h^2}\delta \\ a = -\dfrac{4h\omega^2}{\delta_h^2} \end{cases} \quad (4\text{-}5c)$$

式中，δ 的变化范围为 $0° \sim \dfrac{\delta_h}{2}$。

对从动件在回程减速段取边界条件：

在始点处，$\delta = \dfrac{\delta_h}{2}$，$s = \dfrac{h}{2}$。

在终点处，$\delta = \delta_h$，$s = 0$，$v = 0$。

从动件在回程减速段的运动方程为

$$\begin{cases} s = \dfrac{2h}{\delta_h^2}(\delta_h - \delta)^2 \\ v = -\dfrac{4h\omega}{\delta_h^2}(\delta_h - \delta) \\ a = \dfrac{4h\omega^2}{\delta_h^2} \end{cases} \quad (4\text{-}5\text{d})$$

式中，δ 的变化范围为 $\dfrac{\delta_h}{2} \sim \delta_h$。

图 4-12 所示为从动件按等加速/等减速运动规律在推程中的位移线图、速度线图和加速度线图。

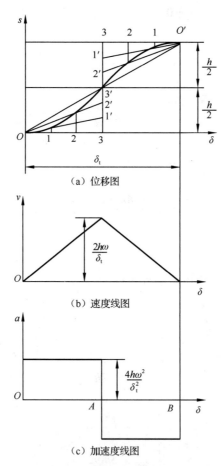

图 4-12 从动件按等加速/等减速运动规律在推程中的位移线图、速度线图和加速度线图

从动件按等加速/等减速运动规律在推程中的位移线图 [见图 4-12（a）] 的作法如下：取适当的长度比例尺 μ_l 和角度比例尺 μ_δ，按长度比例尺在纵坐标轴上量得行程 h，按角度比例尺在横坐标轴上量得推程运动角 δ_t；将 $\delta_t / 2$ 和 $h / 2$ 对应分成相同的若干等分，得到分点 1、2、3 和 1′、2′、3′；连接 $O1'$、$O2'$、$O3'$，过点 1、2、3 作纵坐标轴的平行线，使与 $O1'$、

02′、03′分别交于诸点；用光滑曲线连接诸交点，即得到等加速段的位移曲线。等减速段的抛物线可以用同样的方法依相反的顺序画出，在一个推程中，其位移线图为相反弯曲方向的两段抛物线。

如图4-12（c）所示，加速度线图为平行于横坐标轴的两段直线，这种运动规律在 O 点、A 点、B 点的加速度发生有限的突然变化，从而产生有限的惯性力，机构由此产生的冲击称为柔性冲击。由于柔性冲击的存在，凸轮机构在高速运动时，将产生严重的振动、噪声和磨损，因此等加速/等减速运动规律适用于中速、轻载的场合。

3）五次多项式运动规律

当采用五次多项式运动规律时，其表达式为

$$\begin{cases} s = C_0 + C_1\delta + C_2\delta^2 + C_3\delta^3 + C_4\delta^4 + C_5\delta^5 \\ v = \dfrac{ds}{dt} = C_1\omega + 2C_2\omega\delta + 3C_3\omega\delta^2 + 4C_4\omega\delta^3 + 5C_5\omega\delta^4 \\ a = \dfrac{dv}{dt} = 2C_2\omega^2 + 6C_3\omega^2\delta + 12C_4\omega^2\delta^2 + 20C_5\omega^2\delta^3 \end{cases} \quad (4\text{-}6)$$

从动件在推程中的边界条件：

在始点处，$\delta = 0°$，$s = 0$，$v = 0$，$a = 0$。

在终点处，$\delta = \delta_t$，$s = h$，$v = 0$，$a = 0$。

由式（4-6）可得

$$C_0 = C_1 = C_2 = 0, \quad C_3 = \frac{10h}{\delta_t^3}, \quad C_4 = \frac{-15h}{\delta_t^4}, \quad C_5 = \frac{6h}{\delta_t^5}$$

从动件在推程的运动方程为

$$\begin{cases} s = h\left(\dfrac{10}{\delta_t^3}\delta^3 - \dfrac{15}{\delta_t^4}\delta^4 + \dfrac{6}{\delta_t^5}\delta^5\right) \\ v = h\omega\left(\dfrac{30}{\delta_t^3}\delta^2 - \dfrac{60}{\delta_t^4}\delta^3 + \dfrac{30}{\delta_t^5}\delta^4\right) \\ a = h\omega^2\left(\dfrac{60}{\delta_t^3}\delta - \dfrac{180}{\delta_t^4}\delta^2 + \dfrac{120}{\delta_t^5}\delta^3\right) \end{cases} \quad (4\text{-}7a)$$

从动件在回程的边界条件：

在始点处，$\delta = 0°$，$s = h$，$v = 0$，$a = 0$。

在终点处，$\delta = \delta_h$，$s = 0$，$v = 0$，$a = 0$。

从动件在回程的运动方程为

$$\begin{cases} s = h - h\left(\dfrac{10}{\delta_h^3}\delta^3 - \dfrac{15}{\delta_h^4}\delta^4 + \dfrac{6}{\delta_h^5}\delta^5\right) \\ v = -h\omega\left(\dfrac{30}{\delta_h^3}\delta^2 - \dfrac{60}{\delta_h^4}\delta^3 + \dfrac{30}{\delta_h^5}\delta^4\right) \\ a = -h\omega^2\left(\dfrac{60}{\delta_h^3}\delta - \dfrac{180}{\delta_h^4}\delta^2 + \dfrac{120}{\delta_h^5}\delta^3\right) \end{cases} \quad (4\text{-}7b)$$

图 4-13 所示为从动件按五次多项式运动规律在推程中的位移线图、速度线图和加速度线图。其加速度曲线连续，理论上不存在冲击，运动平稳性好，可用于高速凸轮机构。

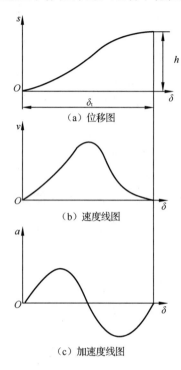

图 4-13　从动件按五次多项式运动规律在推程中的位移线图、速度线图和加速度线图

2. 三角函数运动规律

常用的三角函数运动规律有余弦加速度运动规律和正弦加速度运动规律。

1）余弦加速度运动规律

当质点在圆周上作匀速运动时，其在该圆直径（相当于纵轴）上的投影所构成的运动称为简谐运动。从动件作简谐运动时，其加速度按余弦规律变化，故简谐运动规律又称为余弦加速度运动规律。

如图 4-14（a）所示，设以从动件的行程 h 为半径作一个圆，则从动件的位移为

$$s = \frac{h}{2} - \frac{h}{2}\cos\theta = \frac{h}{2}(1-\cos\theta)$$

当凸轮转角 $\delta = \delta_t$ 时，$\theta = \pi$，由此得 $\theta = \frac{\pi}{\delta_t}\delta$。将其代入上式后对时间求导数，可得从动件按余弦加速度运动规律在推程中的运动方程，即

$$\begin{cases} s = \frac{h}{2}\left[1-\cos\left(\frac{\pi}{\delta_t}\delta\right)\right] \\ v = \frac{h\pi\omega}{2\delta_t}\sin\left(\frac{\pi}{\delta_t}\delta\right) \\ a = \frac{h\pi^2\omega^2}{2\delta_t^2}\cos\left(\frac{\pi}{\delta_t}\delta\right) \end{cases} \quad (4\text{-}8a)$$

同理，也可得到从动件按余弦加速度运动规律在回程时的运动方程，即

$$\begin{cases} s = \dfrac{h}{2}\left[1+\cos\left(\dfrac{\pi}{\delta_\mathrm{h}}\delta\right)\right] \\ v = -\dfrac{h\pi\omega}{2\delta_\mathrm{h}}\sin\left(\dfrac{\pi}{\delta_\mathrm{h}}\delta\right) \\ a = -\dfrac{h\pi^2\omega^2}{2\delta_\mathrm{h}^2}\cos\left(\dfrac{\pi}{\delta_\mathrm{h}}\delta\right) \end{cases} \quad (4\text{-}8b)$$

图 4-14 所示为从动件按余弦加速度运动规律在推程中的位移线图、速度线图和加速度线图。

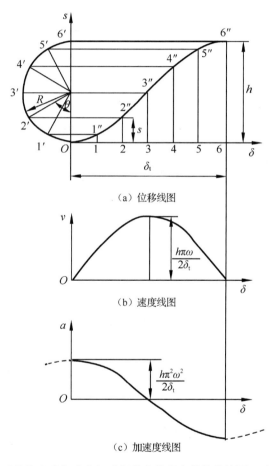

图 4-14 从动件按余弦加速度运动规律在推程中的位移线图、速度线图和加速度线图

如图 4-14（a）所示，从动件按余弦加速度运动规律的位移线图的作法如下：把从动件的行程 h 作为直径作一个半圆，将此半圆分成若干等分点，即 $1'$、$2'$、$3'$、$4'$、$5'$、$6'$。再把凸轮推程运动角 δ_t 也分成相应等分点 1、2、3、4、5、6 并分别作垂线，然后将圆周上的等分点投影到相应的垂线上，得到不同的点 $1''$、$2''$、$3''$、$4''$、$5''$、$6''$，用光滑的曲线连接这些点，就可得到从动件的位移线图。

从动件按余弦加速度运动规律的加速度线图如图 4-14（c）所示，该曲线不连续。在行

程的始点和终点位置,加速度有限值的突变,会引起柔性冲击。当远休止角和近休止角均为零时,才可以获得连续的加速度曲线(图 4-14 中的虚线所示),避免产生冲击。

2)正弦加速度运动规律

当滚圆沿纵坐标轴作匀速纯滚动时,圆周上任一点的轨迹为一条摆线,此时该点在纵坐标轴上的投影随时间变化的规律即摆线运动规律。从动件作摆线运动时,其加速度按正弦规律变化,因此,摆线运动规律又称为正弦加速度运动规律。设从动件的加速度为

$$a = C_1 \sin\left(2\pi \frac{t}{t_0}\right)$$

式中,C_1 为常数,从动件的速度及位移分别为

$$v = \int a\mathrm{d}t = -C_1 \frac{t_0}{2\pi} \cos\left(2\pi \frac{t}{t_0}\right) + C_2$$

$$s = \int v\mathrm{d}t = -C_1 \frac{t_0^2}{4\pi^2} \sin\left(2\pi \frac{t}{t_0}\right) + C_2 t + C_3$$

由推程的初始条件可知,当 $t=0$ 时,$v=0$,则 $C_2 = C_1 \frac{t_0}{2\pi}$。

当 $t=0$ 时,$s=0$,则 $C_3 = 0$。

当 $t=t_0$ 时,$s=h=C_1 \frac{t_0^2}{2\pi}$,则 $C_1 = \frac{2\pi h}{t_0^2}$,$C_2 = \frac{h}{t_0}$。

将常数 C_1、C_2 和 C_3 代入从动件的加速度公式,对 t 和 t_0 分别用 δ 和 δ_t 代换,整理后可得出从动件按正弦加速度运动规律在推程的运动方程,即

$$\begin{cases} s = h\left[\dfrac{\delta}{\delta_t} - \dfrac{1}{2\pi}\sin\left(\dfrac{2\pi}{\delta_t}\delta\right)\right] \\ v = \dfrac{h\omega}{\delta_t}\left[1 - \cos\left(\dfrac{2\pi}{\delta_t}\delta\right)\right] \\ a = \dfrac{2h\pi\omega^2}{\delta_t^2}\sin\left(\dfrac{2\pi}{\delta_t}\delta\right) \end{cases} \quad (4\text{-}9\mathrm{a})$$

同理,也可得出从动件按正弦加速度运动规律在回程的运动方程,即

$$\begin{cases} s = h\left[1 - \dfrac{\delta}{\delta_h} + \dfrac{1}{2\pi}\sin\left(\dfrac{2\pi}{\delta_h}\delta\right)\right] \\ v = -\dfrac{h\omega}{\delta_h}\left[1 - \cos\left(\dfrac{2\pi}{\delta_h}\delta\right)\right] \\ a = -\dfrac{2h\pi\omega^2}{\delta_h^2}\sin\left(\dfrac{2\pi}{\delta_h}\delta\right) \end{cases} \quad (4\text{-}9\mathrm{b})$$

图 4-15 所示为从动件按正弦加速度运动规律在推程中的位移线图、速度线图和加速度线图。从动件按正弦加速度运动规律的位移线图[见图 4-15(a)]的作法如下:以半径 $R=h/2\pi$ 的圆沿纵坐标滚动一圈,其周长 $2\pi R$ 刚好等于从动件的行程 h,圆上任一点的轨迹是一条摆线;画出坐标轴,以行程 h 和对应的凸轮转角 δ_t 为两个边长作一个矩形,并作矩形对角线 OQ;将代表 δ_t 的线段分成若干等分点,即 1、2、3、4、5、6、7、8,过每一个等分点作横

坐标轴的垂线；以坐标原点 O 为圆心，以 $R=h/2\pi$ 为半径，按 δ_t 的等分数等分此圆周，将圆周上的等分点向纵坐标投影，并过各投影点作 OQ 的平行线，这些平行线与上述各垂线对应相交于不同的点 1″、2″、3″、4″、5″、6″、7″、8″，将这些交点连成一条光滑曲线，即得到从动件的位移线图。

从动件按正弦加速度运动规律的加速度线图曲线连续，理论上不存在冲击，适用于高速传动，如图 4-15（c）所示。

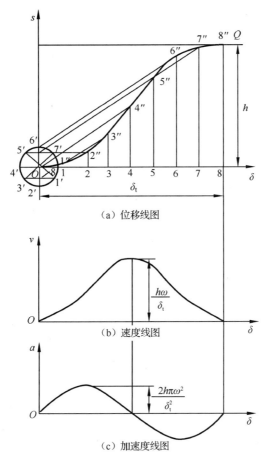

图 4-15　从动件按正弦加速度运动规律在推程中的位移线图、速度线图和加速度线图

3. 组合型运动规律

上面介绍的几种运动规律是凸轮机构中从动件常用的基本运动规律。随着现代制造技术的发展，单一的运动规律已不能满足工程的需要，必须把几种基本运动规律进行组合形成组合型运动规律。所谓组合型运动规律，即将工艺选定但特性较差的运动规律与特性较好的运动规律组合起来以改善其运动特性。例如按等加速/等减速运动规律的从动件加速度有突变，可在加速度突变处，用正弦加速度曲线过渡，从而改进加速度运动规律。这样既具有等加速/等减速运动规律最大加速度值较小的优点，又消除了柔性冲击，从而具有较好的动力性能，可用于凸轮的高速运动。改进型等加速/等减速运动规律的位移线图、速度线图和加速度线图如图 4-16 所示。其中，加速度图线由 3 段曲线组成。第一段（$0 \sim \delta_t/8$）和第三段（$7\delta_t/8 \sim \delta_t$）为周期等于 $\delta_t/2$ 的 1/4 波正弦加速度运动规律运动线图，第二段是等加速/等减速运动规律

运动线图。这 3 段曲线在拼接处相切，形成连续而光滑的加速度曲线。

特别需要注意的是，当采用不同的运动规律构成组合运动规律时，它们的运动线图应保持连续，即在连接点处的位移、速度和加速度应分别相等。同时各段不同的运动规律要有较好的动力性能和工艺性。

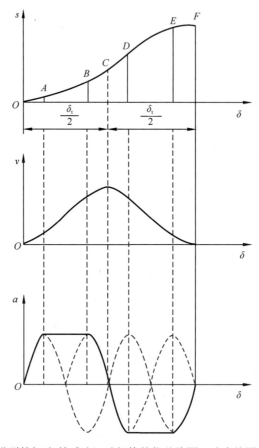

图 4-16 改进型等加速/等减速运动规律的位移线图、速度线图和加速度线图

4.2.3 从动件运动规律的选择

选择从动件运动规律时，首先，需要满足机器的工作要求，其次，还应使凸轮机构具有良好的传力特性所设计的凸轮轮廓便于加工。例如，设计机床中控制刀架进给的凸轮机构时，为使机床工作载荷稳定，能加工出表面光滑的零件，其进刀行程可选择等速运动规律；为使退刀时刀具快速离开工件并减少冲击，通常对退刀行程选择等加速等减速运动规律。特别是对速度较高的凸轮机构，即使机器工作时对从动件的运动规律没有特定要求，但考虑到机构的速度较高，若从动件的运动规律选择不当，则会使凸轮机构的磨损加剧，使用寿命降低，甚至影响到凸轮机构的正常工作。因此，在选择运动规律时，除考虑刚性冲击和柔性冲击外，还应对各种运动规律所具有的最大速度 v_{max} 和最大加速度 a_{max} 及其影响加以比较。一般情况下，v_{max} 越大，动量 mv 也越大，从动件易出现极大的冲击，危及设备和操作者的人身安全；a_{max} 越大，惯性力越大，对机构的强度和耐磨性要求也越高。现将从动件常用运动规律和部分改进型运动规律的最大速度 v_{max}、最大加速度 a_{max} 及冲击特性列于表 4-1，供选择时参考。

表 4-1 从动件常用运动规律和部分改进型运动规律的最大速度、最大加速度及冲击特性

运动规律	最大速度 v_{max}	最大加速度 a_{max}	冲击	应用范围
等速运动	1.00	∞	刚性	低速轻载
等加速/等减速运动	2.00	4.00	柔性	中速轻载
五次多项式运动	1.88	5.77	无	高速中载
简谐（余弦加速度）运动	1.57	4.93	柔性	中速中载
摆线（正弦加速度）运动	2.00	6.28	无	高速轻载
改进型等速运动	1.33	8.38	无	低速重载
改进型等加速/等减速运动	2.00	4.89	无	高速轻载

值得注意的是，上述各种运动规律方程式是以直动从动件为对象来推导的，若其为摆动从动件，则应将方程式中的 h、s、v 和 a 分别更换为行程角 ψ_m、角位移 ψ、角速度 ω 和角加速度 ε。摆动从动件凸轮机构运动线图具有的运动特性与上述相同。

4.3　盘形凸轮轮廓曲线的设计

当根据工作要求确定凸轮的类型、基本参数及从动件的运动规律后，按照凸轮结构所允许的空间和具体要求，即可进行凸轮轮廓曲线设计。凸轮轮廓曲线设计方法有图解法和解析法，两种方法所依据的设计原理是相同的。图解法简便直观，对于一般机械，用图解法设计凸轮轮廓曲线，可以满足使用要求。解析法适用于精度要求较高的高速凸轮、靠模凸轮等，计算机辅助设计为解析法设计凸轮轮廓曲线创造了条件。本节介绍盘形凸轮轮廓曲线设计基本原理和方法。

4.3.1　凸轮轮廓曲线设计基本原理

当凸轮机构工作时，由于凸轮和从动件都在运动，故在绘制凸轮轮廓曲线时，需要使凸轮与图纸平面保持相对静止。为此，采用了反转法。下面以图 4-17 所示的对心尖顶直动从动件盘形凸轮机构为例，说明反转法的原理。

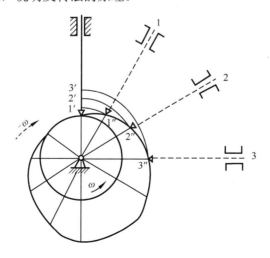

图 4-17　反转法原理

当凸轮以等角速度 ω 沿逆时针方向转动时，从动件将按给定的运动规律在导路中上下往复运动。根据相对运动原理，若给整个机构加上一个绕凸轮回转中心 O 转动的公共角速度 $-\omega$ 后，则机构各构件之间的相对运动不变。此时，凸轮相对静止，而从动件一方面随机架和导路以角速度 $-\omega$ 绕 O 点转动，另一方面又在导路中按原来的运动规律作上下往复运动。由于尖顶始终与凸轮轮廓相接触，所以反转后尖顶的运动轨迹就是凸轮轮廓曲线。

凸轮机构各构件在原机构和反转机构中的运动参数变化见表 4-2。

表 4-2 凸轮机构各构件在原机构和反转机构中的运动参数变化

构件	原机构运动参数	反转机构运动参数	
凸轮	ω	$\omega + (-\omega) = 0$	凸轮静止不动
从动件	v	$v + (-\omega) \rightarrow$ 移动+转动	从动件作复合运动，尖顶运动轨迹为凸轮轮廓曲线
机架	固定	$-\omega \rightarrow$ 转动	机架绕凸轮转动中心转动

4.3.2 用图解法设计盘形凸轮轮廓曲线

1. 直动从动件盘形凸轮轮廓曲线的设计

1）对心尖顶直动从动件盘形凸轮轮廓曲线的设计

如图 4-18（a）所示为对心尖顶直动从动件盘形凸轮机构。已知凸轮以等角速度 ω 沿顺时针方向转动，基圆半径 $r_0 = 30$mm，从动件的行程 $h = 30$mm，从动件的运动参数如下：$\delta_t = 120°$，$\delta_s = 60°$，$\delta_h = 120°$，$\delta_s' = 60°$，从动件在推程以等速运动规律上升，在回程以等加速/等减速运动规律返回原处。

对心尖顶直动从动件盘形凸轮轮廓曲线绘制步骤如下：

（1）选取适当的比例尺，绘制从动件的位移线图。取长度比例尺 $\mu_l = 2$mm/mm，角度比例尺 $\mu_\delta = 6°$/mm，绘制从动件位移线图，并将推程运动角 4 等分，回程运动角 4 等分，得到等分点 1、2、…、10，各等分点对应的从动件位移量为 $11'$、$22'$、…、$99'$，如图 4-18（b）所示。

（2）作基圆并确定尖顶从动件运动的起点位置，如图 4-18（a）所示。取相同的长度比例尺 μ_l，以 O 为圆心，以 $r_0 / \mu_l = 30 / 2$ mm=15mm 为半径作基圆；过 O 点作从动件导路中心线与基圆相交于点 A_0，A_0 点即从动件尖顶在上升时的起点位置。

（3）找出尖顶从动件反转过程中所占据的导路位置。自 OA 开始沿 $-\omega$ 方向量取推程运动角、远休止角、回程运动角和近休止角，分别为 120°、60°、120°、60°，并将其等分成与位移线图中对应的等分数，在基圆上得到 A_1'、A_2'、A_3'、…。作射线 OA_1'、OA_2'、OA_3'、…，即可得到从动件反转过程中导路所占据的各个位置。

（4）绘制凸轮轮廓曲线。在基圆圆周以外沿以上导路截取对应位移量，即取 $AA_1' = 11'$、$A_2A_2' = 22'$、$A_3A_3' = 33'$、…，得到反转后尖顶的一系列位置 A_1、A_2、A_3、…。将 A_0、A_1、A_2、A_3、…连成光滑的曲线，即得到凸轮轮廓曲线。

需要说明的是，用图解法设计凸轮轮廓曲线时，推程运动角和回程运动角的等分数不一定相同，需要根据运动规律的复杂程度和精度要求来决定。等分数越多，所绘制的凸轮轮廓曲线准确度就越高。

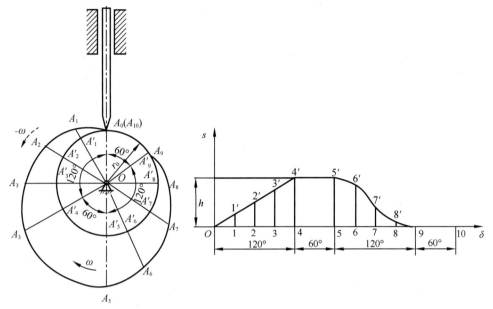

（a）对心尖顶直动从动件盘形凸轮机构　　　　（b）从动件位移线图

图 4-18　用图解法设计对心尖顶直动从动件盘形凸轮轮廓曲线

2）偏置尖顶直动从动件盘形凸轮轮廓曲线的设计

图 4-19（a）所示为偏置尖顶直动从动件盘形凸轮机构，该凸轮转动中心 O 点到从动件导路中心线的距离 e 称为偏心距。以 O 点为圆心、以偏心距 e 为半径所作的圆称为偏距圆。

已知凸轮以等角速度 ω 沿顺时针方向转动，基圆半径 $r_0=30\text{mm}$，$e=10\text{mm}$，从动件的运动参数如下：$\delta_t=120°$，$\delta_s=60°$，$\delta_h=120°$，$\delta_s'=60°$，从动件在推程以等加速/等减速运动规律上升，在回程以等速运动规律返回原处。

偏置尖顶直动从动件盘形凸轮轮廓曲线绘制步骤如下：

（1）选取适当的比例尺，绘制从动件位移线图，如图 4-19（b）所示。

（2）作基圆和偏距圆并确定尖顶从动件运动时的起点位置，如图 4-19（a）所示。选取相同的比例尺 μ_l，以 O 点为圆心，作出偏距圆和基圆，以从动件导路中心线与基圆的交点 A_0 作为从动件上升时的起点位置。

（3）找出尖顶从动件反转过程中所占据的导路位置。自 A_0 点开始沿 $-\omega$ 方向在偏距圆上量取推程运动角、远休止角、回程运动角和近休止角，分别为 120°、60°、120°、60°，并将其等分成与位移线图中对应的等分数，再过这些等分点分别作偏距圆的切线与基圆相交于点 A_1'、A_2'、A_3'、…，即可得到从动件反转过程中导路所占据的各个位置。

（4）绘制凸轮轮廓曲线。沿各切线在基圆圆周以外截取从动件位移线图上对应的位移量，得到反转后尖顶的一系列位置 A_1、A_2、A_3、…，将 A_0、A_1、A_2、A_3、…连成光滑的曲线，即可得到凸轮轮廓曲线。

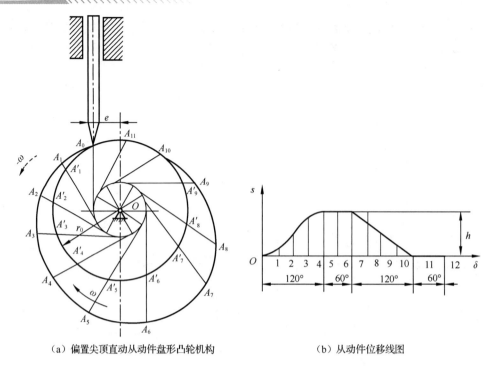

(a) 偏置尖顶直动从动件盘形凸轮机构　　　　　(b) 从动件位移线图

图 4-19　用图解法设计偏置尖顶直动从动件盘形凸轮轮廓曲线

3）滚子从动件盘形凸轮轮廓曲线的设计

图 4-20 所示为对心滚子直动从动件盘形凸轮机构。对心滚子直动从动件凸轮机构在运动过程中，滚子一方面随从动件一起移动，另一方面又绕自身轴线转动。除滚子中心与从动件的运动规律相同外，滚子上其他各点与从动件的运动规律都不相同。因此，只能根据滚子中心的运动规律设计凸轮轮廓曲线。为此，可以把滚子中心看作尖顶从动件的尖顶，按照前述方法绘制尖顶从动件的凸轮轮廓曲线 β_0，称为凸轮机构的理论轮廓曲线；再以理论轮廓曲线 β_0 上的各点为圆心，以滚子半径 r_r 为半径，按照相同的比例尺画一系列圆，这些圆族的内包络线 β 即滚子从动件盘形凸轮的实际轮廓曲线，同时滚子还可以包络出一条外包络线。如果改变滚子半径 r_r，就可得到一个新的实际轮廓，而从动件的运动规律保持不变。滚子从动件盘形凸轮的基圆半径 r_0 通常是指理论轮廓曲线的基圆半径。显然，凸轮实际轮廓曲线的最小半径等于凸轮基圆半径减去滚子半径。

必须说明的是，凸轮实际轮廓曲线与理论轮廓曲线之间在滚子与实际轮廓接触点的法线方向上是等距曲线。

4）平底直动从动件盘形凸轮轮廓曲线的设计

图 4-21 所示为平底直动从动件盘形凸轮机构。当从动件端部为平底时，凸轮轮廓曲线的绘制方法也与尖顶从动件相仿。将从动件的平底与导路中心线的交点 B_0 看作从动件的尖顶，用尖顶从动件凸轮轮廓曲线的图解法找出尖顶的一系列位置 B_1、B_2、B_3、…；然后过这些点分别作出从动件平底在反转过程中占据的各个位置代表平底的直线，并作这些平底直线族的包络线，即可得到平底直动从动件盘形凸轮的实际轮廓曲线。由图 4-21 可知，从动件平底与凸轮实际轮廓曲线的相切点是随机构位置变化的。为保证平底始终与凸轮实际轮廓曲线接触，平底左、右两侧的长度应分别大于从导路中心线到左、右最远相切点的距离 m、

n。为了使平底直动从动件始终保持与凸轮实际轮廓曲线相切,应要求凸轮实际轮廓曲线全部为外凸曲线。

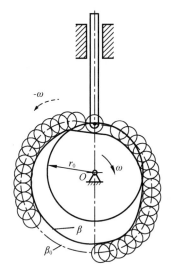

图 4-20 对心滚子直动从动件盘形凸轮机构

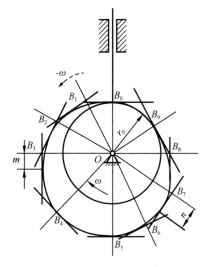

图 4-21 平底直动从动件盘形凸轮机构

2. 摆动从动件盘形凸轮轮廓曲线的设计

如图 4-22 所示,用图解法设计尖顶摆动从动件盘形凸轮机构。从图 4-22(b)可知凸轮与尖顶摆动从动件的中心距 l_{OA}、摆动从动件的长度 l_{AB}、凸轮的基圆半径 r_0,以及凸轮以等角速度 ω 沿顺时针方向回转,在推程从动件沿逆时针摆动。根据反转法原理,尖顶摆动从动件盘形凸轮轮廓曲线的绘制步骤如下。

(1)选取适当的比例尺 u_l,根据 l_{OA} 定出 O 点和 A_0 点的位置,以 O 点为圆心、以 r_0 为半径作基圆,再以 A_0 点为圆心、以 l_{AB} 为半径作圆弧交基圆于 B_0(C_0)点,B_0 点即从动件尖顶的起点位置。若要求从动件在推程沿顺时针摆动,则 B_0(C_0)点应在图中 OA_0 的左侧,如图 4-22(a)所示。

(2)以 O 点为圆心、以 OA_0 为半径作一个圆,自 OA_0 开始,并沿 $-\omega$ 的方向取角 δ_t、δ_h、δ_s,再将 δ_t、δ_h 各等分为与从动件的角位移线图[见图 4-22(b)]相对应的若干份,得到 A_1、A_2、A_3…各点,即从动件回转中心在反转过程中所占据的各个位置。

(3)以 A_1、A_2、A_3…各点为圆心、以 l_{AB} 为半径画圆弧与基圆相交于 C_1、C_2、C_3…,并作 $\angle C_1A_1B_1$、$\angle C_2A_2B_2$、$\angle C_3A_3B_3$…,分别等于从动件相应位置的摆角 ψ_1、ψ_2、ψ_3…,各角边 A_1B_1、A_2B_2、A_3B_3…与相应圆弧的交点为 B_1、B_2、B_3…。

(4)将 B_1、B_2、B_3…连成光滑的曲线,即可得到所求的凸轮轮廓曲线。

若采用滚子或平底从动件,则上述所得凸轮轮廓曲线即理论轮廓曲线。在理论轮廓曲线上选一系列点作为滚子或平底的中心,最后作出这些滚子或平底的包络线,即可得到实际轮廓曲线。

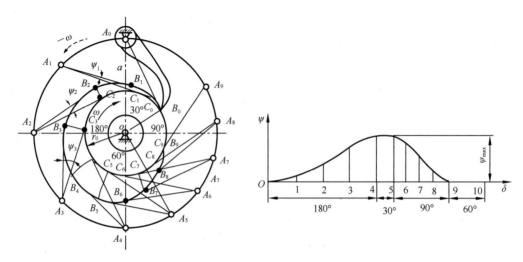

(a) 尖顶摆动从动件盘形凸轮机构　　　　　　(b) 从动件的角位移线图

图 4-22　用图解法设计尖顶摆动从动件盘形凸轮轮廓曲线

4.3.3　用解析法设计盘形凸轮轮廓曲线

用图解法设计凸轮简便、直观,但作图误差较大,难以获得凸轮轮廓曲线上各点的精确坐标。因此,按图解法设计的凸轮只能用于低速或不重要的场合。对精度较高的高速凸轮、检验用的样板凸轮等需要用解析法设计,以适合数控机床加工。用解析法设计凸轮轮廓曲线的实质是建立凸轮的理论轮廓曲线方程和实际轮廓曲线方程。

1. 滚子直动从动件盘形凸轮轮廓曲线设计

1) 理论轮廓曲线方程

如图 4-23 所示,用解析法设计偏置滚子直动从动件盘形凸轮轮廓曲线。

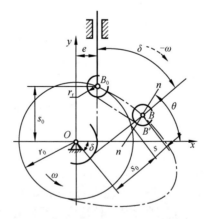

图 4-23　用解析法设计偏置滚子直动从动件盘形凸轮轮廓曲线

已知:凸轮以等角速度 ω 沿逆时针方向转动、基圆半径 r_0、偏心距 e、滚子半径 r_r 和从动件的运动规律 $s = s(\delta)$。

以凸轮的回转中心 O 为原点,建立如图 4-23 所示的坐标系 xOy。B_0 点为凸轮推程段轮廓线的起点。当凸轮自初始位置转过角 δ 时，从动件的上升位移为 s，这时滚子中心将从 $B_0(s_0,e)$ 外移 s 到达 B 点。根据反转法原理，此时滚子中心 B 点的坐标即凸轮理论轮廓曲线上对应点的坐标，即

$$\begin{cases} x = (s_0 + s)\sin\delta + e\cos\delta \\ y = (s_0 + s)\cos\delta - e\sin\delta \end{cases} \quad (4\text{-}10)$$

式（4-10）为滚子直动从动件盘形凸轮理论轮廓曲线的直角坐标参数方程，其中 $s_0 = \sqrt{r_0^2 - e^2}$。

对于尖顶直动从动件盘形凸轮，式（4-10）为其实际轮廓曲线的直角坐标参数方程。

2）实际轮廓曲线方程

对于滚子直动从动件凸轮机构，其实际轮廓曲线是滚子圆族的包络线，是理论轮廓曲线的法向等距曲线，并且距离为滚子半径 r_r。因此，如果已知理论轮廓曲线上的任一点 $B(x,y)$，沿理论轮廓曲线在该点的法线方向上选取距离 r_r（见图 4-23），即可得到实际轮廓曲线上相应点 $B'(X,Y)$，进而得到凸轮实际轮廓曲线方程：

$$\begin{aligned} X &= x \pm r_r \cos\theta \\ Y &= y \pm r_r \sin\theta \end{aligned} \quad (4\text{-}11)$$

式中，X、Y 是包络线上点的直角坐标，"+"表示外包络线，"-"表示内包络线。

由高等数学的理论知识可知，过理论轮廓曲线 B 点所作的法线 n—n，其斜率为 $\tan\theta$，与该点的切线斜率互为倒数，即

$$\tan\theta = -\frac{\mathrm{d}x}{\mathrm{d}y} = -\frac{\mathrm{d}x/\mathrm{d}\delta}{\mathrm{d}y/\mathrm{d}\delta} = \frac{\sin\theta}{\cos\theta}$$

根据式（4-10），有

$$\begin{cases} \dfrac{\mathrm{d}x}{\mathrm{d}\delta} = \left(\dfrac{\mathrm{d}s}{\mathrm{d}\delta} - e\right)\sin\delta + (s_0+s)\cos\delta \\ \dfrac{\mathrm{d}y}{\mathrm{d}\delta} = \left(\dfrac{\mathrm{d}s}{\mathrm{d}\delta} - e\right)\cos\delta - (s_0+s)\sin\delta \end{cases} \quad (4\text{-}12)$$

可得

$$\begin{cases} \sin\theta = \dfrac{\mathrm{d}x/\mathrm{d}\delta}{\sqrt{(\mathrm{d}x/\mathrm{d}\delta)^2 + (\mathrm{d}y/\mathrm{d}\delta)^2}} \\ \cos\theta = \dfrac{-\mathrm{d}y/\mathrm{d}\delta}{\sqrt{(\mathrm{d}x/\mathrm{d}\delta)^2 + (\mathrm{d}y/\mathrm{d}\delta)^2}} \end{cases} \quad (4\text{-}13)$$

将式（4-13）代入式（4-10），可得滚子直动从动件盘形凸轮的实际轮廓曲线方程，即

$$\begin{cases} X = x \mp r_r \dfrac{\mathrm{d}y/\mathrm{d}\delta}{\sqrt{(\mathrm{d}x/\mathrm{d}\delta)^2 + (\mathrm{d}y/\mathrm{d}\delta)^2}} \\ Y = y \pm r_r \dfrac{\mathrm{d}x/\mathrm{d}\delta}{\sqrt{(\mathrm{d}x/\mathrm{d}\delta)^2 + (\mathrm{d}y/\mathrm{d}\delta)^2}} \end{cases} \quad (4\text{-}14)$$

式（4-14）说明滚子圆的包络线有两条，上面的一组符号用于求解外包络线方程，下面一组符号用于求解内包络线方程。

在式（4-12）中，e 为代数值，其正负规定如下：如图 4-23 所示，当凸轮沿逆时针方向

旋转时，若从动件位于凸轮回转中心的右侧，则 e 值为正，反之为负；当凸轮沿顺时针方向旋转时，若从动件位于凸轮回转中心的左侧，则 e 值为正，反之为负。

2. 平底直动从动件盘形凸轮轮廓曲线设计

如图 4-24 所示，用解析法设计平底直动从动件盘形凸轮轮廓曲线。

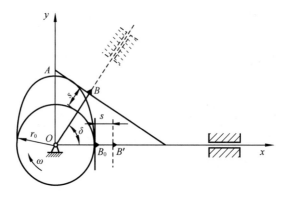

图 4-24 用解析法设计平底直动从动件盘形凸轮轮廓曲线

已知凸轮以等角速度 ω 沿顺时针方向转动、基圆半径 r_0 和从动件的运动规律 $s=s(\delta)$。以凸轮的回转中心 O 为坐标原点，建立如图 4-24 所示的直角坐标系 xOy。当凸轮自初始位置转过角 δ 时，导路中心线与平底的交点自 B_0 点外移 s 到达 B' 点。根据反转法原理，将 B' 点沿 $-\omega$ 方向绕凸轮回转中心转过角 δ，便得到表示反转后平底的直线 AB。由图 4-24 可知，B 点的坐标为

$$\begin{cases} x=(r_0+s)\cos\delta \\ y=(r_0+s)\sin\delta \end{cases} \quad (4\text{-}15)$$

对于平底直动从动件盘形凸轮机构，其实际轮廓曲线是过 B 点所作的一系列平底直线族的包络线。过 B 点的平底直线族方程为

$$Y-(r_0+s)\sin\delta = k[X-(r_0+s)\cos\delta]$$

式中，k 为平底直线的斜率。

由图 4-24 可知

$$k=\tan(90°+\delta)=-\cot\delta$$

将 k 代入上式可求得

$$f(X, Y, \delta)=X\cos\delta+Y\sin\delta-(r_0+s)=0 \quad (4\text{-}16)$$

和

$$\frac{\partial f(X,Y,\delta)}{\partial \delta}=-X\sin\delta+Y\cos\delta-\frac{ds}{d\delta}=0 \quad (4\text{-}17)$$

将式（4-16）、式（4-17）联立求解，便得到平底直动从动件盘形凸轮实际轮廓曲线的直角坐标参数方程，即

$$\begin{cases} X=(r_0+s)\cos\delta-\dfrac{ds}{d\delta}\sin\delta \\ Y=(r_0+s)\sin\delta+\dfrac{ds}{d\delta}\cos\delta \end{cases} \quad (4\text{-}18)$$

3. 摆动从动件盘形凸轮理论轮廓曲线方程

如图 4-25 所示用解析法设计滚子摆动从动件盘形凸轮轮廓曲线。已知凸轮以等角速度 ω 顺时针转动，凸轮与摆动从动件的中心距为 a，摆动从动件的长度为 b，凸轮的基圆半径 r_0 和从动件的运动规律为 $\psi = \psi(\delta)$，从动件在推程的摆动方向与凸轮回转方向相同。

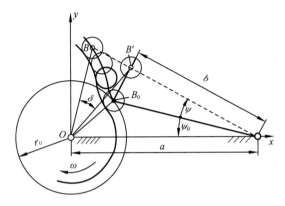

图 4-25 用解析法设计滚子摆动从动件盘形凸轮轮廓曲线

以凸轮的回转中心 O 为坐标原点，建立如图 4-25 所示的直角坐标系 xOy。当主动件自起点位置转过角度 δ 时，从动件摆过角度 ψ，这时滚子中心将从 B_0 点到达 $B'[a-b\cos(\psi_0+\psi), b\sin(\psi_0+\psi)]$。根据反转法原理，将 B' 点沿 $-\omega$ 方向绕凸轮回转中心转过角度 δ，便得到凸轮理论轮廓曲线上的对应 B 点，B 点的坐标为

$$\begin{cases} x = a\cos\delta - b\cos(\psi_0+\psi-\delta) \\ y = a\sin\delta + b\sin(\psi_0+\psi-\delta) \end{cases} \quad (4\text{-}19)$$

当从动件的推程摆动方向与凸轮转动方向相反时，B 点的坐标为

$$\begin{cases} x = a\cos\delta - b\cos(\psi_0+\psi+\delta) \\ y = a\sin\delta - b\sin(\psi_0+\psi+\delta) \end{cases} \quad (4\text{-}20)$$

式中，ψ_0 为摆动从动件的初位角，$\psi_0 = \arccos\dfrac{a^2+b^2-r_0^2}{2ab}$。

只要将式（4-19）或式（4-20）中的 x、y 值代入式（4-14），就可求得滚子摆动从动件盘形凸轮的实际轮廓曲线方程。

4.4 凸轮机构基本参数的确定

凸轮的基圆半径 r_0 直接决定凸轮机构的尺寸。前面介绍盘形凸轮轮廓曲线设计时，都是假定凸轮的基圆半径已知。实际上，凸轮基圆半径的选择要考虑许多因素。例如，要考虑凸轮机构中的作用力，保证机构有较好的受力情况。为此，在选择凸轮的基本参数如基圆半径 r_0、偏心距 e、滚子半径 r_r 等时，除应保证使从动件能够准确地实现给定的运动规律外，还应考虑机构的传动效率、运动是否失真、结构是否紧凑等方面的因素。

4.4.1 压力角的确定

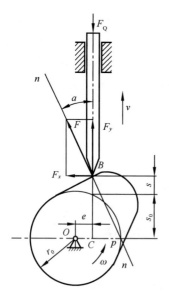

图 4-26 尖顶直动从动件盘形凸轮机构的压力角

如图 4-26 所示，F_Q 为推杆所承受的外载荷，当不计凸轮与从动件之间的摩擦时，凸轮传给从动件的力（驱动力）F 是沿法线 n—n 方向的，把从动件在高副接触点 B 处所受的法向压力 F 的作用线与从动件在该点的绝对线速度 v 方向之间所夹的锐角 α 称为凸轮机构的压力角。凸轮机构的压力角是凸轮设计时的重要参数。由图 4-26 可以看出，力 F 可分解为沿从动件运动时方向的有用分力 F_y 和使从动件压紧导路的有害分力 F_x。

即
$$\begin{cases} F_x = F\sin\alpha \\ F_y = F\cos\alpha \end{cases}$$

上式表明，在驱动力 F 一定的条件下，压力角 α 越大，有害分力 F_x 越大，其所引起的摩擦阻力越大，机构的传动效率就越低。当 α 增大到某一数值时，因 F_x 引起的摩擦阻力将会超过有用分力 F_y。这时，无论凸轮给从动件的作用力多大，从动件都不能运动，这种现象称为自锁。为保证凸轮机构正常工作且具有一定的传动效率，设计时应对压力角值的大小有所限制。由于凸轮轮廓曲线上各点的压力角通常是变化的，因此需限制最大压力角不超过许用值，即 $\alpha_{\max} \leq [\alpha]$。

在一般设计中，推荐凸轮在推程的许用压力角如下。

直动从动件凸轮机构：$[\alpha] = 30° \sim 38°$；摆动从动件凸轮机构：$[\alpha] = 40° \sim 50°$。

对于常用的力锁合式凸轮机构，无论它是直动从动件还是摆动从动件，回程中从动件通常是靠外力或自重作用返回的，一般不会出现自锁现象，故回程许用压力角 $[\alpha]$ 可取 $70° \sim 80°$。对于这类凸轮机构，通常只需校核推程压力角。

1. 偏置尖顶直动从动件盘形凸轮机构的压力角

在图 4-26 中，已知偏置尖顶直动从动件盘形凸轮机构在推程的位置，偏心距为 e，接触点 B 的公法线 n—n 与过 O 点的导路垂线相交于 P 点，即 P 点为凸轮与从动件在此位置时的相对速度瞬心。若此时从动件的速度为 v，凸轮的角速度为 ω，则 $v_P = v = \overline{OP}\omega$，所以 $\overline{OP} = \dfrac{v}{\omega} = \dfrac{ds}{d\delta}$，由 $\triangle BCP$ 知

$$\tan\alpha = \frac{\overline{OP} \mp \overline{OC}}{\overline{BC}} = \frac{\overline{OP} \mp \overline{OC}}{s_0 + s}$$

可得到直动从动件盘形凸轮机构的压力角计算公式为

$$\tan\alpha = \frac{\dfrac{ds}{d\delta} \mp e}{\sqrt{r_0^2 - e^2} + s} \tag{4-21}$$

式中，e 值的正负号与偏置方向有关。由凸轮的回转中心作从动件导路中心线的垂线得到垂

足点 C，若凸轮在垂足点 C 的速度沿从动件的推程方向，则此凸轮机构为正偏置，反之为负偏置。若为正偏置，则式中 e 值取"−"号，压力角将减小；若为负偏置，则式中 e 值取"+"号，压力角将增大。当凸轮沿顺时针方向转动时，从动件应偏置在凸轮回转中心的左侧才为正偏置，反之为负偏置；当凸轮沿逆时针方向转动时，从动件应偏置在凸轮回转中心的右侧才为正偏置，反之为负偏置。

2. 尖顶摆动从动件凸轮机构的压力角

尖顶摆动从动件凸轮机构的压力角如图 4-27 所示，根据该机构在推程的位置，过接触点 B 作法线 n—n，连心线 OA 相交于 P 点，P 点为凸轮与从动件在此位置时的相对速度瞬心，且

$$\frac{\mathrm{d}\psi}{\mathrm{d}\delta} = \frac{\omega_2}{\omega_1} = \frac{l_{OP}}{l_{AP}} = \frac{a - l_{AP}}{l_{AP}} \tag{4-22}$$

由直角三角形 $\triangle PDB$ 得

$$\tan\alpha = \frac{l_{BD}}{l_{PD}} = \frac{l - l_{AP}\cos(\psi_0 + \psi)}{l_{AP}\sin(\psi_0 + \psi)} \tag{4-23}$$

联立式（4-22）和式（4-23）解得

$$\tan\alpha = \frac{-a\cos(\psi_0 + \psi) + l\left(1 + \dfrac{\omega_2}{\omega_1}\right)}{a\sin(\psi_0 + \psi)} \tag{4-24}$$

式（4-24）是按 ω_1 和 ω_2 反向推出的，若 ω_1 和 ω_2 同向，则

$$\tan\alpha = \frac{a\cos(\psi_0 + \psi) - l\left(1 - \dfrac{\omega_2}{\omega_1}\right)}{a\sin(\psi_0 + \psi)} \tag{4-25}$$

式中，$\cos\psi_0 = \dfrac{a^2 + l^2 - r_0^2}{2al}$；$\psi_0$ 为摆动从动件的初始角；ψ 为摆动从动件的角位移；a 为凸轮回转中心与摆动从动件转动中心间的距离；l 为摆动从动件的摆杆长。

由以上分析可知，凸轮机构的压力角 α 不仅与给定的从动件和运动规律有关外，而且与基圆半径 r_0、中心距 a、偏心距 e 和摆杆长度 l 有关。

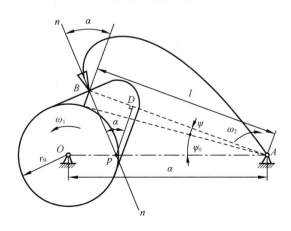

图 4-27 尖顶摆动从动件盘形凸轮机构的压力角

4.4.2 基圆半径的确定

凸轮基圆半径的大小，不仅影响凸轮机构的结构尺寸，而且影响到凸轮机构的压力角。由式（4-21）可知，在其他条件都不变的情况下，若基圆半径增大，则凸轮的尺寸也将随之增大。因此，欲使机构结构紧凑，就应当采用较小的基圆半径。但是，基圆半径减小会引起压力角增大，降低机构的传动效率。在实际设计中，在确定凸轮机构的基圆半径时，应综合考虑以下因素。

1. 按机构的最大压力角不超过许用压力角的要求，确定凸轮机构的基圆半径

令式（4-21）中的 $\alpha = [\alpha]$，得到基圆半径

$$r_0 = \left[\left(\frac{\frac{ds}{d\delta} \mp e}{\tan[\alpha]} - s \right)^2 + e^2 \right]^{\frac{1}{2}} \qquad (4\text{-}26)$$

由式（4-26）知，对应不同的凸轮转角 δ，$\alpha = [\alpha]$ 时的基圆半径 r_0 不同。因此根据不同的 δ 值计算对应的一系列 r_0 值，选择其最大值作为基圆半径。这样求得的基圆半径可保证凸轮机构在工作行程中满足 $\alpha_{max} \leqslant [\alpha]$。在实际设计时，应在保证 $\alpha_{max} \leqslant [\alpha]$ 的前提下，缩小凸轮尺寸。

2. 根据支撑轴的结构和强度选择凸轮机构的基圆半径

凸轮与轴做成一体或单独加工后安装在轴上，通常可按下述经验公式选择基圆半径。

$$r_0 \geqslant 0.9d + (4 \sim 10) \text{ mm}$$

式中，d 为安装凸轮处的轴的直径，单位为 mm。

显然，基圆半径的选择既应考虑传力效果，也应考虑凸轮的安装及结构。因此，应同时满足以上两个条件来确定基圆半径。

4.4.3 滚子半径的确定

当凸轮的理论轮廓曲线确定之后，滚子半径的选择对凸轮的实际轮廓曲线有很大影响。若滚子半径选择不当，有时可能使从动件不能准确地实现给定的运动规律。滚子半径 r_r、凸轮的理论轮廓曲率半径 ρ 和实际轮廓曲线曲率半径 ρ' 三者之间存在一定的关系，如图 4-28 所示。

当凸轮的理论轮廓曲线内凹时，如图 4-28（a）所示，有

$$\rho' = \rho + r_r$$

这时，无论滚子半径大小，凸轮的实际轮廓曲线总是光滑曲线。

当凸轮的理论轮廓曲线外凸时，如图 4-28（b）所示，有

$$\rho' = \rho - r_r$$

这时，若 $\rho > r_r$，则 $\rho' > 0$，即能完整地加工出光滑的凸轮实际轮廓曲线；若 $\rho = r_r$，则 $\rho' = 0$，如图 4-28（c）所示，即凸轮的实际轮廓曲线出现尖点，工作时极易磨损；若 $\rho < r_r$，则 $\rho' < 0$，如图 4-28（d）所示，作图时实际轮廓曲线出现交叉现象，加工时这部分交叉轮廓线将被刀具切去，致使从动件不能实现预期的运动规律，这种现象称为运动失真。为避免

失真现象发生，必须使滚子半径 r_r 小于凸轮理论轮廓曲线外凸部分的最小曲率半径 $\rho_{\min}$。但滚子半径过小，使接触压力增大，强度降低。通常取 $r_r \leqslant 0.8\rho_{\min}$，并要求凸轮实际轮廓曲线的最小曲率半径 $\rho'_{\min}$ 不小于 3mm。当按上述条件选取的滚子半径不能满足安装和强度要求时，可适当加大凸轮基圆半径，重新进行设计。

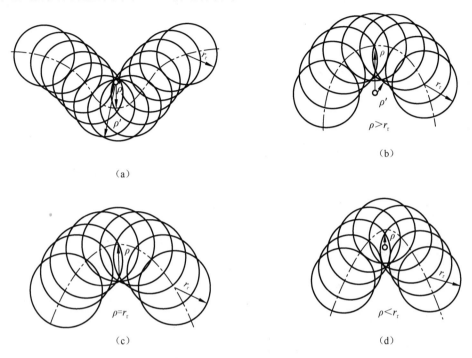

图 4-28　滚子半径的选择

4.4.4　平底从动件长度的确定

平底从动件的长度必须保证凸轮轮廓曲线与平底始终相切，否则从动件也会出现"失真"，甚至锁住。

通常平底从动件长度按以下公式计算：
$$L = 2l_{\max} + (5\sim 7)\text{mm}$$
式中，$l_{\max}$ 为凸轮与平底的相切点到从动件运动中心距离的最大值，单位为 mm。

如果用图解法设计凸轮轮廓曲线后，可求出平底与凸轮轮廓曲线相切的最左位置 m 和最右位置 n（m、n 见图 4-21），取两者的最大值 $L_{\max}$。

用解析法设计凸轮轮廓曲线时，平底从动件长度的确定可按图 4-29 所示进行。从动件上升时，如图 4-29（a）所示，接触点 T' 在导路右侧，$ds/d\delta$ 为正值，其最右位置对应 $(ds/d\delta)_{\max}$；从动件下降时，如图 4-29（b）所示，接触点 T'' 在导路左侧，$ds/d\delta$ 为负值，其最左位置对应 $(ds/d\delta)_{\min}$。为了减少磨损，通常把平底从动件的底面做成一个圆盘，其平底的直径为
$$L = 2\left|\frac{ds}{d\delta}\right|_{\max} + \Delta L$$
式中，ΔL 根据凸轮结构情况而定，一般 $\Delta L = 5\sim 7$mm。

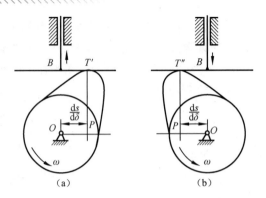

图 4-29　平底从动件长度的确定

习题与思考题

一、思考题

4-1　从动件常用的基本运动规律有哪些？各有什么特点？

4-2　什么是凸轮的理论轮廓曲线？尖顶从动件、滚子从动件和平底从动件凸轮机构的实际轮廓曲线和理论轮廓曲线有何区别？

4-3　什么是凸轮机构的压力角？滚子从动件凸轮机构的压力角如何度量？压力角的变化对凸轮机构的运动有何影响？

4-4　在设计凸轮机构时，若采用偏置直动从动件时，该从动件的导路线应偏向凸轮回转中心的哪一侧较合理？为什么？

二、习题

4-5　已知偏置直动从动件盘形凸轮机构（见图 4-30），AB 段为凸轮的推程轮廓曲线，请在图上标出从动件的行程 h、推程运动角 δ_t、远休止角 δ_s、回程运动角 δ_h、近休止角 δ_s'。

4-6　已知一个偏置直动从动件盘形凸轮机构（见图 4-31）。该凸轮为一个以 C 点为圆中心的圆盘，试在图上标出其曲线轮廓上 F 点与尖顶接触时的压力角。

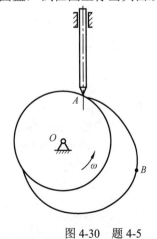

图 4-30　题 4-5

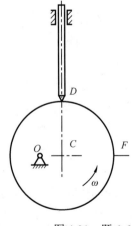

图 4-31　题 4-6

4-7 试设计一对心尖顶直动从动件盘形凸轮机构。已知该凸轮的基圆半径 r_0 =30mm,凸轮沿顺时针方向等速回转。本题从动件的运动规律见表 4-3,试用图解法绘制该从动件的位移线图及凸轮轮廓曲线。

表 4-3 题 4-6 从动件的运动规律

凸轮转角	0°～150°	150°～180°	180°～300°	300°～360°
从动件运动	等速上升 50mm	停止不动	等加速/等减速返回到原处	停止不动

4-8 用图解法设计一个偏置尖顶直动从动件盘形凸轮机构。已知该凸轮以等角速度沿顺时针方向回转,偏心距 e = 10mm,基圆半径 r_0 = 40mm,本题从动件的运动规律见表 4-4。

表 4-4 题 4-8 从动件的运动规律

凸轮转角	0°～150°	150°～180°	180°～300°	300°～360°
从动件运动	按简谐运动规律上升 20mm	停止不动	等速下降 20mm	停止不动

试绘出该从动件的位移线图及凸轮轮廓曲线。若改为设计偏置滚子直动从动件盘形凸轮机构,已知滚子半径 r_r = 5mm,试绘出该凸轮轮廓曲线。

4-9 试设计一个尖顶摆动从动件盘形凸轮机构。已知该凸轮以等角速度沿顺时针方向转动,基圆半径 r_0 = 30mm,凸轮转动中心与摆杆摆动中心的中心距为 75mm,摆杆的最大摆动角为 30°,推程摆杆沿逆时针方向摆动。该从动件运动参数如下:δ_t =180°,δ_s =0°,δ_h =120°,δ_s' =60°,推程以简谐运动规律摆动,回程以等加速/等减速运动规律返回原处,试绘制该从动件的位移线图和凸轮的轮廓曲线。

4-10 用图解法设计一个平底直动从动件盘形凸轮轮廓曲线(见图 4-32),已知该凸轮以等角速度 ω 沿顺时针方向转动,基圆半径 r_0 = 30mm,从动件平底与导路垂直。当凸轮转过 135°时,从动件以简谐运动规律上升 30mm;当转过 165°时,从动件以等加速/等减速运动规律回到原位;当凸轮转过剩余的 60°时,从动件静止不动。

4-11 设计如图 4-24 所示的平底直动从动件盘形凸轮机构。已知 δ_t =90°,δ_s = 60°,δ_h = 60°,δ_s' =120°,行程 h =10mm,基圆半径 r_0 =30mm,从动件的推程和回程均作简谐运动,凸轮转向为顺时针,转速 ω =10rad/s。试用解析法计算 δ =30°时凸轮的实际轮廓坐标。

三、考研真题

4-12 (武汉科技大学,2009 年)在凸轮机构的几种基本的从动件运动规律中,_____运动规律使凸轮产生刚性冲击,_____运动规律使凸轮产生柔性冲击,_____运动规律则没有冲击。

4-13 (湖南大学,2005 年)在直动从动件盘形凸轮机构中,若从动件置于凸轮回转中心的左上方,则凸轮的转向为_____方向。

4-14 (西安交通大学,2008 年)在设计滚子从动件盘形凸轮轮廓曲线时,若发现凸轮有变尖的现象,则采取的改进措施有_____或_____;若校核压力角时,发现压力角过大,

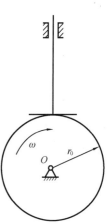

图 4-32 题 4-10

则采取的改进措施有_____或_____。

4-15 （上海交通大学，2003 年）在实现相同运动规律时，如果尖顶从动件盘形凸轮的基圆半径 r_0 增大，则其压力角 α 将（　　）。

  A. 增大   B. 减小   C. 不变

4-16 （华中科技大学，2006 年）滚子从动件盘形凸轮机构的理论轮廓曲线和实际轮廓曲线（　　）。

  A. 为两条互相平行的曲线   B. 为两条法向等距的曲线   C. 为两条近似曲线

第5章 齿轮机构及其设计

学习目标：了解齿轮机构的类型及其特点；掌握齿廓啮合基本定律，掌握渐开线的性质和渐开线标准直齿圆柱齿轮的基本参数和几何尺寸的计算及其啮合传动规律；了解渐开线齿廓的切削加工和变位齿轮的几何尺寸计算及变位齿轮传动；掌握斜齿圆柱齿轮机构、圆锥齿轮机构、蜗杆传动的啮合原理和几何尺寸计算。

5.1 概　　述

5.1.1 齿轮机构的特点

齿轮机构是机械传动中最常见的传动机构之一，广泛应用于传递空间任意两轴间的运动和动力。与其他传动机构相比，齿轮机构的主要优点如下：

(1) 传动比准确。
(2) 适用的功率和速度范围广，传递的功率可达 10^5 kW，圆周速度可达 300m/s。
(3) 效率高，效率 $\eta = 0.94 \sim 0.99$。
(4) 使用寿命长。
(5) 工作安全可靠。
(6) 结构紧凑。

齿轮机构的主要缺点如下：

(1) 制造齿轮需要专用的设备和刀具，成本较高。
(2) 对制造和安装精度要求较高；精度低时，齿轮传动的噪声和振动较大。
(3) 不宜传递相距较远的两轴间的运动和动力。

5.1.2 齿轮机构的分类

齿轮机构的类型很多，常见的分类方法如下。

(1) 按照一对齿轮两轴间的相对位置、齿向及啮合点的位置，可分为平行轴齿轮机构、相交轴齿轮机构和交错轴齿轮机构三类。常用的齿轮机构类型如图 5-1 所示。

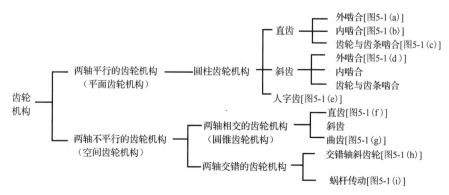

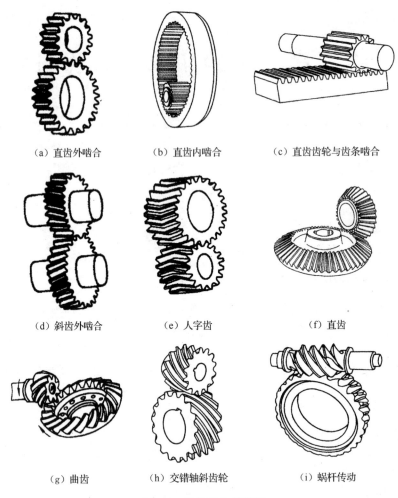

(a) 直齿外啮合　　(b) 直齿内啮合　　(c) 直齿齿轮与齿条啮合

(d) 斜齿外啮合　　(e) 人字齿　　(f) 直齿

(g) 曲齿　　(h) 交错轴斜齿轮　　(i) 蜗杆传动

图 5-1　齿轮机构的类型

（2）按照一对齿轮的传动比是否恒定，可分为定传动比齿轮机构和变传动比齿轮机构。在定传动比齿轮机构中，因为齿轮都是圆柱形或圆锥形的，所以这类齿轮机构又称为圆形齿轮机构。而在变传动比齿轮机构中，齿轮一般是非圆形的，如图 5-2 所示的椭圆齿轮机构，该类齿轮机构又称为非圆齿轮机构。本章只介绍定传动比齿轮机构。

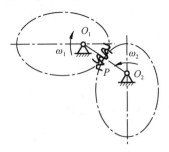

图 5-2　椭圆齿轮机构

5.2 传动比和齿廓啮合基本定律

5.2.1 传动比

一对齿轮的传动是由主动轮轮齿的齿廓推动从动轮轮齿的齿廓来实现的。齿轮在传动时为了避免产生振动和冲击,并且能够传递一定的动力,应满足传动平稳、可靠,能保证实现瞬时传动比恒定。传动比的大小计算式如下:

$$i = \frac{\omega_1}{\omega_2}$$

通常,主动齿轮用 1 表示,从动齿轮用 2 表示,ω_1 为主动齿轮(小齿轮)的角速度,ω_2 为从动齿轮(大齿轮)的角速度。在一般降速情况下,$i>1$。

5.2.2 齿廓啮合基本定律

图 5-3 所示为一对互相啮合的齿轮,主动齿轮 1 以角速度 ω_1 转动并推动从动齿轮 2 以角速度 ω_2 反向回转,O_1、O_2 分别为主、从动齿轮的回转中心。某一瞬时两个齿轮的一对齿廓 E_1、E_2 在 K 点相接触,主动齿轮 1 和从动齿轮 2 在 K 点的线速度分别为 $v_{K_1} = \omega_1 \overline{O_1 K}$ 和 $v_{K_2} = \omega_2 \overline{O_2 K}$。过 K 点作两个齿廓 E_1、E_2 的公法线 n—n,与两个齿轮的连心线 $\overline{O_1 O_2}$ 相交于 P 点,要使两个齿廓实现正常的啮合传动,两个齿廓必须保持彼此既不能分离也不能嵌入的状态。因此,v_{K_1} 和 v_{K_2} 在公法线 n—n 上的分速度应该相等。

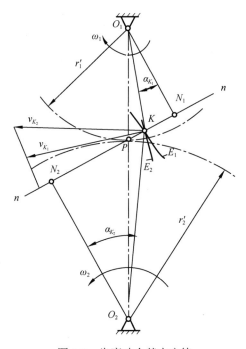

图 5-3 齿廓啮合基本定律

即
$$v_{K_1}\cos\alpha_{K_1} = v_{K_2}\cos\alpha_{K_2}$$

或
$$\frac{\omega_1}{\omega_2} = \frac{\overline{O_2K}\cos\alpha_{K_2}}{\overline{O_1K}\cos\alpha_{K_1}}$$

因此，这对齿轮的瞬时传动比为

$$i = \frac{\omega_1}{\omega_2} = \frac{\overline{O_2K}\cos\alpha_{K_2}}{\overline{O_1K}\cos\alpha_{K_1}} = \frac{\overline{O_2N_2}}{\overline{O_1N_1}} = \frac{\overline{O_2P}}{\overline{O_1P}} \qquad (5\text{-}1)$$

由于齿轮传动时要求传动比 $i=\dfrac{\omega_1}{\omega_2}$ 为常数，故 $\dfrac{\overline{O_2P}}{\overline{O_1P}}$ 也必须为常数。两个齿轮安装好后，其中心距（连心线）$\overline{O_1O_2}$ 不再改变，因此 P 点位置也必须保持不变。

定传动比齿轮的齿廓形状必须满足以下条件：不论齿廓在任何位置相接触，过接触点所作的齿廓公法线必须与连心线相交于一个定点，此点即节点。这就是齿廓啮合基本定律。

齿廓曲线相互接触称为啮合，故接触点又称啮合点。定点 P 称为节点，分别以 O_1、O_2 为圆心，过节点 P 所作的圆称为节圆，主、从动齿轮的节圆半径分别用 r'_1 和 r'_2 表示。

满足齿廓啮合基本定律的一对齿轮的齿廓称为共轭齿廓。理论上，可用作共轭齿廓的曲线很多，对于定传动比齿轮机构，常用的齿廓曲线有渐开线、摆线、圆弧曲线等。

由于渐开线齿廓易于制造和安装，目前机械中仍以渐开线作为齿廓曲线，本章只讨论渐开线齿轮机构。

5.3 渐开线的形成、性质、方程和函数

5.3.1 渐开线的形成

如图 5-4（a）所示，当直线 n—n 沿一个以 O 点为圆心的圆作纯滚动时，直线 n—n 上任一点 K 的运动轨迹 AK 称为该圆的渐开线。这个圆称为渐开线的基圆，其半径用 r_b 表示。直线 n—n 称为渐开线的发生线。

5.3.2 渐开线的性质

根据渐开线的形成过程，可知渐开线具有下列性质：

（1）发生线沿基圆滚过的长度等于该基圆上被滚过圆弧的长度，即 $\overline{NK}=\widehat{AN}$。

（2）发生线 n—n 是渐开线在任一点 K 的法线，发生线与基圆的相切点 N 是渐开线在 K 点的曲率中心，而线段 $\overline{NK}$ 是渐开线在 K 点的曲率半径；渐开线上任一点的法线必与基圆相切。

（3）渐开线上越接近基圆的点，其曲率半径越小，渐开线在基圆上的曲率半径为零。

（4）渐开线的形状取决于基圆的大小。如图 5-4（b）所示，基圆半径越大，其渐开线的曲率半径越大，渐开线越平直。当基圆半径趋于无穷大时，其渐开线变成直线，即齿条的齿廓。

（5）基圆以内没有渐开线。因为渐开线是从基圆开始向外展开的，所以基圆以内没有渐开线。

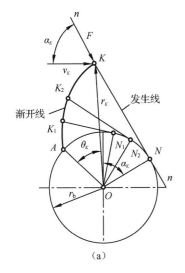
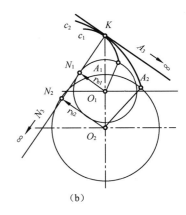

图 5-4 渐开线的形成

5.3.3 渐开线方程与渐开线函数的求解

1. 展角

渐开线所对应的中心角 $\angle AOK$ 称为渐开线 AK 段的展角,用 θ_K 表示,单位为 rad。从图 5-4(a)可知,$\theta_K = \angle AOK$。

2. 渐开线齿廓的压力角

如图 5-4(a)所示,当该渐开线齿廓在 K 点与另一个齿廓啮合时,K 点所受的力 F 应沿着齿廓在该点的法线 N—K 方向。同时,齿轮绕 O 点旋转,K 点的速度方向垂直于向径 OK,K 点速度方向与该点所受的力 F 方向线之间所夹的锐角称为渐开线在该点的压力角,用 α_K 表示,单位为(°)。从图 5-4(a)可知,$\alpha_K = \angle NOK$。

3. 渐开线方程与渐开线函数

在研究渐开线齿轮传动时,常会用到渐开线方程及渐开线函数。根据渐开线的性质,在图 5-4(a)中,由 $\triangle NOK$ 的几何关系可得

$$r_K = \frac{r_b}{\cos \alpha_K} \tag{5-2}$$

由此可见,同一渐开线上各点的压力角不同,向径 r_K 越大,压力角 α_K 越大。基圆上的压力角为零。

$$\tan \alpha_K = \frac{\overline{NK}}{\overline{ON}} = \frac{\widehat{AN}}{r_b} = \frac{r_b(\alpha_K + \theta_K)}{r_b} = \alpha_K + \theta_K$$

即
$$\theta_K = \tan \alpha_K - \alpha_K$$

上式表明展角 θ_K 是压力角 α_K 的函数,故将 $\tan \theta_K$ 称为 $\tan \alpha_K$ 的渐开线函数。工程上用 $\mathrm{inv}\,\alpha_K$ 表示 θ_K,得到渐开线方程的一般表达式:

$$\theta_K = \mathrm{inv}\,\alpha_K = \tan \alpha_K - \alpha_K \tag{5-3}$$

还可得出渐开线方程的极坐标参数方程：

$$\begin{cases} r_K = \dfrac{r_b}{\cos\alpha_K} \\ \theta_K = \mathrm{inv}\,\alpha_K = \tan\alpha_K - \alpha_K \end{cases} \quad (5\text{-}4)$$

为方便计算，不同压力角的渐开线函数 $\mathrm{inv}\,\alpha_K$ 的值可直接查取渐开线函数表。

5.4 渐开线标准直齿圆柱齿轮的基本参数和几何尺寸

5.4.1 齿轮各部分名称和符号

图 5-5 所示为渐开线标准直齿圆柱齿轮各部分各称和符号。渐开线齿轮轮齿齿廓的两侧是由形状相同方向相反的两个渐开线曲面组成的。齿轮各部分名称及符号介绍如下。

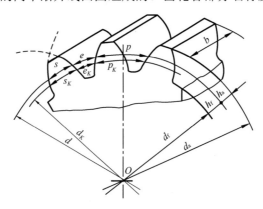

图 5-5 渐开线标准直齿圆柱齿轮各部分名称和符号

1. 轮齿、齿槽和齿宽

齿轮上每一个用于啮合的凸起部分称为轮齿。在齿轮圆周上均匀分布的轮齿总数称为齿数，用 z 表示。齿轮上相邻两齿之间的空间，称为齿槽。轮齿沿齿轮轴线方向度量的宽度称为齿宽，用 b 表示。

2. 齿顶圆和齿根圆

齿轮各齿的顶部都在同一个圆上，轮齿顶部所在的圆称为齿顶圆，分别用 d_a 和 r_a 表示其直径与半径。

齿轮各齿之间的齿槽底部也在同一个圆上，齿槽底部所在的圆称为齿根圆，分别用 d_f 和 r_f 表示其直径与半径。

3. 齿厚、齿槽宽和齿距

轮齿在任一直径为 d_K 的圆周上，一个轮齿两侧齿廓之间的弧长和一个齿槽两侧齿廓之间的弧长，分别称为该圆上的齿厚和齿槽宽，分别用 s_K 和 e_K 表示；相邻两齿同侧齿廓之间的弧长称为该圆上的齿距，用 p_K 表示。显然，在同一个圆周上齿距等于齿厚和齿槽宽之和，即 $p_K = s_K + e_K$。

4. 分度圆、模数和压角

根据齿距的定义可得 $zp_K = \pi d_K$，故 $d_K = z p_K/\pi$，令 $m_K = p_K/\pi$，则
$$d_K = m_K z$$

式中，m_K 是任一直径为 d_K 的圆上的模数，单位为 mm。

显然，不同圆周上的模数不相等。为便于齿轮几何尺寸的计算和测量而规定的一个基准圆称为分度圆。分度圆的直径和半径分别用 d 和 r 表示。分度圆上的齿厚、齿槽宽和齿距分别用 s、e 和 p 表示。

当已知齿轮的齿数 z 和分度圆的齿距 p 时，就可计算分度圆周长 $l = \pi d = zp$，从而推算出 $d = z \cdot \dfrac{p}{\pi}$。规定比值 $\dfrac{p}{\pi}$ 为一个标准的数值，并把这个数值称为标准模数，用 m 表示，单位为 mm。模数 m 是分度圆作为齿轮几何尺寸计算依据的基准而引入的参数。国家标准规定的渐开线圆柱齿轮模数系列见表 5-1。

若已知：
$$m = \frac{p}{\pi} \tag{5-5}$$

则分度圆直径可用模数表示为
$$d = mz \tag{5-6}$$

表 5-1 渐开线圆柱齿轮模数系列（摘自 GB/T 1357—2008）

第一系列	1	1.25	1.5	2	2.5	3	4	5	6
	8	10	12	16	20	25	32	40	50
第二系列	1.125	1.375	1.75	2.25	2.75	3.5	4.5	5.5	（6.5）
	7	9	11	14	18	22	28	36	45

注：1. 适用于渐开线圆柱齿轮，对斜齿轮是指法向模数。
2. 应优先选用第一系列，其次是第二系列，括号内的模数值尽可能不用。

模数是齿轮计算中的基本参数，其值越大，齿距也越大。图 5-6 所示相同齿数不同模数的 3 个齿轮尺寸对比。

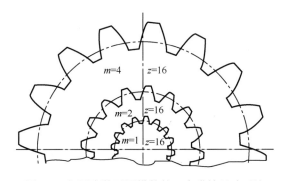

图 5-6 相同齿数不同模数的 3 个齿轮尺寸对比

由图 5-6 可以看出，模数 m 是决定齿轮几何尺寸的重要参数。

由于任何一个齿轮的齿数 z 和模数 m 是一定的，故由 $d = mz$ 可知，任何齿轮都有且只有一个分度圆。

由式（5-2）可知，渐开线齿廓上任一点 K 处的压力角为

$$\alpha_K = \arccos(r_b/r_K)$$

对于同一渐开线齿廓，r_K 不同，α_K 也不同。r_K 越大，该圆上的压力角 α_K 也越大；基圆上渐开线的压力角等于零，分度圆上的压力角简称齿轮压力角，用 α 表示，即

$$r_b = r \cdot \cos\alpha = \frac{mz}{2}\cos\alpha \tag{5-7}$$

由式（5-7）可知，对于模数、齿数不变的齿轮，若其压力角不同，其基圆的大小也不同，因而其渐开线齿廓的形状也不同。因此，压力角是决定渐开线齿廓形状的重要参数。

国家标准（GB/T 1356—2001）《通用机械和重型机械用圆柱齿轮标准基本齿廓》中规定，分度圆压力角的标准值为 $\alpha = 20°$。在某些特殊场合，α 也有采用其他值的情况，例如 $\alpha = 15°$。

因此，分度圆可定义为具有标准模数和标准压力角的圆。

5. 齿顶高、齿根高和齿全高

分度圆与齿顶圆之间的部分称为齿顶，其径向距离称为齿顶高，用 h_a 表示。分度圆与齿根圆之间的部分称为齿根，其径向距离称为齿根高，用 h_f 表示。齿顶圆与齿根圆之间的径向距离称为齿全高，用 h 表示。显然，齿全高是齿顶高与齿根高之和，即 $h = h_a + h_f$。

5.4.2 标准齿轮的定义和基本参数

1. 标准齿轮的定义

如果一个齿轮的 m、α、h_a^*、c^* 是标准值，并且分度圆上齿厚和齿槽宽相等，即 $e = s = \frac{p}{2} = \frac{\pi m}{2}$，那么该齿轮为标准齿轮。

2. 标准齿轮的基本参数

标准齿轮的基本参数有 5 个，即 z、m、α、h_a^*、c^*。其中，h_a^* 为齿顶高系数，c^* 为顶隙系数。我国对这两项系数规定的标准值为

正常齿　　$h_a^* = 1$，$c^* = 0.25$
短齿　　　$h_a^* = 0.8$，$c^* = 0.30$

标准齿轮的齿顶高和齿根高分别为

$$h_a = h_a^* \cdot m$$
$$h_f = (h_a^* + c^*)m$$

顶隙 $c = mc^*$，是指齿轮啮合时一个齿轮的齿顶圆与另一个齿轮的齿根圆之间的径向距离。顶隙有两个作用：一是可以避免一个齿轮的齿顶与另一齿轮的齿槽底部发生顶死现象；二是在传动中还可以储存润滑油以润滑齿轮的齿廓表面。

5.4.3 几何尺寸计算

标准直齿圆柱齿轮的所有尺寸均可用上述 5 个参数来表示，其几何尺寸的计算公式可查表 5-2。

表 5-2　标准直齿圆柱齿轮几何尺寸计算公式

名　　称	符　号	计算公式
齿数	z	依照工作条件选定
分度圆直径	d	$d = mz$
齿顶高	h_a	$h_a = h_a^* m = m$
齿根高	h_f	$h_f = (h_a^* + c^*)m = 1.25m$
齿全高	h	$h = h_a + h_f = (2h_a^* + c^*)m = 2.25m$
齿顶圆直径	d_a	$d_a = d + 2h_a = (z+2)m$
齿根圆直径	d_f	$d_f = d - 2h_f = (z-2.5)m$
基圆直径	d_b	$d_b = d\cos\alpha = mz\cos\alpha$
齿距	p	$p = \pi m$
基圆齿距	p_b	$p_b = p\cos\alpha$
法向齿距	p_n	$p_n = p\cos\alpha$
齿厚	s	$s = \pi m/2$
齿槽宽	e	$e = \pi m/2$
标准中心距	a	$a = (z_1 + z_2)m/2$
传动比	i_{12}	$i_{12} = \omega_1/\omega_2 = d_2/d_1 = z_2/z_1$

5.4.4　内齿轮和齿条的尺寸计算

1. 内齿轮尺寸计算

对于如图 5-7 所示的内齿圆柱齿轮，由于其轮齿分布在空心圆柱体的内表面上，其轮齿和齿槽相当于外齿轮的齿槽和轮齿，故内齿轮的齿廓为内凹的，并且齿根圆大于分度圆，分度圆大于齿顶圆，而齿顶圆必须大于基圆才能保证其啮合齿廓全部为渐开线。其几何计算公式除齿顶圆和齿根圆（齿顶圆直径为 $d_a = d - 2h_a$，齿根圆直径为 $d_f = d + 2h_f$）以外，其余都与外齿轮的几何尺寸计算公式相同。

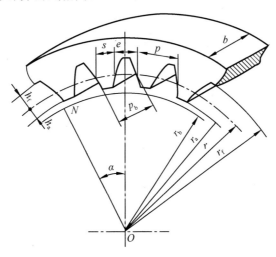

图 5-7　内齿圆柱齿轮

2. 齿条尺寸计算

图 5-8 所示为齿条，它可以看作齿轮传动的一种特殊形式。当齿轮的齿数为无穷大时，其圆心将位于无穷远处，这时齿轮的各个圆周都变成直线，即齿顶线、分度线、齿根线等。渐开线齿廓也变成直线齿廓，齿廓上各点的法线是平行的，并且齿条运动形式为直线移动，因此齿条直线齿廓上各点的压力角相等，其大小等于齿廓倾斜角，即齿形角。由于齿条上同侧齿廓平行，因此在与分度线平行的其他直线上的齿距均相等，即 $p_i = p = \pi m$，但只有在分度线上才有 $e = s = m\pi/2$。齿条的其他尺寸可参照外齿轮几何尺寸的计算公式进行计算。

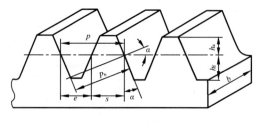

图 5-8　齿条

5.5　渐开线齿轮传动及渐开线齿廓的啮合特性

5.5.1　节点、节圆、啮合线和啮合角

图 5-9 所示为渐开线齿廓啮合传动，相互啮合的两个齿轮的渐开线齿廓 E_1、E_2 在任一点 K 处啮合，齿轮 1 驱动齿轮 2 转动，两个齿轮的角速度分别为 ω_1 和 ω_2，两个齿轮的连心线为 O_1O_2，两个齿轮的基圆半径分别为 r_{b_1}、r_{b_2}。根据渐开线的性质可知，齿廓啮合点 K 的公法线 n—n 必同时与两个基圆相切，切点分别为 N_1、N_2，直线 N_1N_2 为两个基圆的内公切线。因为基圆在同一方向的内公切线仅有一条，所以无论两个齿轮的齿廓在何处接触，过接触点所作两个齿轮的齿廓的公法线 n—n 都一定和 N_1N_2 重合。在齿轮传动过程中，两个基圆的大小及位置均不变，因此公法线 n—n 与连心线 O_1O_2 的交点 P 为一个定点，这就说明渐开线齿廓满足齿廓啮合基本定律。定点 P 称为节点，两个齿轮的节圆半径分别用 r_1' 和 r_2' 表示。

由于齿廓 E_1 和齿廓 E_2 无论在何处接触，其接触点 K 均应在两个基圆的内公切线 N_1N_2 上，故称直线 N_1N_2 为啮合线。啮合线与两个节圆的内公切线 t—t 所夹的锐角 α' 称为啮合角。显然，啮合角在数值上等于齿廓在节点处的压力角。

齿轮只有在相互啮合时，才有节圆和啮合角，单个齿轮是没有节圆和啮合角的。

5.5.2　渐开线齿廓的啮合特性

1. 渐开线齿廓能保证按定传动比传动

由图 5-9 可知，△O_1PN_1 相似于△O_2PN_2，因此传动比也可以写为

$$i = \frac{\omega_1}{\omega_2} = \frac{\overline{O_2P}}{\overline{O_1P}} = \frac{r_2'}{r_1'} = \frac{r_{b_2}}{r_{b_1}} = 常数 \tag{5-8}$$

渐开线齿廓能保证按定传动比传动，在工程实际中这一特性使齿轮传动应用极其广泛。

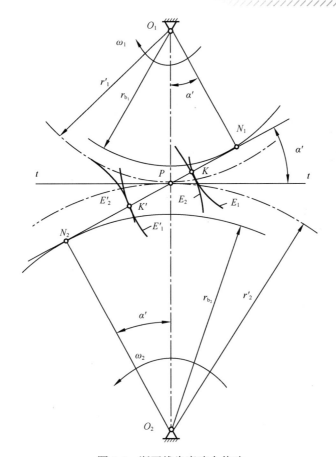

图 5-9 渐开线齿廓啮合传动

2. 渐开线齿廓啮合传动具有可分性

式（5-8）表明渐开线齿轮的传动比恒定不变，其大小不仅与两个齿轮的节圆半径成反比，还与两个齿轮的基圆半径成反比。一对相互啮合的齿轮回转中心之间的距离称为齿轮传动的中心距。由于制造、安装方面的误差，以及在运转过程中轴的变形、轴承的磨损等原因，均可使齿轮传动的实际安装中心距与设计中心距有微小误差。渐开线齿轮加工完毕之后，其基圆的大小是不变的，所以当两个齿轮由于误差产生的实际安装中心距与设计中心距不一致时，两个齿轮间的传动比仍能保持不变，这一特性称为传动的可分性。传动的可分性对齿轮的加工和装配是十分有利的，但中心距的变动会使啮合传动过松或过紧。

3. 渐开线齿廓啮合传动具有平稳性

在齿轮传动中，啮合齿廓间的正压力方向是啮合点公法线 N_1N_2 方向，即在齿轮传动过程中，两个啮合齿廓间的正压力方向始终不变。这一特性对渐开线齿廓啮合传动的平稳性极为有利。

4. 渐开线齿廓间的相对滑动

由上述内容可知，两个齿廓接触点 K 在其公法线上的分速度必定相等，但其在公切线上的分速度却不一定相等。因此，在啮合传动中，齿廓间将产生相对滑动，从而引起摩擦损失并导致齿轮磨损。

由式（5-8）可得 $\omega_1\overline{O_1P}=\omega_2\overline{O_2P}$，表明两个齿轮在 P 点的圆周速度相等，两个齿轮啮合传动相当于两个齿轮的节圆在作纯滚动，所以节点处齿廓间没有相对滑动。距节点越远，齿廓间的相对滑动速度越大。

当两个齿轮按变传动比传动时，由式（5-1）可知，节点 P 就不再是两个齿轮连心线上的一个定点，而是按传动比的变化规律在两个齿轮连心线上移动。节点 P 在两个齿轮的运动平面上的轨迹为非圆曲线，该曲线称为节线。在图 5-2 中的齿轮机构中，节线是一个用点画线所示的椭圆。

5.6 渐开线齿轮正确啮合、安装和连续传动条件

要使任意一对渐开线直齿圆柱齿轮能够正确连续地啮合传动，还需要满足以下 3 个条件。

5.6.1 正确啮合条件

图 5-10 所示为一对渐开线直齿圆柱齿轮啮合传动，N_1N_2 是啮合线，前一对轮齿在 K_1 点接触，后一对轮齿在 K_2 点接触。

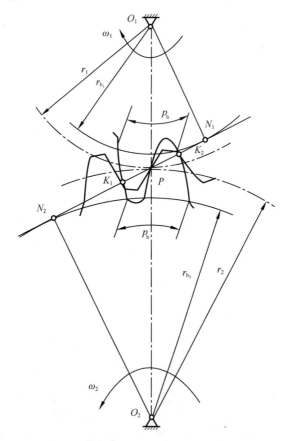

图 5-10 一对渐开线直齿圆柱齿轮啮合传动

1. 法向齿距

正确啮合条件与法向齿距有关。相邻两齿间同侧齿廓在啮合线 N_1N_2 上的交点分别为 K_1 和 K_2，线段 $\overline{K_1K_2}$ 的长度称为齿轮的法向齿距，用 p_n 表示。根据渐开线的性质可知，法向齿距等于基圆上的齿距 p_b，即 $p_n = p_b$。

2. 正确啮合条件的确定

要使两个齿轮正确啮合，两个齿轮的法向齿距必须相等，即 $p_{n_1} = p_{n_2}$。由 $p_n = p_b$ 可知

$$p_{b_1} = p_{b_2}$$

由

$$p_b = \frac{\pi d_b}{z} = \frac{\pi d \cos\alpha}{z} = \pi m \cos\alpha$$

可以得到两个齿轮正确啮合条件

$$\pi m_1 \cos\alpha_1 = \pi m_2 \cos\alpha_2$$

由于 m 和 α 都已标准化，所以要满足上式必须有

$$\begin{cases} m_1 = m_2 = m \\ \alpha_1 = \alpha_2 = \alpha \end{cases} \tag{5-9}$$

由此得出渐开线齿轮正确啮合条件：两个齿轮的模数和压力角必须分别相等，并且等于标准值。

根据渐开线齿轮正确啮合条件，其传动比还可以进一步表示为

$$i_{12} = \frac{\omega_1}{\omega_2} = \frac{d_{b_2}}{d_{b_1}} = \frac{d_2 \cos\alpha_2}{d_1 \cos\alpha_1} = \frac{d_2}{d_1} = \frac{z_2}{z_1} \tag{5-10}$$

5.6.2 正确安装条件

一对齿轮应满足的正确安装条件是齿侧间隙为零和顶隙为标准值。

1. 齿侧间隙

一对齿轮传动时，两个齿轮的节圆作纯滚动。因此，把一个齿轮节圆上的齿槽宽与另一个齿轮节圆上的齿厚之差称为齿侧间隙，用 Δ 来表示。齿轮的齿侧间隙为 $\Delta = e_1' - s_2'$。

在渐开线齿轮加工和齿轮传动中均要求齿侧无间隙啮合，即 $\Delta = e_1' - s_2' = 0$。

标准齿轮外啮合传动如图 5-11 所示。实际上，齿轮在传动中由于受力变形、摩擦发热膨胀，以及安装和制造方面的误差等其他因素的影响，当两个齿轮的齿廓间隙为零时，反而会引起轮齿间的卡死现象，所以两个齿轮非工作齿廓间要留有一定的齿侧间隙。这个齿侧间隙一般很小，通常在制造齿轮时由齿轮的公差来保证，而在设计齿轮尺寸时仍按齿侧无间隙计算。

2. 标准安装

为了避免冲击、振动、噪声等现象，理论上齿轮传动应为齿侧无间隙啮合。因此，在设计时，标准安装就是按齿侧无间隙设计其中心距尺寸。

由标准齿轮的定义可知，标准齿轮的分度圆齿厚和齿槽宽相等，即 $e = s = p/2 = \pi m/2$，若要保证齿侧无间隙啮合，就得要求分度圆与节圆重合，即 $d = d'$。这样的安装称为标准安

装，此时的中心距称为标准中心距，用 a 表示，其值按下式计算：

$$a = r_1' + r_2' = r_1 + r_2 = \frac{m(z_1 + z_2)}{2} \tag{5-11}$$

啮合角在数值上等于分度圆上的压力角，即 $\alpha = \alpha'$，如图 5-11（a）所示。

3. 非标准安装

如图 5-11（b）所示，当实际中心距 a'（实际安装中心距）与标准中心距 a 不相等时，节圆半径就会发生变化，但分度圆半径是不变的。这时分度圆与节圆分离，这样的安装称为非标准安装。非标准安装时啮合线位置发生变化，啮合角 α' 也不再等于分度圆上的压力角。此时的中心距为

$$a' = r_1' + r_2' = \frac{r_{b_1}}{\cos\alpha_1'} + \frac{r_{b_2}}{\cos\alpha_2'} = (r_1 + r_2)\frac{\cos\alpha}{\cos\alpha'} = a\frac{\cos\alpha}{\cos\alpha'}$$

化简得

$$a\cos\alpha = a'\cos\alpha' \tag{5-12}$$

式（5-12）表明了啮合角随中心距变化的关系。

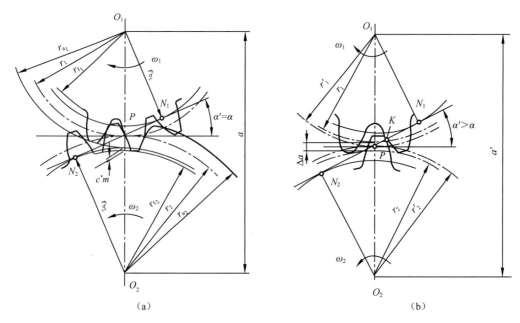

图 5-11 标准齿轮外啮合传动

图 5-12 齿轮齿条啮合

4. 齿轮齿条啮合

当齿轮齿条啮合时，相当于齿轮的节圆与齿条的节线作纯滚动，如图 5-12 所示。当采用标准安装时，齿条的节线与齿轮的节圆相切，此时 $\alpha = \alpha'$。当齿条远离或靠近齿轮时（相当于齿轮中心距改变），齿条的直线轮廓总是保持原来的方向不变，因此啮合线 N_1N_2 及节点 P 的位置始终保持不变。无论是否为标准安装，齿轮的节圆恒与其分度圆重合，其啮合角 α' 恒等于分度圆压力角 α。只是

在非标准安装时，齿条的节线与其分度线将不再重合。

5.6.3 连续传动条件

一对满足正确啮合条件的齿轮只能保证在传动时其各对齿轮能依次正确地啮合，但并不能说明齿轮传动是否连续。为了研究齿轮传动的连续性，首先必须了解两齿轮的啮合过程。

1. 确定实际啮合线段与理论啮合线段

图 5-13 所示为一对渐开线直齿圆柱齿轮的啮合情况，齿轮 1 为主动轮，以角速度 ω_1 沿顺时针方向转动；齿轮 2 为从动轮，以角速度 ω_2 沿逆时针方向转动；N_1N_2 为啮合线。

一对齿轮齿廓的啮合由从动轮 2 的齿顶圆与啮合线 N_1N_2 的交点 B_2 点开始，这时主动轮 1 的齿根推动从动轮 2 的齿顶。随着齿轮的转动，两个齿轮齿廓的啮合点沿着啮合线向左下方移动。当啮合点移动到主动轮 1 的齿顶圆与啮合线 N_1N_2 的交点 B_1 时，这对齿廓将终止啮合。因此，$\overline{B_1B_2}$ 是齿廓啮合的实际啮合线段。显然，随着两个齿轮齿顶圆的增大，B_2 点和 B_1 点越接近啮合线与两个基圆的相切点 N_1、N_2。但因为基圆以内没有渐开线，所以两个齿轮的齿顶圆与啮合线的交点不会超出 N_1、N_2 点之外，N_1、N_2 点称为啮合极限点，$\overline{N_1N_2}$ 是理论上可能达到的最大啮合线段，称为理论啮合线段。

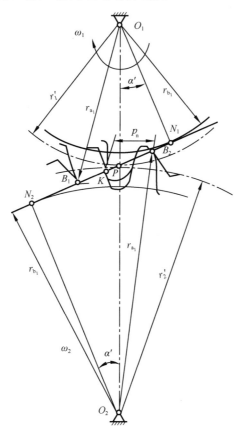

图 5-13 一对渐开线直齿圆柱齿轮的啮合情况

2. 分析连续传动条件

如果前一对轮齿在啮合的终止点 B_1 之前的 K 点啮合时，后一对轮齿就已经到达啮合的起始点 B_2，那么传动能连续进行。这时，要求实际的啮合线段 $\overline{B_1B_2}$ 大于或等于齿轮的法向齿距 $\overline{B_2K}$。若 $\overline{B_1B_2}$ 小于齿轮的法向齿距 $\overline{B_2K}$，结果将使传动中断，从而引起轮齿间的冲击，影响传动的平稳性。

由上述可知齿轮连续传动的条件：两个齿轮的实际啮合线段 $\overline{B_1B_2}$ 应该大于或等于齿轮的法向齿距 $\overline{B_2K}$，而 $\overline{B_2K} = p_b$。因此，齿轮连续传动的条件为

$$\varepsilon_\alpha = \frac{\overline{B_1B_2}}{p_b} \geqslant 1 \tag{5-13}$$

式中，ε_α 称为重合度（也称端面重合度），它表示同时参加啮合轮齿的对数。ε_α 的值大，表明同时参与啮合的轮齿的对数多。每对轮齿的负荷小，负荷变动量也小，传动稳定。因此，ε_α 是衡量齿轮传动质量的指标之一。

为了保证齿轮的连续传动，应考虑齿轮制造、安装方面的误差等因素，在实际工作中常规定重合度 ε_α 应大于或等于一定的许用值 $[\varepsilon_\alpha]$，即 $\varepsilon_\alpha \geqslant [\varepsilon_\alpha]$。根据齿轮使用要求和制造精度的不同，$[\varepsilon_\alpha]$ 值一般可在 1.1~1.4 范围内选取，常用的 $[\varepsilon_\alpha]$ 推荐值见表 5-3。

表 5-3 常用的 $[\varepsilon_\alpha]$ 推荐值

使用场合	一般机械制造业	汽车拖拉机制造业	机床制造业	纺织机器制造业
$[\varepsilon_\alpha]$	1.4	1.1~1.2	1.3	1.3~1.4

重合度 ε_α 的计算公式可以由图 5-13 得出：

$$\overline{B_1B_2} = \overline{PB_1} + \overline{PB_2} = (\overline{B_1N_1} - \overline{PN_1}) + (\overline{B_2N_2} - \overline{PN_2})$$

$$\overline{PB_1} = r_{b_1}(\tan\alpha_{a_1} - \tan\alpha') = \frac{mz_1}{2}(\tan\alpha_{a_1} - \tan\alpha')\cos\alpha$$

$$\overline{PB_2} = r_{b_2}(\tan\alpha_{a_2} - \tan\alpha') = \frac{mz_2}{2}(\tan\alpha_{a_2} - \tan\alpha')\cos\alpha$$

式中，α'、α_{a_1}、α_{a_2} 分别为啮合角和两个齿轮齿顶圆压力角。

将 $\overline{B_1B_2}$ 的计算式和 $p_b = \pi m \cos\alpha$ 代入式（5-13），可得重合度的计算公式，即

$$\varepsilon_\alpha = \frac{1}{2\pi}[z_1(\tan\alpha_{a_1} - \tan\alpha') + z_2(\tan\alpha_{a_2} - \tan\alpha')] \tag{5-14}$$

重合度的大小不仅反映了一对齿轮能否实现连续传动，还表明了参与啮合轮齿对数的平均值。当 $\varepsilon_\alpha = 1$ 时，表明前一对轮齿即将在 B_1 点脱离啮合时，后一对轮齿恰好在 B_2 点进入啮合，即在啮合过程中始终只有一对轮齿在啮合；当 $\varepsilon_\alpha = 2$ 时，即在啮合过程中始终有两对轮齿在啮合；当 $1 < \varepsilon_\alpha < 2$ 时，有时有两对轮齿参与啮合，有时有一对轮齿参与啮合。图 5-14 所示为齿轮传动的重合度为 $\varepsilon_\alpha = 1.3$ 的情况，当前一对轮齿在 C 点啮合时，后一对轮齿在 B_2 点接触，从此时开始两对轮齿同时啮合，直到前一对轮齿到达 B_1 点脱离啮合，后一对轮齿到达 D 点为止。因此，啮合线上的 $\overline{B_1C}$ 和 $\overline{DB_2}$ 区间是双齿啮合区。从 D 点开始到 C 点只有一对轮齿啮合，是单齿啮合区。因此，$\varepsilon_\alpha = 1.3$ 表明在齿轮转过一个基圆齿距的时间内有 30% 的时间是双齿啮合区，70% 的时间是单齿啮合区。

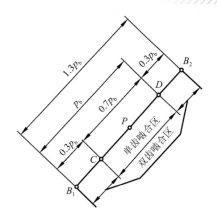

图 5-14 齿轮传动的重合度为 1.3 的情况

由式（5-14）可知，ε_α 与模数无关，ε_α 随着齿数 z 的增大而加大。对于按照标准中心距安装的齿轮传动，当将两个齿轮的齿数逐渐增加，使之趋于无穷大时，齿轮变成齿条，则 ε_α 将趋于一个极限值

$$\varepsilon_{\alpha\max}=\frac{4h_a^*}{\pi\sin^2\alpha}$$

对于 $\alpha=20°$ 且 $h_a^*=1.0$ 的一对标准直齿圆柱齿轮的重合度极限值 $\varepsilon_{\alpha\max}=1.981$。重合度 ε_α 还随着啮合角 α' 的减小和齿顶高系数 h_a^* 的增大而增大。

重合度 ε_α 越大，意味着同时参与啮合的轮齿对数越多或双齿啮合区越长，增大重合度，对提高齿轮传动的承载能力和传动平稳性具有重要意义。

5.7　渐开线齿廓的切削加工

5.7.1　渐开线齿廓的切削原理

齿轮的加工方法很多，有铸造法、热轧法、冲压法、模锻法和切齿法等。其中最常用的是切削加工的方法，其按切削加工原理可以分为仿形法和范成法两类。

1. 仿形法

仿形法就是用与渐开线齿轮的齿槽形状相同的成形铣刀，直接在普通铣床上切削出齿轮齿形的一种加工方法。

刀具的轴剖面刀刃形状和被切齿槽的形状相同，其刀具有盘状铣刀和指状铣刀等，如图 5-15 所示。

图 5-15（a）所示为盘状铣刀切削加工示意，刀刃与齿轮的齿槽形状完全相同。切削时，铣刀转动，同时齿轮毛坯沿它的轴线方向移动一个行程，这样就切出一个齿间，也就是切出相邻两齿的各一侧齿槽。然后，把齿轮毛坯退回到原来的位置，并用分度盘将齿轮毛坯转过 $360°/z$，再继续切削第二个齿槽，依次切去各齿槽，即可切削出所有轮齿。

图 5-15（b）所示为指状铣刀切削加工示意图。其加工方法与盘状铣刀加工时基本相同，铣刀绕自身轴线旋转的同时，从齿轮齿顶切至齿槽。指状铣刀常用于加工模数较大（$m>20$mm）的齿轮，并可用于切制人字齿轮。

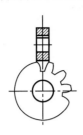 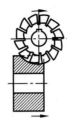 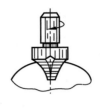

（a）盘状铣刀切削加工示意　　　（b）指状铣刀切削加工示意

图 5-15　用仿形法加工齿轮

仿形法加工齿轮的主要运动有铣刀转动形成的切削运动、为加工出全部齿轮宽度齿数所需的进给运动和分度运动。

仿形法的优点是加工方法简单，不需要专用机床；它的缺点是加工精度低，生产率低。因此，仿形法主要用于修配和单件生产及加工精度要求不高的齿轮。

2. 范成法

范成法（又称展成法）是根据一对齿轮的啮合原理进行切齿加工的。当具有渐开线或直线形状的齿廓刀具与齿轮毛坯按给定传动比运动时，刀具齿廓可在毛坯上加工出与其共轭的渐开线齿廓。

常用的刀具有齿轮插刀、齿条插刀和齿轮滚刀。

1）齿轮插刀

用齿轮插刀加工齿轮示意如图 5-16 所示，齿轮插刀的外形是一个具有刀刃的外齿轮，刀具齿顶高比传动齿轮的齿顶高高出 c^*m，以便切出顶隙部分。插齿时，插刀沿齿轮毛坯轴线方向作往复切削运动，同时使齿轮插刀与齿轮毛坯模仿一对齿轮传动并以一定的传动比传动，直至全部齿槽切削完毕。这样，刀具的渐开线齿廓就在齿轮毛坯上包络出与刀具渐开线齿廓相共轭的渐开线齿廓。根据渐开线齿轮正确啮合条件，可知被加工齿轮的模数和压力角必定与插刀的模数和压力角相等，故用同一把插刀切削出的齿轮都能正确啮合。

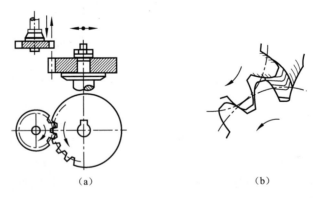

图 5-16　用齿轮插刀加工齿轮示意

用齿轮插刀加工齿轮时，刀具与齿轮毛坯之间形成的主要运动如下：

（1）范成运动。齿轮插刀与齿轮毛坯以恒定的传动比作回转运动，就如同一对齿轮啮合传动一样（展成运动）。

（2）切削运动。齿轮插刀沿着齿轮轮坯的轴线作上下往复切削运动。

（3）进给运动。为了切削出轮齿的高度，在切削过程中，齿轮插刀还需要向齿轮毛坯的中心移动，直到规定的轮齿高度为止。

（4）让刀运动。为了防止在切削运动中齿轮插刀向上退刀时与齿轮毛坯发生摩擦，损伤加工好的齿面，在齿轮插刀退刀时，齿轮毛坯还需让开一小段距离（在齿轮插刀向下切削时，齿轮毛坯又恢复到原来位置）。

2）齿条插刀

当齿轮插刀的齿数增至无穷多时，其基圆半径变为无穷大，齿轮插刀的齿廓成为一条直线。此时，齿轮插刀变为齿条插刀。图 5-17 所示为齿条插刀，它是一个齿廓为刀刃的齿条，齿条插刀与传动齿条各部分尺寸基本相同，不同之处是刀具齿顶高比传动齿轮齿顶高高 c^*m，以便切削出齿轮的顶隙。在齿条插刀上，平行于齿顶线且齿厚和齿槽宽相等的直线称为中线，该中线相当于传动齿条的分度线。加工齿轮时，刀具的中线与齿轮毛坯分度圆相切并作纯滚动，由于刀具中线的齿厚和齿槽宽均为 $\pi m/2$，故加工出的齿轮在分度圆上有 $s = e = \pi m/2$。被加工齿轮的齿顶高为 $h_a^* m$，齿根高为 $(h_a^* + c^*)m$，这样便加工出所需的标准齿轮。

用齿条插刀加工齿轮的原理与用齿轮插刀加工齿轮的原理相同，只是范成运动变为齿条与齿轮的啮合运动。图 5-18 所示为用齿条插刀加工齿轮示意，齿轮毛坯以角速度 ω 转动，齿条插刀以速度 $v = \omega \dfrac{mz}{2}$ 移动。

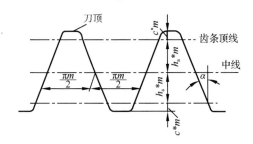

图 5-17 齿条插刀

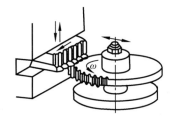

图 5-18 用齿条插刀加工齿轮示意

由加工过程可以看出，不论是用齿轮插刀加工齿轮还是用齿条插刀加工齿轮，其切削过程都不是连续的，这样就影响了生产率的提高。因此，在生产中更广泛地采用齿轮滚刀来加工齿轮。

3）齿轮滚刀

图 5-19 所示为用齿轮滚刀加工齿轮示意，图 5-19（a）所示为在滚齿机上用齿轮滚刀加工齿轮。

如图 5-19（b）所示，齿轮滚刀的形状类似一个开有刀刃的螺旋且在齿轮滚刀轴剖面（齿轮毛坯端面）的齿形与齿条插刀相同。当齿轮滚刀转动时，相当于图 5-19（b）中双点画线所示的假想的、无限长的齿条插刀连续地向一个方向移动，齿轮毛坯相当于与齿条插刀啮和运动的齿轮，齿轮滚刀按照齿轮啮合原理在齿轮毛坯上连续切削出渐开线齿廓。与此同时，齿轮滚刀沿着齿轮毛坯作轴向缓慢进给运动，以便切削出整个齿宽的齿廓。刀刃的螺旋运动代替了齿条插刀的范成运动和切削运动。

齿轮滚刀的回转就像一个无限长的齿条刀具在移动，因此，这种加工方法是连续的，具有很高的生产率。利用范成法加工齿轮时，只要刀具和被加工齿轮两者的模数及压力角相同，就可以利用一把刀具来加工，给生产带来很大方便。因此，范成法得到广泛的应用。

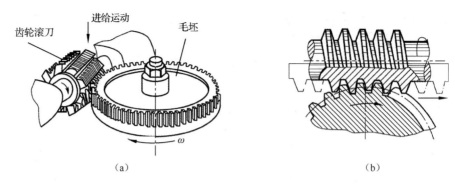

图 5-19　用齿轮滚刀加工齿轮示意

5.7.2　渐开线齿廓的根切现象

用范成法加工齿轮时，有时会出现刀具的顶部切入了轮齿已切好的根部，而把齿根切去了一部分，破坏了渐开线齿廓，这种现象称为轮齿的根切现象，如图 5-20 所示。

根切的齿轮会降低齿根强度，降低传动的重合度，减少使用寿命，影响传动质量，因此，在设计制造中应力求避免根切现象的发生。

图 5-21 所示为用齿条插刀加工标准齿轮时的根切过程，刀具分度线与齿轮毛坯分度圆相切并作纯滚动。$\overline{B_1B_2}$ 是实际啮合线段。刀具的切削刃从啮合线上的 B_1 点开始切削齿轮齿廓，切削到啮合线与刀具的齿顶线的交点 B_2 处，齿轮齿廓的渐开线已被全部切削出。若 B_2 点位于极限啮合点 N_1 以下，则被切齿轮的齿廓从 B_2 点开始至齿顶为渐开线，而从 B_2 点到齿根圆之间的曲线是由刀具刀顶所形成的非渐开线过渡曲线。

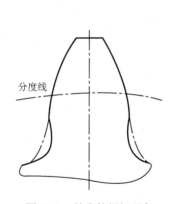

图 5-20　轮齿的根切现象

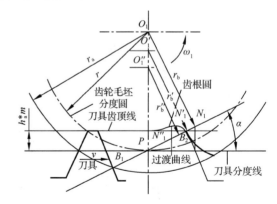

图 5-21　根切过程

用范成法加工渐开线齿轮，对于某一刀具而言，其基本参数 m、α、h_a^* 和齿数 z 为定值，故其齿顶线的位置就确定了。这时，若被切齿轮的基圆越小，则极限啮合点 N_1 越接近节点 P，也就越易发生根切现象。又因为基圆半径 $r_b = \dfrac{mz}{2}\cos\alpha$，而 m 和 α 为定值，所以被切齿轮的轮齿数越少，其基圆半径也越小，从而越容易发生根切现象。

5.7.3　渐开线标准外齿轮不发生根切现象的条件

由前述内容可知，只要刀具的刀顶线不超过极限啮合点 N_1，轮齿就不会发生根切现象，如图 5-21 所示。

不发生根切现象的条件可以表示为 $PN_1 \sin\alpha \geqslant h_a^* m$，而

$$PN_1 = r\sin\alpha = \frac{mz\sin\alpha}{2}$$

所以有

$$\frac{h_a^* m}{\sin\alpha} \leqslant \frac{mz\sin\alpha}{2}$$

从而解得

$$z \geqslant \frac{2h_a^*}{\sin^2\alpha}$$

因此，渐开线标准外齿轮不发生根切现象的最少齿数为

$$z_{\min} = \frac{2h_a^*}{\sin^2\alpha} \tag{5-15}$$

当 $\alpha = 20°$，$h_a^* = 1.0$ 时，$z_{\min} = 17$。

由式（5-15）可知，通过增大 α 或减小 h_a^* 都可以减小不发生根切现象的最少齿数。

5.8 变位齿轮概述

5.8.1 变位齿轮的定义及特点

在实际机械中，常常要用到 $z < z_{\min}$ 的齿轮。为避免根切现象发生，首先应该设法减小 $z_{\min}$。由式（5-15）可知，通过增大 α 或减小 h_a^* 都可以减小不发生根切现象的最少齿数，但是 h_a^* 的减小会降低传动的重合度，影响传动的平稳性，而 α 的增大将增大齿廓间的受力及功率损耗，其次是不能采用标准刀具加工齿轮。

轮齿根切的根本原因是刀具的刀顶线超过了极限啮合点 N，标准刀具从发生根切的虚线位置相对于齿轮毛坯中心向外移动至刀具刀顶线而不超过极限啮合点 N 的实线位置，则切削出的齿轮就不会发生根切现象。这种用改变刀具与齿轮毛坯相对位置的加工方法称为变位修正法，其原理示意如图 5-22 所示。用该方法加工出的齿轮称做变位齿轮。在图 5-22 中，刀具沿齿轮毛坯径向移动的距离称为径向变位量，用 xm 表示，x 称为变位系数。相对于齿轮毛坯中心，刀具向外移动称为正变位，此时变位系数 $x > 0$，这样加工出的齿轮称为正变位齿轮；刀具由标准位置向被切齿轮中心移动，称为负变位，此时变位系数 $x < 0$，这样加工出来的齿轮称为负变位齿轮。

采用变位修正法切削渐开线齿轮，当 $z < z_{\min}$ 时，可以避免根切现象；同时通过选择合适的变位系数，还可以提高齿轮的承载能力，配凑中心距，减小机构几何尺寸，并且可以采用标准刀具切制齿轮。因此，变位齿轮的应用十分广泛。但是，变位齿轮需成对设计，不具备互换性。

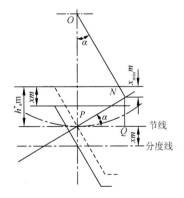

图 5-22 变位修正法原理示意

5.8.2 不发生根切现象的最小变位系数 x_{min} 的计算

在图 5-22 中，$\overline{NQ} \geq h_a^* m - xm$，即 $xm \geq h_a^* m - \overline{NQ}$。

因为

$$\overline{NQ} = \overline{PN} \sin \alpha，\quad \overline{PN} = r \sin \alpha = \frac{mz \sin \alpha}{2}$$

所示

$$\overline{NQ} = r \sin^2 \alpha = \frac{mz}{2} \sin^2 \alpha$$

由式（5-15）得

$$\frac{\sin^2 \alpha}{2} = \frac{h_a^*}{z_{min}}$$

最后解得

$$x \geq \frac{h_a^*(z_{min} - z)}{z_{min}}$$

因此，最小变位系数为

$$x_{min} = \frac{h_a^*(z_{min} - z)}{z_{min}} \tag{5-16}$$

从式（5-16）可知，当 $z < z_{min}$ 时，$x_{min} > 0$，为避免发生根切现象，必须使用正变位方法；当 $z > z_{min}$ 时，$x_{min} < 0$，该齿轮不会发生根切现象。为了满足某些性能的要求，可以用正变位或负变位方法加工齿轮。

5.8.3 变位齿轮的几何尺寸计算

变位齿轮的齿数、模数、压力角与标准齿轮相同，所以变位齿轮与标准齿轮有相同的分度圆、基圆、齿距、基圆齿距和齿全高，但变位齿轮的齿顶圆、齿根圆、齿顶高、齿根高、分度圆的齿厚和齿槽宽都发生了变化。图 5-23 所示为变位齿轮的齿廓。

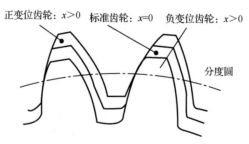

图 5-23 变位齿轮的齿廓

（1）分度圆和基圆。由于分度圆和基圆仅与齿轮的 z、m、α 有关，并且加工变位齿轮的刀具仍是标准刀具，故变位齿轮的分度圆和基圆不变，仍为

$$\begin{cases} d = mz \\ d_b = mz \cos \alpha \end{cases}$$

（2）齿厚和齿槽宽。

齿轮的变位修正如图 5-24 所示，加工变位齿轮时，与齿轮毛坯分度圆相切的不再是刀

具分度线，而是刀具节线，刀具节线上的齿槽宽比分度线上的齿槽宽增大了 $2KJ$。由于齿轮毛坯分度圆与刀具节线作纯滚动，故可知齿轮毛坯分度圆齿厚也增大了 $2KJ$。由 △IKJ 可知，$KJ = xm\tan\alpha$。

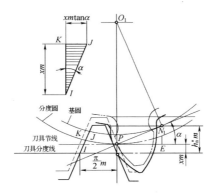

图 5-24 齿轮的变位修正

齿轮的分度圆齿厚 s 和齿槽宽 e 分别按式（5-17）和式（5-18）计算：

$$s = \frac{\pi m}{2} + 2\overline{KJ} = \left(\frac{\pi}{2} + 2x\tan\alpha\right)m \tag{5-17}$$

$$e = \frac{m\pi}{2} - 2\overline{KJ} = \left(\frac{\pi}{2} - 2x\tan\alpha\right)m \tag{5-18}$$

（3）齿顶高和齿根高。正变位时，由于刀具沿齿轮毛坯中心向外移出 xm 长的距离，分度圆大小不变，故加工出的齿轮齿根高减小了 xm，即

$$h_f = h_a^* m + c^* m - xm = (h_a^* + c^* - x)m \tag{5-19}$$

同样，齿顶高增大 xm，即

$$h_a = h_a^* m + xm = (h_a^* + x)m \tag{5-20}$$

（4）齿顶圆和齿根圆。变位齿轮的齿顶圆和齿根圆的直径分别为

$$\begin{cases} d_a = (z + 2h_a^* + 2x)m \\ d_f = (z - 2h_a^* - 2c^* + 2x)m \end{cases} \tag{5-21}$$

变位齿轮的分度圆大小没有改变，只是齿顶高和齿根高发生了变化。为保证齿全高为标准值 $h = (2h_a^* + c^*)m$，正变位齿轮齿顶直径应比标准齿轮增大 $2xm$。

对于负变位齿轮，其各尺寸的计算公式与正变位齿轮的完全一样，只是将其中的变位系数 x 改为负值即可。

5.8.4 变位齿轮传动条件

变位齿轮传动应满足正确啮合条件和连续传动条件，即齿侧无间隙啮合和顶隙为标准值。

1. 齿侧无间隙啮合

一对相互啮合的齿轮在节圆上的齿厚与齿槽宽应匹配，才可保证传动的连续性，即应满足以下条件：$s_1' = e_2'$，$e_1' = s_2'$，$p' = s_1' + e_1' = s_2' + e_2'$，$p' = m\pi\dfrac{\cos\alpha}{\cos\alpha'}$

由此，可推出齿侧无间隙啮合方程，即

$$\mathrm{inv}\alpha' = \frac{2(x_1+x_2)\tan\alpha}{z_1+z_2} + \mathrm{inv}\alpha \tag{5-22}$$

式中，z_1、z_2 为两个齿轮的齿数；x_1、x_2 分别为两个轮的变位系数；α 为分度圆压力角；α' 为啮合角。

式（5-22）表明，当两个齿轮的变位系数之和 $(x_1+x_2)=0$ 时，$\alpha'=\alpha$；当 $(x_1+x_2)\ne 0$ 时，$\alpha'\ne\alpha$。

2. 标准顶隙

变位齿轮的节圆与分度圆不一定重合，将变位齿轮的中心距 a' 与标准齿轮的中心距 a 之差称为中心距变动量，用 ym 表示，即

$$a' = a + ym \tag{5-23}$$

式中，y 为中心距变动系数；m 为齿轮模数。

标准中心距：

$$a = r_1 + r_2 = \frac{(z_1+z_2)m}{2}$$

变位齿轮中心距：

$$a' = r_1' + r_2' = \frac{(r_1+r_2)\cos\alpha}{\cos\alpha'} = \frac{(z_1+z_2)m\cos\alpha}{2\cos\alpha'}$$

中心距变动量：

$$ym = a' - a = r_1' + r_2' - (r_1+r_2) = \frac{(r_1+r_2)\cos\alpha'}{\cos\alpha} - (r_1+r_2) = \frac{(z_1+z_2)m}{2}\left(\frac{\cos\alpha}{\cos\alpha'}-1\right)$$

中心距变动系数：

$$y = \frac{a'-a}{m} = \left(\frac{z_1+z_2}{2}\right)\left(\frac{\cos\alpha}{\cos\alpha'}-1\right) \tag{5-24}$$

按标准顶隙安装的中心距：

$$\begin{aligned}a'' &= r_{a1} + c^*m + r_{f2} \\ &= r_1 + (h_a^* + x_1)m + c^*m + r_2 - (h_a^* + c^* - x_2)m \\ &= r_1 + r_2 + (x_1+x_2)m = a + (x_1+x_2)m\end{aligned} \tag{5-25}$$

由式（5-23）和式（5-25）可知，如果 $y = x_1 + x_2$，显然既满足无齿侧间隙安装，又满足顶隙为标准值；如果 $y \ne x_1 + x_2$，经证明，当 $x_1 + x_2 \ne 0$ 时，总有 $x_1 + x_2 > y$，即 $a'' > a'$。工程上为了解决这个问题，采用如下办法：两个齿轮按无齿侧间隙中心距安装，即 $a' = a + ym$；要满足标准顶隙的要求，应将两个齿轮的齿顶各减短 Δym，Δy 称为齿顶高降低系数（齿顶高变动系数），其值为

$$\Delta y = (x_1 + x_2) - y \tag{5-26}$$

变位齿轮的齿顶高为

$$h_a = h_a^* m + xm - \Delta ym = (h_a^* + x - \Delta y)m \tag{5-27}$$

5.8.5 变位齿轮传动类型及特点

根据相互啮合的一对变位齿轮变位系数和变位系数 $(x_1 + x_2)$ 和值的变化，可将变位齿轮

传动分为如下 3 种类型。

（1）标准齿轮传动。
$$x_1 + x_2 = 0 \text{ 且 } x_1 = x_2 = 0$$

（2）等变位齿轮传动。
$$x_1 + x_2 = 0 \text{ 且 } x_1 = -x_2 \neq 0$$

等变位齿轮传动又称高度变位齿轮传动。根据表 5-4 所列的计算公式，有
$$a = a', \quad \alpha = \alpha', \quad y = 0, \quad \Delta y = 0$$

即中心距为标准中心距，节圆与分度圆重合，啮合角等于分度圆压力角，齿顶高无须减低。

为了增强小齿轮的强度，一般对小齿轮采用正变位方法加工，对大齿轮采用负变位方法加工，从而使一对齿轮的强度接近，并可使一对齿轮的承载能力相对提高。另外，小齿轮采用正变位方法加工，可以加工出 $z < z_{min}$ 时的不根切的齿轮，这样在传动比和模数不变的情况下，机构更加紧凑。

（3）不等变位齿轮传动。
$$x_1 + x_2 \neq 0$$

不等变位齿轮传动又称角度变位齿轮传动，当 $x_1 + x_2 > 0$ 时，称为正传动；当 $x_1 + x_2 < 0$ 时称为负传动。

当 $x_1 + x_2 > 0$ 时，$a' > a$，$\alpha' > \alpha$，$y > 0$，$\Delta y > 0$。即正传动中心距大于标准中心距，啮合角大于分度圆压力角，又由于 $\Delta y > 0$，故两个齿轮的齿全高都需要比标准齿轮减小 Δym。正传动可以使两个齿轮都采用正变位，或者小齿轮采用较大的正变位，大齿轮采用较小的负变位。其传动特点减小了齿轮机构的尺寸，提高了齿轮机构的承载能力。但由于齿顶减小，重合度将减小，传动平稳性降低。

当 $x_1 + x_2 < 0$ 时，$a' < a$，$\alpha' < \alpha$，$y < 0$，$\Delta y > 0$。即负传动中心距小于标准中心距，啮合角小于分度圆压力角，两个齿轮的齿全高都需要比标准齿轮减小 Δym。负传动可以使两个齿轮都采用负变位，或小齿轮采用较小的正变位，大齿轮采用较大的负变位。其传动特点为重合度略有提高，传动平稳性好，但强度降低，磨损增加。负传动一般只用于配凑中心距。

表 5-4 变位齿轮传动几何尺寸计算公式

名 称	符 号	标准齿轮传动	等变位齿轮传动	不等变位齿轮传动
变位系数	x	$x_1 = x_2 = 0$	$x_1 = -x_2 \neq 0$ $x_1 + x_2 = 0$	$x_1 + x_2 \neq 0$
节圆直径	d'	$d_i' = d_i = mz_i \quad (i = 1,2)$		$d_i' = d_i \cos\alpha / \cos\alpha'$
啮合角	α'	$\alpha' = \alpha$		$\cos\alpha' = a\cos\alpha / a'$
齿顶高	h_a	$h_a = h_a^* m$	$h_{ai} = \left(h_a^* + x_i\right)m$	$h_{ai} = \left(h_a^* + x_i - \Delta y\right)m$
齿根高	h_f	$h_f = \left(h_a^* + c^*\right)m$		$h_{fi} = \left(h_a^* + c^* - x_i\right)m$
齿顶圆直径	d_a	$d_{ai} = d_i + 2h_{ai}$		
齿根圆直径	d_f	$d_{fi} = d_i - 2h_{fi}$		
中心距	a	$a = (d_1 + d_2)/2$		$a' = (d_1' + d_2')/2$
中心距变动系数	y	$y = 0$		$y = (a' - a)/m$
齿顶高变动系数	Δy	$\Delta y = 0$		$\Delta y = x_1 + x_2 - y$

5.8.6 变位齿轮传动的设计步骤

根据已知条件的不同,变位齿轮的设计可以分为如下两类:

1)已知中心距的设计

已知 z_1、z_2、m、α 和 α',其设计步骤如下:

(1)确定啮合角 α',利用式(5-12)计算。

$$\alpha' = \arccos\left(\frac{\alpha}{a'}\cos\alpha\right)$$

(2)确定两个齿轮的变位系数及其和值(x_1+x_2),利用式(5-22)计算。

$$x_1 + x_2 = \frac{z_1 + z_2}{2\tan\alpha}(\text{inv}\alpha' - \text{inv}\alpha)$$

(3)确定中心距变动系数 y,利用式(5-23)计算。

$$y = \frac{a' - a}{m}$$

(4)确定齿顶高降低系数 Δy,利用式(5-26)计算。

$$\Delta y = (x_1 + x_2) - y$$

(5)分配变位系数 x_1、x_2,并按表 5-4 计算变位齿轮的几何尺寸。

2)已知变位系数的设计

已知 z_1、z_2、m、α、x_1、x_2,其设计步骤如下:

(1)确定啮合角 α',利用式(5-22)计算。

$$\text{inv}\alpha' = \frac{2(x_1 + x_2)\tan\alpha}{z_1 + z_2} + \text{inv}\alpha$$

(2)确定中心距 a',利用式(5-12)计算。

$$a' = a\frac{\cos\alpha}{\cos\alpha'}$$

(3)确定中心距变动系数 y,利用式(5-24)计算。

(4)确定齿顶高降低系数 Δy,利用式(5-26)计算。

(5)按表 5-4 计算变位齿轮传动几何尺寸。

5.9 斜齿圆柱齿轮机构

5.9.1 渐开线斜齿圆柱齿轮齿面的形成及其传动特点

前面在研究渐开线直齿圆柱齿轮时,是在齿轮的端面(垂直于齿轮轴线的平面)上加以研究的。由于齿轮轮齿有一定的宽度 b,端面上的点和线代表了齿轮上的线和面。因此,前述的发生线实际上应该为发生面。发生面 G 在基圆柱上作纯滚动时,发生面 G 上任一条与基圆柱轴线相平行的直线 KK' 所生成的曲面就是渐开线曲面,即齿轮齿面,如图 5-25 所示。由齿廓曲面形成过程可知,一对直齿圆柱齿轮啮合过程中,其中一对轮齿沿着整个齿宽 b 同时分别进入啮合和退出啮合,因此,齿轮上的载荷被突然加上,又被突然卸掉,使得直齿圆柱齿轮机构的传动平稳性较差,容易产生较大的冲击、振动和噪声。而斜齿轮的出现,恰好解决了这个问题。

渐开线斜齿圆柱齿轮齿面形成的原理与直齿圆柱齿轮相似，不同之处在于发生面 G 上的直线 KK' 与基圆柱轴线不平行，形成一个夹角 β_b，如图 5-26 所示。传动时，一对斜齿的一端先进入啮合，其接触线由短逐渐变长，然后，再由长逐渐变短，直到轮齿在另一端退出啮合。在啮合过程中，载荷是逐渐被加上和又逐渐被卸掉的，这样，就大大降低了齿轮传动时产生的冲击、振动和噪声，提高了传动的平稳性。因此，斜齿圆柱齿轮传动在高速、大功率传动装置中得到广泛的应用。

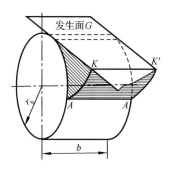 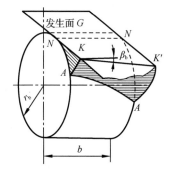

图 5-25　渐开线直齿圆柱齿轮齿面形成原理示意　　图 5-26　渐开线斜齿圆柱齿轮齿面形成原理示意

5.9.2　渐开线斜齿圆柱齿轮的基本参数及几何尺寸

由于斜齿轮的齿面为渐开线齿面，所以其端面的齿形和垂直于螺旋线方向的法面齿形是不相同的，从而斜齿面的端面参数和法面参数（模数、分度圆压力角、齿顶高系数等）也不相同。加工斜齿轮时，常用齿条刀具或盘状齿轮铣刀切齿，并且刀具沿齿方向进刀，必须按齿轮的法面参数选择刀具。因此，在工程中规定斜齿轮的法面参数为标准值，计算斜齿轮的几何尺寸时要按端面参数进行计算，这就需要建立法面参数和端面参数的换算关系。法面参数用下标 n 表示，如 m_n、α_n、h_{an}^*、c_n^*，端面参数用下标 t 表示，如 m_t、α_t、h_{at}^*、c_t^*。

1. 斜齿轮螺旋角 β

斜齿圆柱齿轮的齿廓曲面与其分度圆柱面相交的螺旋线的切线和齿轮轴线所夹锐角称为斜齿轮分度圆柱上的螺旋角，通常称为斜齿轮螺旋角，用 β 表示。根据螺旋线的左右旋转方向，螺旋角分为左旋和右旋，如图 5-27 所示。

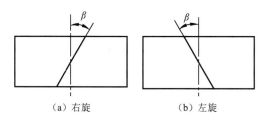

图 5-27　斜齿轮螺旋角

2. 法面模数 m_n 与端面模数 m_t

将斜齿轮沿分度圆柱面展开，就形成了一个矩形，如图 5-28 所示。图中阴影线部分为轮齿，空白部分为齿槽。矩形的长和宽分别是斜齿轮分度圆周长及齿宽，此时，分度圆柱面上轮齿螺旋线便展开成了一条与轴线夹角为 β 的斜直线。

根据图 5-28 可知，

$$\tan\beta = \frac{\pi d}{l} \tag{5-28}$$

式中，l 为螺旋线导程。

同一斜齿轮上任何圆柱面上的螺旋线导程都一样，因此基圆柱上的螺旋角 β_b 可表示为

$$\tan\beta_b = \pi d_b / l \tag{5-29}$$

由式（5-28）和式（5-29）得

$$\frac{\tan\beta_b}{\tan\beta} = \frac{d_b}{d} = \cos\alpha_t$$

化简得

$$\tan\beta_b = \tan\beta \cdot \cos\alpha_t$$

式中，α_t 为斜齿轮端面压力角。

根据图 5-28 所示的几何关系，还可以得到

$$p_n = p_t \cdot \cos\beta \tag{5-30a}$$

式中，p_n 为斜齿轮分度圆柱面上齿轮的法面齿距；p_t 为斜齿轮分度圆柱面上齿轮的端面齿距。

将式（5-30a）等号两边分别除以 π，得到法面模数与端面模数之间的关系，即

$$m_n = m_t \cdot \cos\beta \tag{5-30b}$$

3. 法面压力角 α_n 与端面压力角 α_t

为了分析方便，现用斜齿条为例加以论述。由于斜齿条与斜齿轮正确啮合时，齿条上的法面压力角及端面压力角必定与斜齿轮相同，所以斜齿轮的两个压力角之间的关系也必与斜齿条的两个压力角之间的关系相同。

如图 5-29 所示的斜齿条，因为齿轮倾斜了一个角度 β，所以就有端面和法面之分。其中 abc 为端面，$a'b'c$ 为法面。$\angle abc$ 为端面压力角 α_t，$\angle a'b'c$ 为法面压力角 α_n。

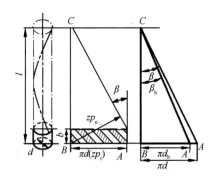

图 5-28 斜齿轮展开图

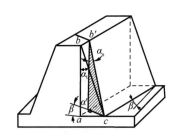

图 5-29 斜齿条

由于 $\triangle abc$ 和 $\triangle a'b'c$ 的高相等，即 $\overline{ab} = \overline{a'b'}$，故通过三角关系可以得到

$$\frac{\overline{ac}}{\tan\alpha_t} = \frac{\overline{a'c}}{\tan\alpha_n}$$

在 $\triangle aa'c$ 中，$\overline{a'c} = \overline{ac}\cos\beta$，则
$$\tan\alpha_n = \tan\alpha_t \cos\beta \tag{5-31}$$

4. 法面 h_{an}^*、c_n^* 与端面 h_{at}^*、c_t^*

斜齿轮的齿顶高和齿根高在法面和端面上是相同的，其计算方法和直齿轮相同，具体计算公式如下：
$$h_a = h_{an}^* m_n = h_{at}^* m_t$$
$$h_f = (h_{an}^* + c_n^*) m_n = (h_{at}^* + c_t^*) m_t$$
$$h_{at}^* = h_{an}^* \cos\beta$$

化简得
$$c_t^* = c_n^* \cos\beta \tag{5-32}$$

式中，h_{an}^*、c_n^* 均为标准值。

5. 法面变位系数 x_n 与端面变位系数 x_t

加工变位齿轮时，刀具的变位量不论从齿轮的端面还是法面来看都是一样的，即
$$x_t m_t = x_n m_n$$

化简得
$$x_t = x_n \cos\beta$$

因此，斜齿轮的法面变位系数 x_n 和端面变位系数 x_t 的关系式如下：
$$x_n = x_t / \cos\beta$$

斜齿轮的啮合在端面上相当于一对直齿轮的啮合，因此，将斜齿轮的端面参数代入直齿轮的相关计算公式，就可得到斜齿轮的相应几何尺寸。外啮合斜齿圆柱齿轮几何尺寸计算公式见表 5-5。

表 5-5 外啮合斜齿圆柱齿轮几何尺寸计算公式

名　称	符　号	计算公式
螺旋角	β	一般取 $\beta = 8° \sim 20°$
法面模数	m_n	选取标准值
端面模数	m_t	$m_t = m_n / \cos\beta$
法面压力角	α_n	$\alpha_n = 20°$
端面压力角	α_t	$\tan\alpha_t = \tan\alpha_n / \cos\beta$
分度圆直径	d	$d = m_t z = m_n z / \cos\beta$
基圆直径	d_b	$d_b = d \cos\alpha_t$
齿顶圆直径	d_a	$d_a = d + 2h_a$
齿根圆直径	d_f	$d_f = d - 2h_f$
法面齿顶高系数	h_{an}^*	$h_{an}^* = h_a^* = 1$
端面齿顶高系数	h_{at}^*	$h_{at}^* = h_{an}^* \cos\beta$
法面顶隙系数	c_n^*	$c_n^* = c^* = 0.25$
端面顶隙系数	c_t^*	$c_t^* = c_n^* \cos\beta$
齿顶高	h_a	$h_a = h_{an}^* m_n = h_{at}^* m_t$

续表

名 称	符 号	计算公式
齿根高	h_f	$h_f = (h_{an}^* + c_n^*)m_n = (h_{at}^* + c_t^*)m_t$
法面齿距	p_n	$p_n = \pi m_n$
端面齿距	p_t	$p_t = \pi m_t = p_n / \cos\beta$
法面基圆齿距	p_{bn}	$p_{bn} = p_n \cos\alpha_n$
端面基圆齿距	p_{bt}	$p_{bt} = p_t \cos\alpha_t$
法面齿厚	s_n	$s_n = \left(\dfrac{\pi}{2} + 2x_n \tan\alpha_n\right)m_n$
端面齿厚	s_t	$s_t = \left(\dfrac{\pi}{2} + 2x_t \tan\alpha_t\right)m_t$
重合度	ε_α	$\varepsilon_\alpha = \dfrac{1}{2\pi}[z_1(\tan\alpha_{at1} - \tan\alpha_t') + z_2(\tan\alpha_{at2} - \tan\alpha_t')] + \dfrac{b\sin\beta}{\pi m_n}$
标准中心距	a	$a = \dfrac{1}{2}(d_1 + d_2) = \dfrac{m_t}{2}(z_1 + z_2) = \dfrac{m_n}{2\cos\beta}(z_1 + z_2)$

由表 5-5 可知，斜齿轮传动的中心距与螺旋角 β 有关。当一对斜齿轮的模数和齿数一定时，可以通过改变其螺旋角 β 的大小来调整中心距。斜齿轮传动的中心距通常需要圆整，以便加工。

5.9.3 斜齿圆柱齿轮的当量齿轮和当量齿数

1. 当量齿轮和当量齿数定义及计算公式

用仿形法切削斜齿轮时，刀刃位于轮齿的法面内，并沿分度圆柱螺旋线方向进刀。显然，这样切削出的斜齿轮不仅轮齿法面的模数和压力角与刀具相同，而且法面的齿形也与刀刃的形状相对应。因此，选择齿轮铣刀时，刀具参数取决于齿轮的法面参数。此外，在计算斜齿轮轮齿的弯曲强度时，由于作用力作用在法面内，因此也需要知道它的法面齿形，这就需要找出一个与斜齿轮法面齿形相当的直齿轮。通常把与斜齿轮法面齿形相当的虚拟直齿轮称为斜齿轮的当量齿轮，其齿数称为斜齿轮的当量齿数，用 z_v 表示。

为了确定斜齿轮的当量齿数，过斜齿轮分度圆螺旋线上的一点 C，作此齿轮螺旋线的法面，将斜齿轮的分度圆柱剖开，其剖面为一个椭圆，如图 5-30 所示。该剖面上 C 点附近的齿形可以近似地视为斜齿轮的法面齿形。现以椭圆上 C 点的曲率半径 ρ 为半径作一个圆，把它作为虚拟直齿轮的分度圆，并且此虚拟直齿轮的模数和压力角分别等于该斜齿轮的法面模数和法面压力角，因此，此虚拟直齿轮即该斜齿轮的当量齿轮，其齿数即当量齿数。

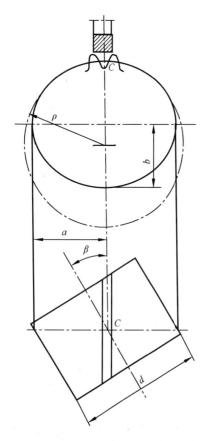

图 5-30 斜齿圆柱齿轮的分度圆柱剖面

由图 5-30 可知，椭圆的长半轴 $a = d/(2\cos\beta)$，短半轴 $b = d/2$，由高等数学可知，C 点的曲率半径应为

$$\rho = \frac{a^2}{b} = \frac{d}{2\cos^2\beta}$$

可得

$$z_v = \frac{2\rho}{m_n} = \frac{d}{m_n \cos^2 \rho} = \frac{z}{\cos^3 \beta} \tag{5-33}$$

当量齿数的作用如下：
（1）用于选取齿轮铣刀的刀号。
（2）用于计算斜齿轮轮齿的弯曲疲劳强度。
（3）用于选取斜齿轮变位系数。

2. 不发生根切的最少齿数计算

标准斜齿轮不发生根切的最少齿数也可利用标准直齿轮计算公式表示，即

$$z_{\min t} = \frac{2h_{at}^*}{\sin^2 \alpha_{at}} = \frac{2h_{an}^* \cos\beta}{\sin^2 \alpha_{at}}$$

因为

$$\tan \alpha_t = \tan \alpha_n / \cos\beta$$

所以标准斜齿轮不发生根切的最少齿数

$$z_{\min} = z_{v\min} \cdot \cos^3 \beta \tag{5-34}$$

式中，$z_{v\min}$ 为斜齿轮的当量齿轮不发生根切的最少齿数。由此可知，标准斜齿轮不发生根切的最少齿数比标准直齿轮要少。

5.9.4 斜齿圆柱齿轮啮合传动条件

1. 正确啮合条件

由于在端面上两个斜齿圆柱齿轮啮合传动与直齿圆柱齿轮相同，因此，要使一对斜齿轮能够正确啮合，应满足 $m_{t1} = m_{t2} = m_t$、$\alpha_{t1} = \alpha_{t2} = \alpha_t$。同时，为了使相互啮合的两个齿廓渐开线螺旋面相切，当为外啮合时，两个齿轮的螺旋角 β 应大小相等、方向相反，即 $\beta_1 = -\beta_2$；当为内啮合时，两个齿轮的螺旋角 β 应大小相等、方向相同，即 $\beta_1 = \beta_2$。

又由于相互啮合的两个齿轮的螺旋角相等，故其法面模数及法面压力角也应分别相等。综上所述，斜齿圆柱齿轮的正确啮合条件为

$$\begin{cases} m_{t1} = m_{t2} = m_t \\ \alpha_{t1} = \alpha_{t2} = \alpha_t \\ \beta_1 = \pm \beta_2 \end{cases} \text{或} \begin{cases} m_{n1} = m_{n2} = m_n \\ \alpha_{n1} = \alpha_{n2} = \alpha_n \\ \beta_1 = \pm \beta_2 \end{cases} \tag{5-35}$$

式中，"−"表示外啮合，"+"表示内啮合。

2. 连续传动条件

为了便于分析斜齿轮传动的连续传动条件，现将端面参数相同的一对直齿圆柱齿轮传动和斜齿圆柱齿轮传动进行比较。如图 5-31 所示图中上半部分为直齿轮传动的啮合面，下半

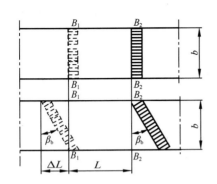

图 5-31 一对直齿圆柱齿轮和斜齿圆柱齿轮的传动比较

部分为斜齿轮传动的啮合面，直线 B_2B_2 表示在啮合面内一对轮齿进入啮合状态的位置，B_1B_1 表示该对轮齿脱离啮合的位置；B_2B_2 与 B_1B_1 之间的区域为齿轮啮合区。

对直齿圆柱齿轮传动而言，轮齿在 B_2B_2 沿着整个齿宽进入啮合状态，在 B_1B_1 处又沿着整个齿宽脱离啮合，因此，直齿轮传动的重合度 $\varepsilon_\alpha = L / p_{bt}$。

对斜齿轮传动来说，轮齿在 B_2B_2 处先由一端进入啮合状态，随着齿轮的转动，逐渐沿整个齿宽进入啮合状态。在 B_1B_1 处也是先由一端脱离啮合，随着齿轮的转动，转到图 5-31 中虚线所示位置处时，才完全脱离啮合。斜齿轮传动的实际啮合区比直齿轮传动增大了 $\Delta L = b \tan \beta_b$，因此，斜齿轮传动的重合度为

$$\varepsilon = \frac{L + \Delta L}{p_{bt}} = \frac{L}{p_{bt}} + \frac{\Delta L}{p_{bt}} = \varepsilon_\alpha + \varepsilon_\beta \tag{5-36}$$

式中，ε_α 称为端面重合度，$\varepsilon_\alpha = \frac{1}{2\pi}\left[z_1(\tan \alpha_{at1} - \tan \alpha_t') + z_2(\tan \alpha_{at2} - \tan \alpha_t')\right]$；

ε_β 称为轴面重合度（或纵向重合度），$\varepsilon_\beta = \frac{\Delta L}{p_{bt}} = \frac{b \tan \beta_b}{\pi m_t \cos \alpha_t} = \frac{b \sin \beta}{\pi m_n}$。

由此可得出，斜齿轮传动的轴面重合度随齿宽 b 和螺旋角 β 的增大而增大，因此，斜齿轮传动的重合度比直齿轮传动的重合度大得多。

3. 斜齿圆柱齿轮传动特点

（1）啮合性能好。轮齿进入和脱离啮合都是逐渐进行的，因此传动平稳、噪声小，也减小了轮齿制造方面的误差对传动的影响。

（2）重合度大。这一特点降低了每对轮齿的载荷，提高了承载能力，延长了使用寿命。

（3）结构紧凑。标准斜齿圆柱齿轮不发生根切的最少齿数比直齿圆柱齿轮少，因此，在相同条件下，斜齿轮传动的结构更紧凑。

其缺点是会产生轴向力，大小为 $F_a = F_t \tan \beta$（F_t 为圆周力），并且 β 越大，轴向力越大。设计时，一般取 $\beta = 8° \sim 20°$。为消除或减小轴向力的影响，可以同时使用两个反向斜齿轮传动，这种齿轮即人字形齿轮。但人字形齿轮的制造较为复杂，一般只用于高速重载传动中。斜齿圆柱齿轮主动轮轴向力的方向可用左、右手定则判定：主动轮左旋用左手，右旋用右手。判定方向时，用四指握住齿轮轴线，四指指向齿轮转动方向，拇指的指向即主动轮轴向力的方向。

5.9.5 交错轴斜齿轮传动

交错轴斜齿轮传动用来传递两个交错轴之间的运动和动力，即两轴既不相交也不平行，就单个齿轮而言，虽然其仍为斜齿圆柱齿轮，但传动特点不尽相同。

1. 交错角

图 5-32 所示为一对交错轴斜齿轮传动示意，两个齿轮的分度圆柱相切于 P 点。两个齿

轮轴线在两齿轮分度圆柱公切面上所投影的夹角称为交错角，用 Σ 表示。过 P 点在公切面上作两个齿轮分度圆柱面上螺旋线的公切线 t—t，该公切线与轴线 O_1O_1 及 O_2O_2 的夹角 β_1 和 β_2 分别为齿轮 1 和齿轮 2 的螺旋角。β_1、β_2 与交错角 Σ 的关系为

$$\Sigma = |\beta_1 + \beta_2|$$

交错角 Σ 与两个齿轮螺旋角的旋向有关，所以 β_1 和 β_2 应为代数值。上式中，当两个齿轮的旋转方向相同时，β_1、β_2 取同号；当两个齿轮的旋转方向相反时，β_1、β_2 按一正一负代入式中。当 $\Sigma = 0$ 时，则 β_1、β_2 方向相反，此时为一对平行轴斜齿轮传动。

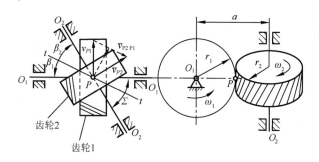

图 5-32　一对交错轴斜齿轮传动示意

2. 正确啮合条件

交错轴斜齿轮是在法面内啮合的，因此，法面模数和压力角应分别相等，并且均为标准值，即

$$\begin{cases} m_{n1} = m_{n2} = m_n = m \\ \alpha_{n1} = \alpha_{n2} = \alpha_n = \alpha \end{cases}$$

由于在交错轴斜齿轮传动中，两个齿轮的螺旋角不一定相等，因此，两个齿轮的端面模数和压力角也不一定相等，这是交错轴斜齿轮传动与其他斜齿轮传动的不同之处。

3. 传动比和从动轮转向

交错轴斜齿轮的传动比为

$$i_{12} = \frac{\omega_1}{\omega_2} = \frac{z_2}{z_1} = \frac{d_2 \cos \beta_2}{d_1 \cos \beta_1}$$

在交错轴斜齿轮传动中，当主动轮转向确定后，从动轮的转向可以通过速度矢量图解法求得。在图 5-32 中，主动轮 1 与从动轮 2 在啮合点 P 的速度分别为 v_{P1} 和 v_{P2}，由两构件重合点之间的速度关系可得

$$v_{P2} = v_{P1} + v_{P2P1}$$

式中，v_{P2P1} 为两个齿轮在啮合点 P 沿该点公切线 t—t 方向的相对速度，通过速度矢量图解法得出 v_{P2} 的方向，并可进一步判断出从动轮 2 的转向。

4. 中心距

在图 5-32 中，过点 P 作两个交错轴斜齿轮轴线的公垂线，此公垂线的长度 a 即交错轴斜齿轮的中心距，其计算公式为

$$a = r_1 + r_2 = \frac{m_n}{2}\left(\frac{z_1}{\cos\beta_1} + \frac{z_2}{\cos\beta_2}\right)$$

5. 交错轴斜齿轮传动的特点

（1）交错轴斜齿轮的主要优点是可以实现两个交错轴之间回转运动的传递，同时因其设计待定参数多（z_1、z_2、m_n、β_1、β_2），满足设计要求的灵活性较大。

（2）啮合传动时，除沿齿高方向有相对滑动外，沿齿长方向也有较大的相对滑动，因此，轮齿易被磨损，传动效率低。

（3）两个齿轮啮合传动时为点接触，齿面易被压溃，从而加剧轮齿磨损。

（4）啮合传动时，产生轴向力较大。

基于以上特点，交错轴斜齿轮传动不适用于高速重载的场合，一般用于仪表或只传递运动的场合。

5.10 圆锥齿轮机构

5.10.1 圆锥齿轮传动的特点

圆锥齿轮传动主要用于传递两个相交轴之间的运动和动力。一对圆锥齿轮两轴之间的夹角 Σ 可根据传动的需要选定。在一般机械传动中，多采用 $\Sigma = 90°$ 的传动方式，如图 5-33 所示。其轮齿分布在一个圆锥体上，基于这一点，圆柱齿轮中的各有关圆柱在这里相应地变成了圆锥（分度圆锥、基圆锥，齿顶圆锥、齿根圆锥和节圆锥）。显然，锥齿轮的齿形有大端和小端之分，两端的参数也不同。为了计算方便，通常取大端的参数为标准值。

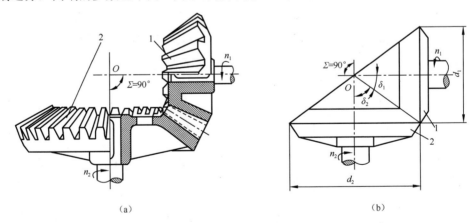

图 5-33 圆锥齿轮传动

圆锥齿轮的轮齿有直齿、曲齿（圆弧齿）及斜齿等形式。由于直齿圆锥齿轮的设计、制造和安装较为简单，故应用最为广泛。曲齿圆锥齿轮由于传动平稳，承载能力较高，常用于高速重载的传动，但其设计、制造较为复杂。斜齿圆锥齿轮应用较少。本节仅介绍直齿圆锥齿轮传动。

5.10.2 直齿圆锥齿轮齿廓曲面的形成

直齿圆锥齿轮齿的廓曲面形成示意如图 5-34 所示，图中半锥角为 δ_b 的圆锥称为基圆锥；与基圆锥相切于 NN' 的扇形平面称为发生面，且基圆锥的顶点与扇形发生面的圆心重合于 O 点；发生面上直线 KK' 的延长线也经过 O 点。当发生面绕着基圆锥作纯滚动时，直线 KK' 所形成的直纹曲面被称为球面渐开曲面，这就是直齿圆锥齿轮的齿廓曲面，直线上任一点 K 的轨迹称为球面渐开线；因为从 K 点到 O 点的距离不变，所以球面渐开线上的点在球面上。如果直线 KK' 不通过 O 点，那么所形成的曲面就是斜齿圆锥齿轮的齿廓曲面。

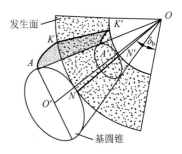

图 5-34 直齿圆锥齿轮齿的廓曲面形成示意

5.10.3 圆锥齿轮的背锥与当量齿数

由于圆锥齿轮的齿廓曲线为球面曲线，不能展开成平面，这给圆锥齿轮的设计和制造带

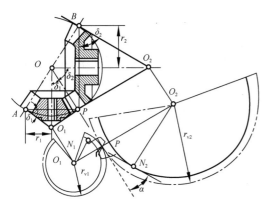

图 5-35 圆锥齿轮的背锥和当量齿轮

来很多困难。为了使球面齿廓的问题转化为平面问题，引入了背锥的概念。如图 5-35 所示，$\triangle OPA$、$\triangle OPB$ 分别为两个齿轮的分度圆锥，这两圆锥的底圆分别为 AP、BP。分别过两分度圆锥的底圆做与大端渐开线球面相切的圆锥 O_1PA、O_2PB，即得两个锥齿轮的背锥。若将图 5-35 中的两个背锥展成平面，则可得到两个扇形齿轮。

如果将这两个扇形齿轮补足成一个完整的直齿圆柱齿轮，那么这对假想的直齿圆柱齿轮称为该对圆锥齿轮的当量齿轮。其齿数 z_{v1}、z_{v2} 称为圆锥齿轮的当量齿数。

当量齿轮的齿形与圆锥齿轮大端齿形相当，其模数和压力角与圆锥齿轮大端的模数和压力角一致。由图 5-35 可知，主动轮 1 的当量齿轮的分度圆半径为

$$r_{v1} = \overline{O_1P} = \frac{r_1}{\cos\delta_1} = \frac{mz_1}{2\cos\delta_1}$$

又因为

$$r_{v1} = \frac{mz_{v1}}{2}$$

所以解得

$$z_{v1} = \frac{z_1}{\cos\delta_1}$$

同理，可得

$$z_{v2} = \frac{z_2}{\cos\delta_2} \tag{5-37}$$

式中，δ_1、δ_2 分别为两个齿轮的分度圆锥角。

直齿圆锥齿轮不发生根切的最少齿数计算式如下：

$$Z_{\min} = Z_{v\min} \cdot \cos\delta$$

5.10.4 圆锥齿轮啮合传动及其几何尺寸

1. 正确啮合条件

一对直齿圆锥齿轮的正确啮合条件可以从当量直齿圆柱齿轮得到，即两个当量齿轮的模数和压力角分别相等。因此，两个圆锥齿轮的大端模数和压力角分别相等，且均为标准值。此外，为保证齿面成线接触，应满足两个节圆锥的锥顶重合的条件，对于正确安装的标准圆锥齿轮传动，其分度圆锥与节圆锥重合，即 $\delta_1 + \delta_2 = \Sigma$。从而，可得一对直齿圆锥齿轮正确啮合条件为

$$\begin{cases} m_1 = m_2 = m \\ \alpha_1 = \alpha_2 = \alpha \end{cases} \tag{5-38}$$

2. 连续传动条件

为保证直齿圆锥齿轮能够实现连续传动，其重合度必须大于或等于1。其重合度表达式为

$$\varepsilon_\alpha = \frac{1}{2\pi}[z_{v1}(\tan\alpha_{va1} - \tan\alpha'_v) + z_{v2}(\tan\alpha_{va2} - \tan\alpha'_v)] \tag{5-39}$$

3. 几何尺寸计算

圆锥齿轮的齿廓由外向内逐渐缩小，国家标准规定齿轮大端为计算基准，故大端模数、压力角、齿顶高系数、齿顶隙系数为标准规定值；可按表 5-6 规定的系列取值。

表 5-6 直齿圆锥齿轮的基本参数（摘自 GB/T 12368—1990 和 GB/T 12669—1990）

模数 m（mm）	··· 1 1.125 1.25 1.375 1.5 1.75 2 2.25 2.5 3 3.25 3.5 3.75 4 4.5 5 5.5 6 6.5 7 8 9 10 11 12 14 18 20 22 25 30 32 36 40 45 50
压力角 α（°）	20°
齿顶高系数 h_a^*	$h_a^* = 1$
齿顶隙系数 c^*	正常齿廓 $m>1$ 时 $c^*=0.2$，$m \leq 1$ 时 $c^*=0.25$；短齿齿廓 $c^*=0.3$

直齿圆锥齿轮按顶隙的不同分为收缩顶隙标准直齿圆锥齿轮和等顶隙标准直齿圆锥齿轮两种，这里仅介绍收缩顶隙标准直齿圆锥齿轮传动，其他可参阅有关手册。一对收缩顶隙标准直齿圆锥齿轮的几何尺寸计算如图 5-36 所示，该两个圆锥齿轮的分度圆锥、齿顶圆锥、齿根圆锥的锥顶点重合于一点，两个圆锥齿轮的齿顶隙由轮齿大端到小端逐渐缩小。在这种情况下，两个圆锥齿轮的齿顶圆锥角 δ_a 和齿根圆锥角 δ_f 为

$$\begin{cases} \delta_{a1} = \delta_1 + \theta_{a1} \\ \delta_{a2} = \delta_2 + \theta_{a2} \end{cases} \text{和} \quad \begin{cases} \delta_{f1} = \delta_1 - \theta_{f1} \\ \delta_{f2} = \delta_2 - \theta_{f2} \end{cases} \tag{5-40}$$

式中，θ_a 和 θ_f 分别为齿顶角和齿根角。

两个圆锥齿轮的分度圆直径分别为

$$d_1 = 2R\sin\delta_1, \quad d_2 = 2R\sin\delta_2$$

式中，R 为分度圆锥锥顶到齿轮大端的距离，称为锥距；δ_1、δ_2 分别为两个圆锥齿轮的分度圆锥角（简称分锥角）。

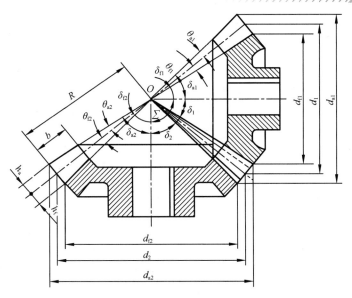

图 5-36 一对收缩顶隙直齿圆锥齿轮的几何尺寸计算

两个圆锥齿轮的传动比为

$$i_{12}=\frac{n_1}{n_2}=\frac{\omega_1}{\omega_2}=\frac{z_2}{z_1}=\frac{d_2}{d_1}=\frac{\sin\delta_2}{\sin\delta_1} \tag{5-41}$$

当两个圆锥齿轮的传动轴之间的夹角 $\Sigma=90°$ 时,其传动比为

$$i_{12}=\frac{n_1}{n_2}=\frac{\omega_1}{\omega_2}=\frac{z_2}{z_1}=\frac{d_2}{d_1}=\cot\delta_1=\tan\delta_2 \tag{5-42}$$

为计算方便,将标准直齿圆锥齿轮的几何尺寸计算公式列于表 5-7。

表 5-7 标准直齿圆锥齿轮的几何尺寸计算公式

名 称	代 号	计算公式
齿数	z	根据实际情况确定
模数	m	根据要求选取标准值
齿顶高系数	h_a^*	选取标准值
齿顶隙系数	c^*	选取标准值
锥距	R	$R=\frac{1}{2}m\sqrt{z_1^2+z_2^2}$
交错角	Σ	一般情况为 90°
传动比	i_{12}	$z_2/z_1=\sin\delta_2/\sin\delta_1$
齿根高	h_f	$h_f=m(h_a^*+c^*)$
齿根角	θ_f	$\theta_f=\arctan\left(\dfrac{h_f}{R}\right)$
齿顶高	h_a	$h_a=mh_a^*$
齿顶角	θ_a	$\theta_a=\arctan\left(\dfrac{h_a}{R}\right)$
分度圆直径	d	$d=mz$
分锥角	δ	$\delta=\arcsin(d/2R)$
齿顶圆直径	d_a	$d_a=d+2h_a\cos\delta$

续表

名称	代号	计算公式
顶锥角	δ_a	$\delta_a = \delta + \theta_a$
齿根圆直径	d_f	$d_f = d - 2h_f \cos\delta$
根锥角	δ_f	$\delta_f = \delta - \theta_f$
当量齿数	z_v	$z_v = z/\cos\delta$
齿宽	b	$b = (0.2 \sim 0.35)R$

5.11 蜗杆传动

蜗杆传动用于传递两个交错轴之间的运动和动力,如图 5-37 所示。蜗杆传动相当于一对交错轴斜齿轮传动,通常交错角 $\Sigma = 90°$。若齿轮 1 的螺旋角 β_1 比较大,而分度圆柱的直径又非常小,轴向长度较长,则足以使其轮齿能够像螺旋线一样在分度圆柱面上绕一周以上,齿轮 1 的外形就像一根螺杆,因此称为蜗杆。与蜗杆相啮合的大齿轮 2 称为蜗轮。在这样组合形成的蜗杆传动中,相啮合的轮齿为点接触。为了改善其啮合状况,可将蜗轮的母线做成弧形,部分地包住蜗杆,这样可使两者齿面之间的接触为线接触,从而降低接触应力,减少磨损,提高承载能力。

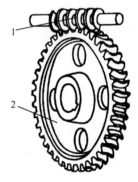

图 5-37 蜗杆传动

5.11.1 蜗杆传动的特点

与齿轮传动相比,蜗杆传动具有以下优点:
(1) 传动比大。由于蜗杆的齿数一般很少,而蜗轮的齿数比较多,因此其传动比可以很大 ($i_{12} = \omega_1/\omega_2 = z_2/z_1$)。在动力传递中传动比为 8~100,在分度机构中传动比可以达到 1 000。
(2) 结构紧凑、传动平稳、噪声小。
(3) 具有自锁性。当蜗杆的导程角 γ_1 小于啮合轮齿间的当量摩擦角 φ_v 时,就出现了自锁现象。具有自锁性的蜗杆传动只能由蜗杆带动蜗轮,而不能由蜗轮带动蜗杆。在起重机械中,常利用这种自锁性提高工作的安全性。

除此之外,蜗杆传动由于相对滑动速度大,所以磨损严重,发热量大,传动效率低下(一般为 0.7~0.8,具有自锁性的蜗杆传动效率小于 0.5);蜗轮齿圈需要用耐磨性好的材料(如锡青铜)制成,因此,成本较高。

5.11.2 蜗杆传动的基本参数

1. 模数 m

蜗杆的模数系列与齿轮的模数系列有所不同。国家标准《圆柱蜗杆模数和直径》(GB/T 10088—2018)中对蜗杆的模数作了相关规定。表 5-8 列出了蜗杆的模数 m。

表 5-8 蜗杆的模数 m （单位:mm）

第一系列	1	1.25	1.6	2	2.5	3.15	4	5	6.3	8	10	12.5	16	20	25	31.5	40
第二系列		1.5		3	3.5	4.5	5.5	6	7	12	14						

注:优先选用第一系列。

2. 压力角 α

国家标准《圆柱蜗杆模数和直径》（GB/T 10088—2018）规定，阿基米德蜗杆的标准压力角 $\alpha = 20°$。在动力传动中，推荐压力角 $\alpha = 25°$；在分度传动中，推荐压力角 $\alpha = 15°$ 或 $12°$。

3. 导程角 γ_1

设蜗杆头数（齿数）为 z_1，分度圆直径为 d_1，轴向齿距为 p_{x1}，螺旋线的导程 $l = z_1 p_{x1} = z_1 \pi m$，则蜗杆的导程角 γ_1 为

$$\tan \gamma_1 = \frac{l}{\pi d_1} = \frac{m z_1}{d_1} \tag{5-43}$$

4. 蜗杆的直径系数 q

在蜗杆传动中，常用与蜗杆尺寸相同的蜗轮滚刀加工与其相啮合的蜗轮，以保证蜗杆与蜗轮正确啮合。为了限制蜗轮滚刀的数目以便滚刀的标准化，就对每一标准模数规定了一定数量的蜗杆分度圆直径 d_1，并将 d_1 与 m 的比值称为蜗杆的直径系数，用 q 表示，即

$$q = d_1 / m \tag{5-44}$$

表 5-9 列出了蜗杆分度圆直径 d_1 与模数 m 匹配的标准值系列，设计时可直接选用。蜗杆的直径系数在设计中具有重要意义。因为当 z_1 一定时，q 减小，则导程角 γ_1 增大，可提高传动效率；当 m 一定时，q 增大，则 d_1 增大，蜗杆的强度和刚度也相应增大。

5. 蜗杆头数 z_1 和蜗轮齿数 z_2

蜗杆的头数（齿数）z_1，一般可取 1～10（推荐取 1、2、4、6）。当要求传动比大或有自锁性时，z_1 取小值；当要求传动效率高或传动速度较高时，导程角 γ_1 要大，则 z_1 应取大值。蜗轮齿数 z_2 一般取 29～70。

表 5-9 蜗杆分度圆直径 d_1 与模数 m 匹配的标准值系列（摘自 GB/T 10088—2018）　（单位：mm）

m	d_1	m	d_1	m	d_1	m	d_1
1	18	2.5	(22.4) 28 (35.5) 45	4	40 (50) 71	6.3	80 112
1.25	20 22.4	3.15	(28) 35.5 (45) 56	5	(40) 50 63 (90)	8	(63) 80 (100) 140
1.6	20 28						
2	(18) 22.4 (28) 35.5	4	(31.5)	6.3	(50) 63	10	(71) 90

注：括号中的数字尽可能不采用。

5.11.3 蜗杆传动的正确啮合条件

图 5-38 所示为阿基米德蜗杆与蜗轮的啮合传动情况。过蜗杆的轴线作一个垂直于蜗轮轴线的平面，此平面称为蜗杆传动的中间平面。在中间平面内，蜗杆蜗轮的啮合传动相当于齿条与齿轮的啮合传动。因此，蜗杆传动的正确啮合条件如下：在中间平面内，蜗杆蜗轮的模数与压力角应分别相等，即蜗杆的轴面模数 m_{x1} 应等于蜗轮的端面模数 m_{t2}，并且为标准值；蜗杆的轴面压力角 α_{x1} 应等于蜗轮的端面压力角 α_{t1}，并且为标准值，即

$$\begin{cases} m_{x1} = m_{t2} = m \\ \alpha_{x1} = \alpha_{t2} = \alpha \end{cases} \quad (5\text{-}45)$$

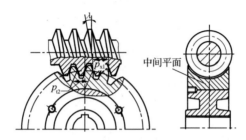

图 5-38 阿基米德蜗杆与蜗轮的啮合传动情况

当交错角 $\Sigma = 90°$ 时，还必须保证 $\gamma_1 = \beta_2$，并且蜗杆与蜗轮的旋转方向必须相同。

蜗杆蜗轮的转动方向既与其螺旋线旋转方向有关，还与蜗杆的转向有关，通常用左、右手定则来判定蜗轮的转动方向。具体判定方法如下：对右旋蜗杆用右手定则，对左旋蜗杆用左手定则；用四指握住蜗杆，四指弯曲的方向代表蜗杆的转动方向，大拇指指向的反方向就是蜗轮上节点处线速度的方向，即蜗轮的转动方向。

5.11.4 蜗杆传动的几何尺寸计算

蜗杆传动的几何尺寸可按照表 5-10 给出的计算公式进行计算。

表 5-10 标准阿基米德蜗杆传动的几何尺寸

名 称	计算公式	
	蜗 杆	蜗 轮
齿顶高系数	$h_a^* = 1$（正常齿），$h_a^* = 0.8$（短齿）	
顶隙系数	$c^* = 0.2$	
齿顶高	$h_{a1} = m$	$h_{a2} = m$
齿根高	$h_{f1} = 1.2m$	$h_{f2} = 1.2m$
分度圆直径	$d_1 = mq$	$d_2 = mz_2$
齿顶圆直径	$d_{a1} = m(q+2)$	$d_{a2} = m(z_2+2)$
齿根圆直径	$d_{f1} = m(q-2.4)$	$d_{f2} = m(z_2-2.4)$
顶隙	$c = 0.2m$	
蜗杆轴向齿距 蜗轮端面齿距	$p_{x1} = p_{t2} = \pi m$	
蜗杆分度圆柱的导程角	$\gamma = \arctan \dfrac{z_1}{q}$	—

续表

名 称	计算公式	
	蜗 杆	蜗 轮
蜗轮分度圆柱螺旋角	—	$\beta = \gamma$
中心距	$a = \dfrac{m}{2}(q + z_2)$	
蜗杆螺纹部分长度	$z_1 = 1、2,\ b_1 \geqslant (11 + 0.06z_2)m$ $z_1 = 4,\ b_1 \geqslant (12.5 + 0.09z_2)m$	—
蜗轮咽喉母圆半径	—	$r_{g2} = a - \dfrac{1}{2}d_{a2}$
蜗轮最大外圆直径	—	$z_1 = 1,\ d_{e2} \leqslant d_{a2} + 2m$ $z_1 = 2,\ d_{e2} \leqslant d_{a2} + 1.5m$ $z_1 = 4,\ d_{e2} \leqslant d_{a2} + m$
蜗轮轮缘宽度	—	$z_1 = 1、2,\ b_2 \leqslant 0.75 d_{a1}$ $z_1 = 4,\ b_2 \leqslant 0.67 d_{a1}$
蜗轮轮齿包角	—	$\theta = 2\arcsin\left(\dfrac{b_2}{d_1}\right)$ 一般动力传动：$\theta = 70° \sim 90°$ 高速动力传动：$\theta = 90° \sim 130°$ 分度传动：$\theta = 45° \sim 60°$

习题与思考题

一、思考题

5-1 分度圆和节圆有什么区别？在什么情况下，分度圆和节圆是重合的？

5-2 渐开线标准直齿圆柱齿轮的分度圆具有哪些特性？什么是标准齿轮？

5-3 啮合角和压力角有什么区别？在什么情况下，啮合角和压力角相等？

5-4 什么是根切现象？如何避免？

5-5 试述外啮合渐开线直齿圆柱齿轮传动的正确啮合条件及连续传动条件。

5-6 什么是变位齿轮？齿轮变位修正后，正变位齿轮和标准齿轮比较，哪些尺寸变化了？哪些没有变化？

5-7 可采取哪些措施增大斜齿轮的重合度？

5-8 比较说明直齿轮与斜齿轮的传动特点。

5-9 斜齿圆柱齿轮传动、交错轴斜齿轮传动、蜗杆传动及圆锥齿轮传动各自的正确啮合条件是什么？

二、习题

5-10 已知一个渐开线标准直齿圆柱齿轮的齿数 $z = 25$，齿顶高系数 h_a^* 为 1。若齿顶圆直径 $d_a = 135\text{mm}$，则其模数是多少？

5-11 在图 5-39 所示的渐开线齿廓中，已知基圆半径 $r_b = 100\text{mm}$，试求：当 $r_K = 120\text{mm}$ 时，渐开线的展角 θ_K、渐开线压力角 α_K 及 K 点的曲率半径 ρ_K。

5-12 已知一对外啮合标准直齿正常齿的圆柱齿轮传动采用标准安装，齿轮 1 的齿数 $z_1 = 20$，传动比 $i = 3.5$，模数 $m = 5\text{mm}$，求齿轮 2 的齿数 z_2、两齿轮的分度圆直径、齿顶圆直径、齿根圆直径及两轮的中心距。

5-13 一对标准直齿圆柱齿轮传动，齿数 $z_1=20$，传动比 $i=3.5$，模数 $m=5$mm，求两个齿轮的分度圆直径、顶圆直径、根圆直径、齿距、齿厚及中心距。

5-14 一对正常齿制渐开线外啮合标准直齿圆柱齿轮传动，已知两个齿轮齿数 $z_1=23$，$z_2=37$，模数 $m=4$mm，分度圆压力角 $\alpha=20°$，按标准安装传动。试计算：标准中心距 a、齿轮2的基圆半径、齿顶圆半径、节圆半径、分度圆上的齿厚、分度圆上的齿距。

5-15 已知一对渐开线外啮合标准直齿圆柱齿轮机构，其模数 $m=5$ mm，$\alpha=20°$，$h_a^*=1$，$c^*=0.25$，$z_1=20$，$z_2=40$。试求：

（1）基圆齿距 p_b，小齿轮的齿顶圆半径 r_{a1} 和大齿轮齿根圆半径 r_{f2}。

（2）标准中心距 a，若将 a 加大 5mm 时，啮合角 α' 为多少？

5-16 一对标准外啮合直齿圆柱齿轮传动，已知，$\alpha=20°$，$h_a^*=1$，$c^*=0.25$，模数 $m=5$mm，标准中心距 $a=90$mm，传动比 $i_{12}=2$。试求：

（1）如果按标准齿轮传动设计，试确定 z_1 和 z_2，并判断两个齿轮是否会发生根切现象。

（2）若实际中心距 $a'=92$mm，求实际啮合角 α' 及变位系数之和 x_1+x_2。

（3）分配变位系数，计算两个齿轮的齿顶圆直径 d_{a1} 和 d_{a2}，计算重合度 ε。

5-17 在安装一对正常直齿圆柱齿轮时，由于安装偏差，实际中心距比标准中心距大了 0.8mm。已知：$\alpha=20°$，$h_a^*=1$，$c^*=0.25$，$d_{f1}=77.5$mm，$z_1=18$，$i_{12}=2$，试求该对直齿轮以下参数：模数 m、节圆压力角 α_1'、α_2'、节圆上的齿距 p_1'、p_2' 及齿顶顶隙。

5-18 在图 5-40 所示的齿轮传动装置中，有关参数如下：$z_1=19$，$z_2=58$，$z_3=17$，$z_4=63$，$a_{12}=a_{34}=160$mm，$\alpha=\alpha_n=20°$，$m=m_n=4$mm，$h_a^*=1$。试求：

（1）斜齿轮2的螺旋角方向（可在图上直接标出）。

（2）为了满足中心距的要求，斜齿轮的螺旋角应该为多少度？

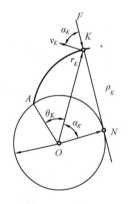

图 5-39 题 5-11

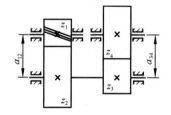

图 5-40 题 5-18

5-19 已知一对渐开线标准斜齿圆柱齿轮传动，$z_1=21$，$z_2=22$，$m_n=2$mm，中心距 $a=55$mm。试求：这对齿轮的螺旋角、端面模数、端面压力角及当量齿数。

5-20 已知一对斜齿圆柱齿轮传动，$\beta=15°$（初选值），$b=30$ mm，$z_1=20$，$z_2=40$，$m_n=8$ mm，$\alpha_n=20°$，$h_{an}^*=1$。试求重合度 ε，中心距（取整数）及两轮的当量齿数 z_{v1}、z_{v2}。

5-21 已知直齿圆锥齿轮机构中，$z_1=32$，$z_2=36$，$m=4$mm，交错角 $\Sigma=90°$，试求两锥齿轮的分度锥角和当量齿数 z_{v1}、z_{v2}。

5-22 已知一对直齿圆锥齿轮，$z_1=15$，$z_2=30$，$m=10$mm，$h_a^*=1$，$\Sigma=90°$，试设计这对圆锥齿轮。

5-23 在一个蜗杆传动中，蜗轮的齿数 $z_2 = 40$，$d_2 = 280$ mm，蜗杆为单头蜗杆，试求：

（1）蜗轮端面模数 m_{t2} 及蜗杆轴面模数 m_{x1}。
（2）蜗杆的轴面齿距 p_{x1} 及导程 l。
（3）蜗杆的分度圆直径 d_1。
（4）蜗杆和蜗轮的中心距 a。

5-24 图5-41所示为一简易蜗杆起重装置，当重物上升时，试判断蜗轮蜗杆的旋转方向。

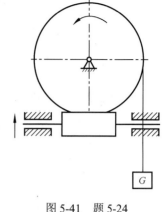

图 5-41 题 5-24

三、考研真题

5-25 （清华大学，2002年）
（1）渐开线齿轮的根切现象发生在（ ）。
　　A. 模数较大时　　B. 模数较小时　　C. 齿数较少时　　D. 齿数较多时
（2）当一对渐开线齿轮制成后，即使两轮的中心距稍有变化，其角速度比仍保持原值不变，原因是（ ）。
　　A. 压力角不变　　B. 啮合角不变　　C. 节圆半径不变　　D. 基圆半径不变

5-26 （西安交通大学，2008年）渐开线标准直齿圆柱齿轮的基本参数有_____，这里的标准齿轮是指_____。

5-27 （浙江大学，2006—2008年）
（1）渐开线齿轮传动的啮合角等于（ ）圆上的压力角。
　　A. 基　　　　B. 分度　　　　C. 节
（2）斜齿轮分度圆螺旋角为 β，齿数为 z，其当量齿数 z_v 是（ ）。

A. $\dfrac{z}{\cos\beta}$　　B. $\dfrac{z}{\cos^2\beta}$　　C. $\dfrac{z}{\cos^3\beta}$

5-28 （湖南大学，2005—2007年）
（1）一对作定比传动的齿轮在传动过程中，它们的（ ）一定是作纯滚动的。
　　A. 分度圆　　B. 节圆　　C. 齿顶圆　　D. 基圆
（2）斜齿圆柱齿轮法面模数 m_n 与端面模数 m_t 的关系是（ ）。
　　A. $m_n = \dfrac{m_t}{\sin\beta}$　　B. $m_n = m_t \sin\beta$　　C. $m_n = m_t \cos\beta$　　D. $m_t = m_n \cos\beta$

5-29 （华中科技大学，2006年）在某项技术革新中，需要采用一对齿轮传动，其中心距 $a = 144$ mm，传动比 $i = 2$。现在库房中存在4种现成的齿轮，已知它们都是国产的正常齿渐开线标准齿轮，这4种齿轮的齿数 z 和齿顶圆 d_a 分别为 $z_1 = 24$，$d_{a1} = 104$ mm；$z_2 = 47$，$d_{a2} = 196$ mm；$z_3 = 47$，$d_{a3} = 250$ mm；$z_4 = 48$，$d_{a4} = 200$ mm。试从这4种齿轮中选出符合要求的一对齿轮来。

5-30 （南京理工大学，2007年）设计一对渐开线标准平行轴外啮合斜齿圆柱齿轮机构，其基本参数：$z_1 = 21$，$z_2 = 51$，$m_n = 4$ mm，$\alpha_n = 20°$，$\beta = 20°$。试求：
（1）法面齿距 p_n 和端面齿距 p_t；
（2）当量齿数 z_{v1} 和 z_{v2}；
（3）标准安装中心距 a。

第6章 轮系及其设计

学习目标：了解轮系的分类；掌握定轴轮系、周转轮系及复合轮系传动比的计算方法；了解轮系的功用和周转轮系的设计以及各轮齿数选取的方法，了解一些新型行星轮系。

6.1 轮系的分类

前几章对一对齿轮的啮合原理和几何设计问题进行了介绍。很多时候，一对齿轮往往不能满足工程实际对传动系统提出的多种要求。在实际机械中，经常采用若干彼此啮合的齿轮来传递运动和动力，以实现变速、分路传动、运动分解与合成等功用。这种由一系列齿轮（包括蜗杆传动）组成的齿轮传动系统称为齿轮系，简称轮系。一对齿轮传动可视为最简单的轮系。若轮系中各个齿轮几何轴线相互平行，则称之为平面轮系；反之，称之为空间轮系。

根据轮系中各个齿轮的几何轴线位置相对于机架是否固定，轮系可分为定轴轮系、周转轮系和复合轮系三大类。

1. 定轴轮系

在轮系运转时，如果各个齿轮的几何轴线位置相对于机架的位置都是固定的，这种轮系就称为定轴轮系，如图 6-1 所示。

2. 周转轮系

如果在轮系运转时，至少有一个齿轮的几何轴线位置是绕另一个齿轮的几何轴线转动的，那么这种轮系称为周转轮系。图 6-2 所示为 2K-H 型周转轮系，图中齿

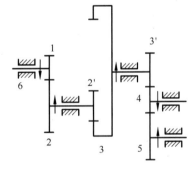

图 6-1　定轴轮系

轮 2 既绕自身几何轴线 O_2 转动，又随着回转构件 H 绕齿轮 1 的固定轴线 O_1 转动，这种既有自转又有公转，如同太阳系的行星一样的齿轮称为行星轮；图 6-2 中的齿轮 1 和齿轮 3 的几何轴线位置固定且重合，称为太阳轮；支撑行星轮的回转构件 H 称为行星架。行星架与太阳轮的几何轴线必须重合。周转轮系中一般以太阳轮和行星架作为运动的输入或输出构件，故称太阳轮和行星架是组成周转轮系的基本构件。周转轮系还可根据其基本构件的不同分为 2K-H 型（见图 6-2）和 3K 型（见图 6-3），K 表示太阳轮，H 表示行星架。在实际机械中采用最多的是 2K-H 型周转轮系。

在图 6-2（a）所示的周转轮系中，若太阳轮 1 和太阳轮 3 均不固定，则整个轮系的自由度 $F=3\times 4-2\times 4-2=2$，这种自由度为 2 的周转轮系称为差动轮系。为使该轮系具有确定的运动，需要两个主动件。

在图 6-2（b）所示的周转轮系中，若将太阳轮 3 固定，则整个轮系的自由度 $F=3\times 3-2\times 3-2=1$，这种自由度为 1 的周转轮系称为行星轮系。为使该轮系具有确定的运动，需要一个主动件。

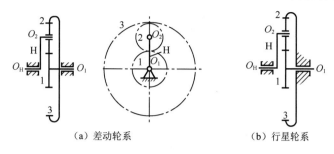

(a) 差动轮系　　　　　　　(b) 行星轮系

图 6-2　2K-H 型周转轮系

3. 复合轮系

在工程实际中，除了采用单一的定轴轮系或周转轮系，还经常采用既含定轴轮系又含周转轮系[见图 6-4（a）]或由几个周转轮系组成的复杂轮系[见图 6-4（b）]，这些轮系称为复合轮系或混合轮系。

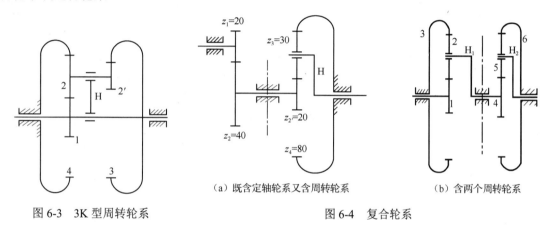

　　　　　　　　　　　　　　　（a）既含定轴轮系又含周转轮系　　（b）含两个周转轮系

图 6-3　3K 型周转轮系　　　　　　　图 6-4　复合轮系

6.2　定轴轮系的传动比计算

轮系的传动比是指轮系中输入轴的角速度 ω（或转速）与输出轴的角速度 n（或转速）之比，即

$$i_{io} = \frac{\omega_{in}}{\omega_{out}} = \frac{n_{in}}{n_{out}} \tag{6-1}$$

例如，图 6-1 所示的轮系由 4 对齿轮组成，分别为 1—2，2′—3，3′—4 和 4—5，其中齿轮 1 为输入端，齿轮 5 为输出端，则该定轴轮系的传动比为 $i_{15} = \omega_1/\omega_5$。

齿轮 1 到齿轮 5 之间的传动是通过一对对齿轮依次啮合来实现的。为此，首先需要求出该轮系中各对啮合齿轮传动比的大小。

$$i_{12} = \frac{\omega_1}{\omega_2} = \frac{z_2}{z_1}$$

$$i_{2'3} = \frac{\omega_{2'}}{\omega_3} = \frac{\omega_2}{\omega_3} = \frac{z_3}{z_{2'}}$$

$$i_{3'4} = \frac{\omega_{3'}}{\omega_4} = \frac{\omega_3}{\omega_4} = \frac{z_4}{z_{3'}}$$

$$i_{45} = \frac{\omega_4}{\omega_5} = \frac{z_5}{z_4}$$

将以上各式等号两边分别连乘,可得

$$i_{12} \cdot i_{2'3} \cdot i_{3'4} \cdot i_{45} = \frac{\omega_1}{\omega_2} \cdot \frac{\omega_2}{\omega_3} \cdot \frac{\omega_3}{\omega_4} \cdot \frac{\omega_4}{\omega_5} = \frac{\omega_1}{\omega_5}$$

即

$$i_{15} = \frac{\omega_1}{\omega_5} = i_{12} \cdot i_{2'3} \cdot i_{3'4} \cdot i_{45} = \frac{z_2 z_3 z_4 z_5}{z_1 z_{2'} z_{3'} z_4}$$

上式说明,定轴轮系的传动比等于组成该轮系的各对啮合齿轮传动比的连乘积,其大小等于各对啮合齿轮中所有从动轮齿数的连乘积与所有主动轮齿数的连乘积之比:

$$\text{定轴轮系的传动比} = \frac{\text{所有从动轮齿数的连乘积}}{\text{所有主动轮齿数的连乘积}} \qquad (6\text{-}2)$$

从图 6-1 可知,齿轮 4 既和齿轮 3'啮合又和齿轮 5 啮合。齿轮 4 相对于齿轮 3',它是从动轮;相对于齿轮 5,它又是主动轮。因此,z_4 同时出现在分子、分母中,可以消去。这表明齿轮 4 的齿数不影响传动比的大小,但齿轮 4 却起着改变齿轮 5 转动方向的作用,称这种齿轮为惰轮,又称介轮。

计算轮系的传动比时,不仅需要知道传动比的大小,还需要确定输入轴和输出轴之间的转动方向关系。下面分平面定轴轮系和空间定轴轮系两种情况进行讨论。

1. 平面定轴轮系

图 6-1 所示的轮系由圆柱齿轮组成,各个齿轮的几何轴线互相平行,这种轮系称为平面定轴轮系。在该轮系中各个齿轮的转动方向不是相同就是相反,因此传动比数值有正负之分。所以规定:当两者转动方向相同时,其传动比数值为正,用"+"表示;反之为负,用"–"表示。由于连接平行轴的内啮合的两个齿轮的转动方向相同,故不影响轮系传动比数值的符号;而外啮合的两个齿轮的转动方向相反,如果轮系中有 m 对齿轮外啮合时,则从输入轴到输出轴,其角速度方向应经过 m 次变化,因此这种轮系传动比数值的符号可用 $(-1)^m$ 来判定。对于图 6-1 所示的轮系,$m=3$,$(-1)^m = -1$,故

$$i_{15} = \frac{\omega_1}{\omega_5} = (-1)^3 \frac{z_2 z_3 z_4 z_5}{z_1 z_{2'} z_{3'} z_4} = -\frac{z_2 z_3 z_5}{z_1 z_{2'} z_{3'}}$$

由上所述可得到平面定轴轮系传动比的计算公式,即

$$i_{io} = \frac{\omega_{in}}{\omega_{out}} \quad i_{AB} = \frac{\omega_A}{\omega_B} = (-1)^m \frac{\text{各对齿轮的从动齿轮齿数的乘积}}{\text{各对齿轮的主动齿轮齿数的乘积}} \qquad (6\text{-}3)$$

当然,平面定轴轮系传动比数值的正、负号也可以用画箭头的方法来确定。在图 6-1 中,设齿轮 1 的转动方向已知,如图中箭头所示(箭头方向表示齿轮可见侧的圆周速度方向),则主、从动两个齿轮的转动方向关系可用标注箭头的方法确定,因为一对齿轮在其啮合节点处的圆周速度是相同的,所以标注两者转动方向的箭头不是同时指向啮合节点,就是同时背离啮合节点。根据此法则,用箭头标出齿轮 1 的转动方向之后,其余各个齿轮的转动方向便可依次用箭头标出。

2. 空间定轴轮系

如果轮系中各个齿轮的几何轴线并不都平行，该轮系就称为空间定轴轮系。此时，必须用标注箭头的方法确定各个齿轮的转动方向。

1）输入轴与输出轴平行

在实际机器中，输入轴与输出轴相互平行的轮系应用较多。当首、末两个齿轮的转动方向相同时，其传动比数值前直接用"+"表示，反之用"−"表示。

在图6-5所示的定轴轮系中，输入轴与输出轴平行，因此传动比数值有"+""−"符号之分。为了确定输入轴与输出轴之间的转动方向关系，需在图中用箭头表示各个齿轮的转动方向。因为一对啮合传动的圆柱齿轮或圆锥齿轮在其啮合节点处的圆周速度是相同的，所以标注两者转动方向的箭头不是同时指向啮合节点，就是同时背离啮合节点。根据此法则，在用箭头标出齿轮1的转动方向后，其余各个齿轮的转动方向便可依次用箭头标出。由图6-5可知，该轮系的首、末两个齿轮的转动方向相反。故其传动比为

$$i_{14} = -\frac{z_2 z_3 z_4}{z_1 z_{2'} z_{3'}}$$

2）输入轴与输出轴不平行

当输入轴与输出轴不平行时，即轮系在两个不同的平面内转动，转动方向无所谓相同或相反，因此不能采用在传动比数值前加"+""−"符号的方法来表示输入轴与输出轴之间的转动方向关系，其转动方向关系只能用标注箭头的方法来确定。在图6-6所示的定轴轮系中，输入轴与输出轴不平行，其传动比为

$$i_{15} = \frac{z_2 z_3 z_4 z_5}{z_1 z_{2'} z_{3'} z_{4'}}$$

该轮系的首、末两个齿轮的转动方向箭头标注如图6-6所示。

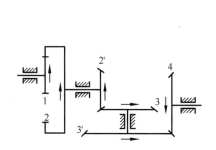

图6-5 输入轴与输出轴平行的定轴轮系

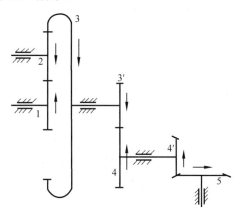

图6-6 输入轴与输出轴不平行的定轴轮系

6.3 周转轮系的传动比计算

周转轮系和定轴轮系的根本差别在于前者中有转动的行星架，故其传动比不能直接用定轴轮系传动比计算公式求解。但是，根据相对运动原理，若给整个周转轮系加上一个公共角速度"$-\omega_H$"，使之绕行星架的固定轴线回转，这时各个构件之间的相对运动仍将保持不变，

而行星架的角速度变为 $\omega_H - \omega_H = 0$，即行星架相对静止不动了，于是，周转轮系转化为定轴轮系。这种转化所得到的假想定轴轮系称为原周转轮系的转化轮系或转化机构。由于转化轮系为一个定轴轮系，其传动比可按定轴轮系来计算。通过它可得出周转轮系中各构件之间角速度的关系，进而求出周转轮系的传动比。下面以图 6-7 所示的周转轮系为例。

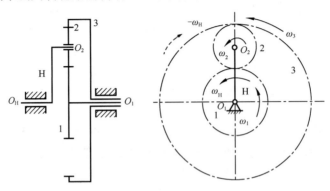

图 6-7 周转轮系

由图 6-7 可知，将整个周转轮系加上一个公共角速度"$-\omega_H$"以后，就可计算出各个构件的角速度，见表 6-1。

表 6-1 原周转轮系和转化轮系各个构件的角速度

构 件	原角速度	转化后角速度
太阳轮 1	ω_1	$\omega_1^H = \omega_1 - \omega_H$
行星轮 2	ω_2	$\omega_2^H = \omega_2 - \omega_H$
太阳轮 3	ω_3	$\omega_3^H = \omega_3 - \omega_H$
行星架 H	ω_H	$\omega_H^H = \omega_H - \omega_H$

由表 6-1 可知，由于 $\omega_H^H = 0$，因此该周转轮系已转化为如图 6-8 所示的定轴轮系（该周转轮系的转化轮系）。3 个齿轮相对于行星架 H 的角速度分别为 ω_1^H、ω_2^H、ω_3^H，即它们在转化轮系中的角速度，于是转化轮系的传动比 i_{13}^H 为

$$i_{13}^H = \frac{\omega_1^H}{\omega_3^H} = \frac{\omega_1 - \omega_H}{\omega_3 - \omega_H} = -\frac{z_3}{z_1}$$

式中，"$-$"符号表示在转化轮系中齿轮 1 和齿轮 3 的转动方向相反。

因此，当周转轮系中两个太阳轮分别为齿轮 1 和齿轮 n、行星架为 H 时，则周转轮系转化机构传动比 i_{1n}^H 的计算公式可表示为

$$i_{1n}^H = \frac{\omega_1 - \omega_H}{\omega_n - \omega_H} = \pm \frac{z_2 \cdots z_n}{z_1 \cdots z_{n-1}} \tag{6-4a}$$

若所研究的轮系是具有固定轮的行星轮系，设固定轮为 n，即 $\omega_n = 0$，则式（6-4a）可改写为

$$i_{1n}^H = \frac{\omega_1 - \omega_H}{0 - \omega_H} = -i_{1H} + 1$$

化简得

$$i_{1H} = 1 - i_{1n} \tag{6-4b}$$

若周转轮系转化机构的传动比数值带"+"符号，则称为正号机构；若传动比数值带"-"符号，则称为负号机构。

【例 6.1】 在图 6-9 所示的周转轮系中，已知 $z_1=100$，$z_2=101$，$z_{2'}=100$，$z_3=99$，试求传动比 i_{H1}。

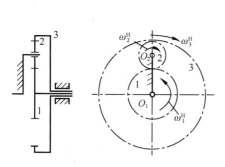

图 6-8 转化后的定轴轮系

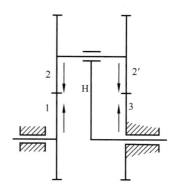

图 6-9 例 6.1 周转轮系

解：由于齿轮 3 为固定轮（$n_3=0$），故该轮系为一个行星轮系，其传动比的计算可根据式（6-4b）求得，即

$$i_{1H} = 1 - i_{13}^H = 1 - \frac{z_2 z_3}{z_1 z_{2'}} = 1 - \frac{101 \times 99}{100 \times 100} = \frac{1}{10000}$$

$$i_{H1} = \frac{1}{i_{1H}} = 10000$$

可知，当行星架 H 转 10000 周时，齿轮 1 转 1 周，齿轮 1 的转动方向与行星架 H 的转动方向相同。

上式说明，用少数几个齿轮组成的行星轮系可以获得很大的传动比。在例 6.1 中，若将 z_3 由 99 改为 100，其余齿数不变，则有

$$i_{1H} = 1 - \frac{101 \times 100}{100 \times 100} = -\frac{1}{100}$$

$$i_{H1} = -100$$

由此可见，行星轮系中某一个齿轮齿数略微改变时，不仅会使轮系传动比产生很大变化，而且轮系各个构件的转动方向关系也会发生改变。

【例 6.2】 在图 6-10 所示的差动轮系中，已知 $z_1=48$，$z_2=42$，$z_{2'}=18$，$z_3=21$，$n_1=100$ r/min，其转动方向如图 6-10 所示。（1）当 $n_3=80$ r/min，求 n_H；（2）当 $n_3=-80$ r/min，求 n_H。

解：这是一个由圆锥齿轮组成的差动轮系，其传动比的计算可根据式（6-4a）求得，即

$$i_{13}^H = \frac{n_1 - n_H}{n_3 - n_H} = -\frac{z_2 z_3}{z_1 z_{2'}} = -\frac{42 \times 21}{48 \times 18} = -\frac{49}{48}$$

（1）当 $n_3=80$ r/min，有

$$i_{13}^H = \frac{n_1 - n_H}{n_3 - n_H} = \frac{100 - n_H}{80 - n_H} = -\frac{49}{48}$$

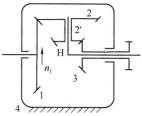

图 6-10 差动轮系

解得

$$n_H = \frac{8720}{97} \approx 89.86 (r/min)$$

其结果为正,表明行星架 H 和齿轮 1 的转动方向相同。

(2) 当 $n_3 = -80$ r/min,有

$$i_{13}^H = \frac{n_1 - n_H}{n_3 - n_H} = \frac{100 - n_H}{-80 - n_H} = -\frac{z_2 z_3}{z_1 z_2'} = -\frac{42 \times 21}{48 \times 18} = -\frac{49}{48}$$

解得

$$n_H = \frac{880}{97} \approx 9.07 (r/min)$$

其结果为正,表明行星架 H 和齿轮 1 的转动方向相同。

分析以上计算结果可知,当 n_1、n_3 转速不变,但 n_3 的转动方向改变时,行星架 H 的输出轴转速 n_H 发生了改变。

6.4 复合轮系的传动比计算

计算复合轮系的传动比时,不能将整个轮系作为单纯的定轴轮系或单纯的周转轮系来处理,而需要将其中的定轴轮系与周转轮系分开来处理。

计算复合轮系传动比的正确方法如下:

(1) 首先将各个周转轮系和定轴轮系正确地区分开来。
(2) 分别列出用于计算周转轮系和定轴轮系传动比的方程式。
(3) 找出周转轮系和定轴轮系之间的联系。
(4) 将周转轮系和定轴轮系传动比方程式联立求解,即可求得复合轮系的传动比。

在区分复合轮系中的周转轮系时,关键是先找出行星轮和支撑该行星轮的行星架(注意:有时行星架不一定呈简单的杆状),然后找出直接与行星轮相啮合的太阳轮。这样,行星轮、行星架和太阳轮便组成一个基本的周转轮系。对其余部分可按照同样方法继续区分,若有行星轮存在,同样可以找出与此行星轮相对应的基本周转轮系。区分出各个基本的周转轮系后,剩余那些由定轴齿轮组成的部分就是定轴轮系。

【例 6.3】在图 6-4(a)所示的复合轮系中,已知各个齿轮齿数:$z_1 = 20$,$z_2 = 40$,$z_{2'} = 20$,$z_3 = 30$,$z_4 = 80$,试求其传动比 i_{1H}。

解:(1) 正确区分轮系。

该复合轮系一部分是由齿轮 1 和齿轮 2 组成的定轴轮系,另一部分是齿轮 2'、齿轮 3、齿轮 4 及行星架 H 组成的周转轮系。

(2) 分别计算传动比。

定轴轮系的传动比:

$$i_{12} = \frac{n_1}{n_2} = -\frac{z_2}{z_1} = -2 \tag{6-5a}$$

周转轮系的传动比:

$$i_{2'4}^H = \frac{n_{2'} - n_H}{n_4 - n_H} = -\frac{z_4}{z_{2'}} = -4 \tag{6-5b}$$

$$n_4 = 0$$

（3）找出两个轮系之间的联系。
$$n_2 = n_{2'} \tag{6-5c}$$

联立式（6-5a）、式（6-5b）和式（6-5c）可解得

则
$$i_{2'H} = \frac{n_{2'}}{n_H} = 5$$

$$i_{1H} = i_{12}i_{2'H} = -10$$

计算结果说明，齿轮 1 与行星架 H 转动方向相反。

【例6.4】 图 6-11 所示为电动卷扬机减速器，已知其中各个齿轮齿数：$z_1 = 24$，$z_2 = 33$，$z_{2'} = 21$，$z_3 = 78$，$z_{3'} = 18$，$z_4 = 30$，$z_5 = 78$，求 i_{1H}。

解：（1）正确区分轮系。

对于该复合轮系，需先找出其中的周转轮系，由图 6-11 可知，对齿轮 2—2'为双联行星轮，支撑该双联行星轮的构件为内齿轮 5（卷筒，相当于行星架 H，即 $\omega_5 = \omega_H$），与双联行星齿轮相啮合的是齿轮 1 和齿轮 3，则齿轮 1、齿轮 2—2'、齿轮 3、齿轮 H(5)组成一个周转轮系；而齿轮 3'、齿轮 4、齿轮 5 组成一个定轴轮系。

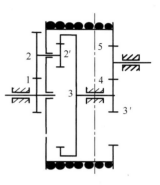

图 6-11　电动卷扬机减速器

（2）分别计算传动比。

周转轮系的传动比：
$$i_{13}^H = \frac{\omega_1 - \omega_H}{\omega_3 - \omega_H} = (-1)^1 \frac{z_2 z_3}{z_1 z_{2'}} = -\frac{33 \times 78}{24 \times 21} \tag{6-6a}$$

定轴轮系的传动比：
$$i_{3'5} = \frac{\omega_{3'}}{\omega_5} = -\frac{z_5}{z_{3'}} = -\frac{78}{18} \tag{6-6b}$$

（3）找出两个轮系之间的联系。

由图 6-11 可得
$$\begin{cases} \omega_3 = \omega_{3'} \\ \omega_H = \omega_5 \end{cases} \tag{6-6c}$$

（4）联立以上各式求解。

联立式（6-6a）、式（6-6b）和式（6-6c）可解得

计算结果
$$i_{1H} = \frac{\omega_1}{\omega_H} = 28.24$$

i_{1H} 为正值，说明齿轮 1 与内齿轮 5（卷筒）的转动方向相同。

6.5　轮系的功用

在工程实际中，轮系的应用十分广泛，其功用大致可以归纳为以下 4 个方面。

1. 实现分路传动

利用定轴轮系，可以通过主动轴带动若干从动轴同时旋转，以带动各个部件和附件同时工作，从而实现分路传动。

图 6-12 所示就是利用定轴轮系把轴Ⅰ的输入运动，通过一系列齿轮传动，分别由轴Ⅱ、

轴Ⅲ、轴Ⅳ输出运动，从而实现分路传动。

2. 实现大传动比传动

一对齿轮的传动比是有限的，当两轴之间需要较大的传动比时，若仅用一对齿轮传动，则会因两个齿轮齿数相差很大、尺寸相差悬殊、外廓尺寸庞大而使小齿轮容易损坏。如图 6-13 中的点画线所示，一般一对齿轮的传动比不大于 8。若采用轮系来实现较大的传动比，则结构紧凑。如图 6-13 中的实线所示。特别是采用周转轮系，能用很少的齿轮、紧凑的结构得到很大的传动比。例 6.1 所示的周转轮系就是理论上实现大传动比的一个实例。

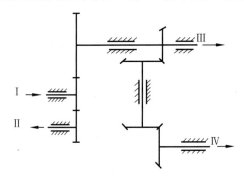

图 6-12　实现分路传动的定轴轮系

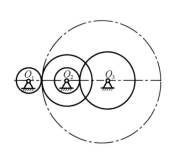

图 6-13　实现大传动比传动

3. 实现变速与换向传动

所谓变速与换向是指主动轴转速保持不变，利用轮系使从动轴获得多种工作转速，并能方便地在传动过程中改变速度的方向，以适应工作条件的变化。

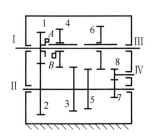

图 6-14　汽车的变速箱轮系简图

（1）变速。在主动轴转速不变的情况下，利用轮系可使从动轴获得多种工作转速。图 6-14 所示为汽车变速箱轮系简图，图中 A、B 为牙嵌离合器。轴Ⅰ为输入轴，轴Ⅲ为输出轴，通过改变滑移齿轮 4 及滑移齿轮 6 在轴上的位置，可使输出轴Ⅲ得到 4 种不同的转速。普通机床、起重机等设备上也都需要这种变速传动。

第一挡：齿轮 5、齿轮 6 相啮合，齿轮 3、齿轮 4 及牙嵌离合器 A、B 均脱离，运动传递路线为齿轮 1、齿轮 2、齿轮 5、齿轮 6。

第二挡：齿轮 3、齿轮 4 相啮合，齿轮 5、齿轮 6 及牙嵌离合器 A、B 均脱离，运动传递路线为齿轮 1、齿轮 2、齿轮 3、齿轮 4。

第三挡：牙嵌离合器 A、B 相嵌合，齿轮 3、齿轮 4 与齿轮 5、齿轮 6 均脱离。

倒车挡：齿轮 6、齿轮 8 相啮合，齿轮 3、齿轮 4、齿轮 5、齿轮 6 及牙嵌离合器 A、B 均脱离，此时运动传递路线为齿轮 1、齿轮 2、齿轮 7、齿轮 8、齿轮 6。由于齿轮 8 为惰轮，使输出轴Ⅲ反转。

（2）换向。在主动轴转动方向不变的条件下，利用轮系中的惰轮，可以改变从动轴的转动方向。图 6-15 所示为三星轮换向机构，通过扳动手柄转动三角形构件，使齿轮 1 与齿轮 2 或齿轮 3 啮合，从而使齿轮 4 得到两种不同的转动方向。

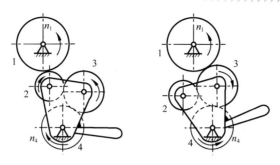

图 6-15 三星轮换向机构

4. 实现运动的合成与分解

1) 运动的合成

因差动轮系有两个自由度，故可独立输入两个主动运动，输出运动即此两个运动的合成。在图 6-16 所示的差动轮系，因 $z_1 = z_3$，故

$$i_{13}^H = \frac{n_1 - n_H}{n_3 - n_H} = -\frac{z_3}{z_1} = -1$$

化简得

$$n_H = \frac{n_1 + n_3}{2}$$

上式说明，行星架 H 的转速 n_H 是齿轮 1 和齿轮 3 转速的合成，这种轮系可实现和差运算。差动轮系的这种运动合成特性，在机床、模拟计算机、补偿调节装置等场合应用非常广泛。

2) 运动的分解

差动轮系也可实现运动的分解，即将一个主动运动按可变的比例分解为两个从动运动。现以汽车后桥差速器为例来说明。如图 6-17 所示，齿轮 1、齿轮 2、齿轮 3、齿轮 4(H) 组成一个差动轮系，齿轮 4 和齿轮 5 构成定轴轮系。

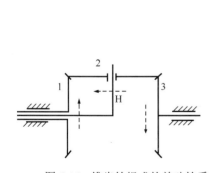

图 6-16 锥齿轮组成的差动轮系

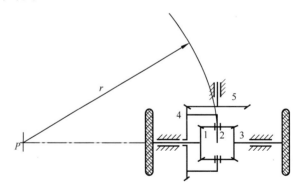

图 6-17 汽车后桥差速器

发动机输出的动力传至齿轮 5，再带动齿轮 4 及固接在齿轮 4 上的行星架 H 转动，使差速器工作。当汽车直线行驶时，由于两个后轮所滚过的距离相等，其转速也相等，即 $n_1 = n_3$。

在差动轮系中

$$i_{13}^H = \frac{n_1 - n_H}{n_3 - n_H} = -1$$

则

$$n_4 = n_H = \frac{n_1 + n_3}{2} \tag{6-7a}$$

将 $n_1 = n_3$ 代入上式,得 $n_1 = n_3 = n_H = n_4$,即齿轮 1、齿轮 3 和行星架 H 之间没有相对运动。此时,行星轮 2 无自转运动,整个差动轮系相当于与齿轮 4 固接在一起成为一个刚体而作同速运动。

当汽车左转弯时,由于前后 4 个轮子须绕同一个点 P 转动(见图 6-18),故处于弯道外侧的右轮滚过地面的弧长应大于处于弯道内侧的左轮滚过地面的弧长,这时,左轮与右轮具有不同的转速。汽车向左转弯行驶时,汽车的两个前轮在梯形转动方向机构 ABCD 的作用下向左偏转,其轴线与汽车的两个后轮的轴线相交于 P 点。两个后轮在与地面不打滑的条件下,其转速 ω_1、ω_3 应与弯道半径 $(r-L)$ 和 $(r+L)$ 成正比,即

$$\frac{\omega_1}{\omega_3} = \frac{r-L}{r+L} \tag{6-7b}$$

式中,r 为弯道平均半径;L 为两个后轮间距的一半。

联立式(6-7a)和式(6-7b),即可得到两个后轮的转速,即

$$\omega_1 = \frac{r-L}{r}\omega_4, \quad \omega_3 = \frac{r+L}{r}\omega_4$$

可见,齿轮 4 的转速通过差动轮系分解成 ω_1 和 ω_3 两个转速,这两个转速随弯道的半径不同而不同。

需要特别说明的是,差动轮系可以将一个转速分解为另外两个转速的前提条件是,这两个转速之间的确定关系是由地面的约束条件决定的。

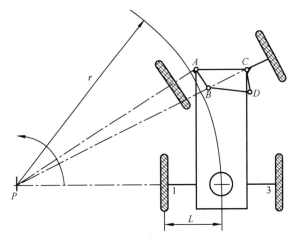

图 6-18 汽车转动方向原理

6.6 周转轮系的设计及各个齿轮齿数的确定

在机构运动方案设计阶段,主要任务是合理选择周转轮系的类型,确定各个齿轮的齿数。

1. 周转轮系类型的选择

周转轮系类型的选择应从传动比范围、传动效率的高低、结构复杂程度以及外廓尺寸等几方面综合考虑。

当周转轮系主要用于传递运动时,首要的问题是考虑其能否满足工作所要求的传动比,其次兼顾传动效率、结构复杂程度和外廓尺寸。

图 6-19 所示为单排 2K-H 型行星轮系,其特点是从主动太阳轮到从动行星架 H 的传动是减速的,而且输入轴与输出轴转动方向相同,这是负号机构的一种形式。负号机构的传动比只比其转化机构传动比的绝对值大 1,因此单一的负号机构传动比均不太大。设计周转轮系时,若工作所要求的传动比不太大,则可根据具体情况选用负号机构。这时,周转轮系除了满足工作对传动比的要求,还具有较高的传动效率。

图 6-9 所示的周转轮系是正号机构的一种形式。利用正号机构可以获得很大的传动比,当传动比很大时,机构的尺寸不致于过大,但其传动效率较低。若周转轮系是用于传动比大而传动效率要求不高的场合,可考虑选用正号机构。这时需要注意,正号机构用于增速时,虽然可以获得较大的传动比,但是随着传动比的增大,传动效率将急剧下降,甚至出现自锁现象。因此,选用正号机构一定要慎重。

当周转轮系主要用于传递动力时,首先要考虑机构传动效率的高低,其次兼顾传动比、外廓尺寸、结构复杂程度。

对于负号机构,无论用于增速还是减速,都具有较高的传动效率。因此,当周转轮系主要用于传递动力时,应选用负号机构。若所设计的轮系除了用于传递动力,还要求具有较大的传动比,可将几个负号机构串联起来,或采用负号机构与定轴轮系串联的混合轮系,以获得较大的传动比。需要注意的是,所设计的轮系随着串联级数的增加,传动效率会有所降低,机构外廓尺寸和质量也会随之增加。

2. 周转轮系中各个齿轮齿数的确定

在周转轮系传动中,行星轮既有自转又有公转,为使转臂受力均衡及减轻轮齿上的载荷,常采用多个完全相同的行星轮;为保证传动中各个啮合齿轮副正常工作,周转轮系各个齿轮齿数及行星轮个数的选择必须满足一定的条件。

周转轮系的类型很多,下面以图 6-19 所示的单排 2K-H 型行星轮系为例加以讨论。

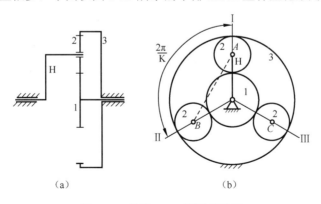

图 6-19 单排 2K-H 型行星轮系

(1)传动比条件。保证能够实现设计所要求的传动比 i_{1H}。

因为
$$i_{1H} = 1 + \frac{z_3}{z_1}$$

所以
$$\frac{z_3}{z_1} = i_{1H} - 1$$

由此可知
$$z_3 = (i_{1H} - 1)z_1 \tag{6-8a}$$

（2）同心条件。保证 3 个基本构件的轴心线重合。太阳轮 1 与行星轮 2 组成外啮合传动，太阳轮 3 与行星轮 2 组成内啮合传动，同心条件就是要求这两组传动的中心距必须相等，即
$$r_1' + r_2' = r_3' - r_2'$$

若 3 个齿轮均为标准齿轮，则上式可用各个齿轮的分度圆半径表示，即
$$r_1 + r_2 = r_3 - r_2$$

而分度圆半径可用齿数和模数来表示，因各个齿轮的模数相同，故上式可写成
$$z_1 + z_2 = z_3 - z_2$$

即
$$z_2 = \frac{z_3 - z_1}{2}$$

该式表明，两个太阳轮的齿数应同为奇数或偶数。将式（6-8a）代入上式，整理后可得
$$z_2 = \frac{i_{1H} - 2}{2} z_1 \tag{6-8b}$$

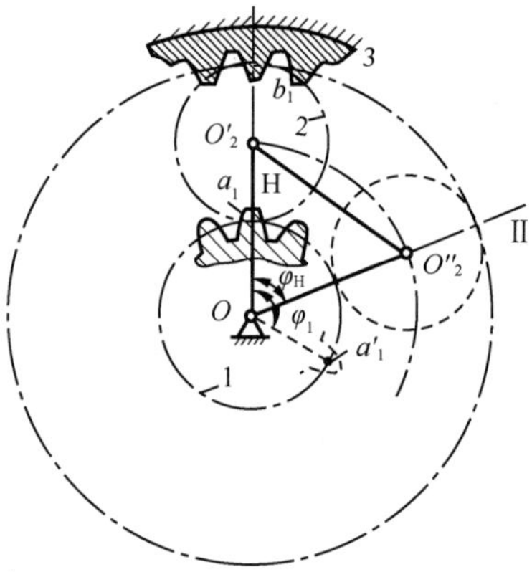

（3）邻接条件。保证两个相邻的行星轮不会发生干涉和碰撞。在图 6-20 中，中心连线 $O_2'O_2''$ 大于两个行星轮的齿顶圆半径之和，即
$$O_2'O_2'' > 2r_{a2}$$

式中，r_{a2} 为行星轮的齿顶圆半径。

对于标准齿轮传动，可得
$$2(r_1 + r_2)\sin\frac{180°}{k} > 2(r_2 + h_a^* m)$$

或
$$(z_1 + z_2)\sin\frac{180°}{k} > z_2 + 2h_a^* \tag{6-9}$$

式中，k 为行星轮个数。

图 6-20　安装条件推导示意图

（4）安装条件。保证多个行星轮能均匀地安装在太阳轮的四周，并与太阳轮准确啮合而没有错位现象。若需要有 k 个行星轮均匀分布在太阳轮四周，则相邻两个行星轮之间的夹角为 $\frac{360°}{k}$，参照图 6-20 分析行星轮数目 k 与各轮齿数间应满足的关系。

在图 6-20 中，太阳轮 3 固定，采用"顺序装入法"每次装入一个行星轮，行星架 H 由位置 I 到达位置 II，转动的角度为 $\varphi_H = \frac{360°}{k}$。这时，太阳轮 1 转过角度 φ_1。因此，太阳轮 1 与行星架 H 的传动比为
$$i_{1H} = \frac{\varphi_1}{\varphi_H} \tag{6-10}$$

为使下一个行星轮能够顺利装入，要求太阳轮正好转过整数个齿距，整数为 N，由于太阳轮 1 每个齿距所对应的圆心角为 $\frac{360°}{z_1}$，故

$$\varphi_1 = N \frac{360°}{z_1} \tag{6-11}$$

联立式（6-10）和式（6-11），求得装配条件的关系式，即

$$z_1 = \frac{kN}{i_{1H}} \tag{6-12}$$

随后装入下一个行星轮，直至装入 k 个行星轮。若将 $i_{1H} = 1 + z_3/z_1$ 代入式（6-12），可得

$$N = \frac{z_1 + z_3}{k}$$

此式表明，欲将 k 个行星轮均匀地分布在中心轮四周，则两个太阳轮的齿数和应能被行星轮的个数 k 整除。

在设计时，由于传动比是已知条件，故通常用式（6-12）作为装配条件关系式。

6.7 其他类型的行星齿轮传动概述

除了一般常见的行星轮系，还经常用到其他类型的行星齿轮传动，如渐开线少齿差行星齿轮传动、摆线针轮行星齿轮传动和谐波齿轮传动，由于它们具有传动效率高、传动比大、结构简单、质量小等优点，被广泛应用在冶金机械、食品加工、石油化工、起重运输及仪表制造等行业。

6.7.1 渐开线少齿差行星齿轮传动

在图6-21所示的行星轮系中，当行星轮1与内齿轮2的齿数差 $\Delta z = z_2 - z_1 = 1 \sim 4$ 时，称为少齿差行星齿轮传动。当此轮系用于减速时，主动件为行星架H，从动轮为行星轮1。需要注意的是，当输出行星轮转速时，因行星轮有公转，故必须采用特殊的输出装置。目前应用最广泛的是如图6-22所示的双盘小销轴式输出机构。在图6-22中，O_2、O_3 分别为行星轮2和输出轴圆盘的中心。在输出轴圆盘上，沿半径为 ρ 的圆周上均匀分布若干个轴销，轴销中心为 B。为了改善工作条件，在圆柱销的外边套有半径为 r_x 的滚动销套。将这些带有销套的轴销对应地插入行星轮轮辐上中心为 A、半径为 r_k 的销孔内。若取行星架的偏距

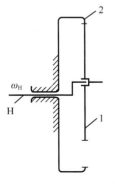

图 6-21 行星轮系

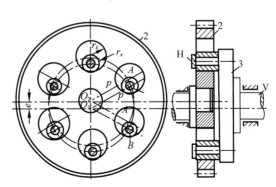

图 6-22 双盘小销轴式输出机构

$e = r_k - r_x$，则 O_2、O_3、A、B 4 点的连线将构成平行四边形。由于在运动过程中，位于行星轮上的圆盘和位于输出轴上的圆盘始终保持平行，因此输出轴 V 将始终与行星轮 2 等速同向转动。

这种渐开线少齿差行星轮系只有一个太阳轮（K）、一个行星架（H）和一根带有输出机构的输出轴（V），因此称之为 K—H—V 型行星轮系。其机构的传动比为

$$i_{1H} = 1 - i_{12}^H = 1 - z_2/z_1$$
$$i_{H1} = -z_1/(z_2 - z_1)$$

上式表明，当齿数差（$z_2 - z_1$）很小时，可获得很大的传动比；当 $z_2 - z_1 = 1$ 时，称为一齿差行星齿轮传动，其传动比为 $i_{H1} = -z_1$，"-"表示其输出轴与输入轴转动方向相反。

渐开线少齿差行星齿轮传动适用于中小型的动力传动（一般传动功率≤45kW），其传动效率为 0.8~0.94。

6.7.2 摆线针轮行星齿轮传动

摆线针轮行星轮系主要由摆线少齿差齿轮副、行星架及输出机构组成，其传动原理、输出机构与渐开线少齿差行星轮系基本相同。如图 6-23 所示，固定内齿轮 1 的轮齿为带套筒（针齿套）的圆柱销（针齿销），称为针轮；行星轮 2 的齿廓曲线为变幅外摆线的等距曲线，称为摆线轮。针轮与摆线轮的齿数差为 1，其传动比为

$$i_{H2} = -z_2$$

摆线针轮行星轮系具有传动比大、传动效率高（一般为 0.9 以上）、传动功率达 100kW、传动平稳、承载能力大、使用寿命长等优点。但针轮与摆线轮的制造均需要较好的材料，如 GC_R15 钢；摆线齿的加工需要专用刀具和专用设备，并且制造精度要求高，加工工艺较复杂。

摆线针轮行星齿轮传动广泛应用于军工、冶金、轻工、化工、造船、起重运输等领域。

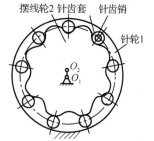

图 6-23 摆线针轮行星轮系

6.7.3 谐波齿轮传动

谐波齿轮传动是建立在弹性变形理论基础上的一种新型传动方式，它突破了传统传动机构中以构件为刚性体的模式，而采用一个柔性体来传动。图 6-24 所示为谐波传动示意图，它主要由具有内齿的刚性轮 1、具有外齿的柔性轮 2 和波发生器 H 组成。通常波发生器为主动件，刚性轮和柔性轮之一为从动件，另一个为固定件。在工作时当波发生器被装入柔性轮内孔时，由于柔性轮的内孔径略小于波发生器的长轴，因此在波发生器的作用下，柔性轮因弹性变形而变成椭圆形，椭圆长轴的轮齿插进刚性轮的齿槽中而相互啮合，椭圆短轴两端的齿轮与刚性轮的轮齿完全脱离，其余各处的轮齿则处于啮合和脱离的过渡状态。当波发生器转动时，柔性轮的长轴和短轴位置不断变化，从而使柔性轮的轮齿依次与刚性轮的轮齿啮合，实现柔性轮相对于刚性轮的转动，进而实现运动和动力的传递。

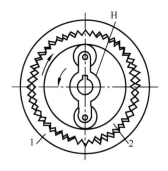

图 6-24 谐波齿轮传动示意

由于在谐波齿轮传动过程中，柔性轮与刚性轮的啮合与行星齿轮传动相似，故传动比可按周转轮系的计算方法求得。

当刚性轮1固定，波发生器H为主动件，柔性轮2从动件时，其传动比为

$$i_{H2} = \frac{\omega_H}{\omega_2} = -\frac{z_2}{z_1 - z_2}$$

当柔性轮2固定，波发生器H为主动件、刚性轮1为从动件时，其传动比为

$$i_{H1} = \frac{\omega_H}{\omega_1} = \frac{z_1}{z_1 - z_2}$$

谐波齿轮传动的优点如下：传动比高且变化范围大；由于同时啮合的齿数多，因此承载能力大，传动平稳，传动效率高；体积小，质量轻，结构简单，具有良好的封闭性。

谐波齿轮传动的缺点是柔轮易发生疲劳破坏、启动力矩大。

谐波齿轮传动发展迅速，其传动功率可达数十千瓦，负载转矩可达到数万牛米，传动精度已达几秒量级，在军工、航空航天、造船、矿山、机械、医疗器械等行业中得到广泛应用。

习题与思考题

一、思考题

6-1 定轴轮系和周转轮系的主要区别是什么？行星轮系和差动轮系有什么区别？

6-2 什么是转化轮系？如何通过转化轮系计算周转轮系的传动比？

6-3 如何求复合轮系的传动比？分解复合轮系的关键是什么？如何分解？

二、习题

6-4 在图6-25所示的钟表机构中，S、M及H分别代表秒针、分针及时针。已知：$z_1=8$，$z_2=60$，$z_3=8$，$z_5=15$，$z_7=12$，齿轮6与齿轮7的模数相同，试求齿轮4、齿轮6、齿轮8的齿数。

6-5 在图6-26所示的手摇提升装置中，已知各个齿轮齿数：$z_1=20$，$z_2=50$，$z_3=15$，$z_4=30$，$z_6=40$，试求传动比i_{16}并指出提升重物时手摇柄的转动方向。

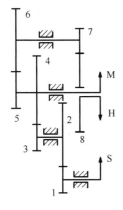

图6-25 题6-4

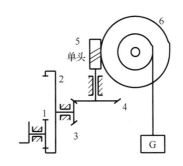

图6-26 题6-5

6-6 如图 6-27 所示为一个电动卷扬机的传动简图。已知蜗杆 1 为单头右旋蜗杆，蜗轮 2 的齿数 $z_2 = 42$，其余各个齿轮齿数如下：$z_{2'} = 18$，$z_3 = 78$，$z_{3'} = 18$，$z_4 = 55$，卷筒 5 与齿轮 4 固定连接，其直径 $D_5 = 400$ mm，电动机转速 $\omega_1 = 1500$ r/min，试求：

（1）卷筒 5 的转速 n_5 和重物的移动速度 v。

（2）提升重物时电动机应该沿什么方向旋转？

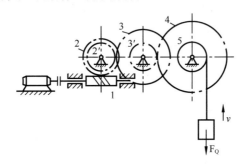

图 6-27 题 6-6

6-7 在图 6-28 所示的轮系中，已知各个齿轮的齿数：$z_1 = z_3 = 15$，$z_2 = 30$，$z_4 = 25$，$z_5 = 20$，$z_6 = 40$，试求传动比 i_{16} 并指出如何改变 i_{16} 的符号。

6-8 在图 6-29 所示轮系中，已知：$z_1 = 60$，$z_2 = 15$，$z_3 = 18$，$z_4 = 63$，试计算传动比 i_{1H} 并判断行星架 H 的转动方向。

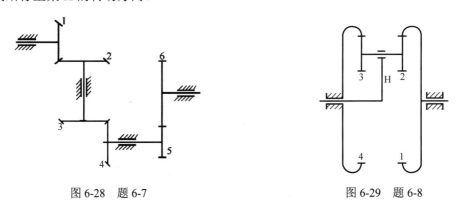

图 6-28 题 6-7   图 6-29 题 6-8

6-9 图 6-30 所示为两个不同结构的锥齿轮周转轮系，已知：$z_1 = 20$，$z_2 = 24$，$z_{2'} = 30$，$z_3 = 40$，$n_1 = 200$ r/min，$n_3 = -100$ r/min，求这两个轮系的 n_H。

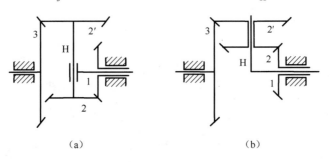

(a)   (b)

图 6-30 题 6-9

6-10 在图 6-31 所示的周转轮系中，已知各个齿轮齿数：$z_1=60$，$z_2=20$，$z_{2'}=20$，$z_3=20$，$z_4=20$，$z_5=100$，试求传动比 i_{41}。

6-11 在图 6-32 所示的轮系中，已知各个齿轮齿数：$z_1=26$，$z_2=32$，$z_{2'}=22$，$z_3=80$，$z_4=36$，$n_1=300$ r/min，$n_3=50$ r/min，齿轮 1 和齿轮 3 的转动方向相反，试求齿轮 4 的转速 n_4 和方向。

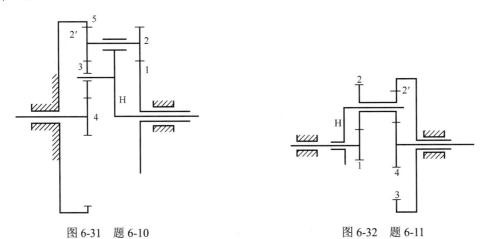

图 6-31 题 6-10　　　　　　　　图 6-32 题 6-11

6-12 在图 6-33 所示的复合轮系中，已知：$z_1=22$，$z_3=88$，$z_{3'}=z_5$，试求传动比 i_{15}。

6-13 在图 6-34 所示的轮系中，已知各个齿轮齿数：$z_1=24$，$z_{1'}=30$，$z_2=95$，$z_3=89$，$z_{3'}=102$，$z_4=80$，$z_{4'}=40$，$z_5=17$，试求传动比 i_{15}。

6-14 在图 6-35 所示的三爪电动卡盘传动轮系中，已知各个齿轮齿数：$z_1=6$，$z_2=z_{2'}=25$，$z_3=57$，$z_4=56$，试求传动比 i_{14}。

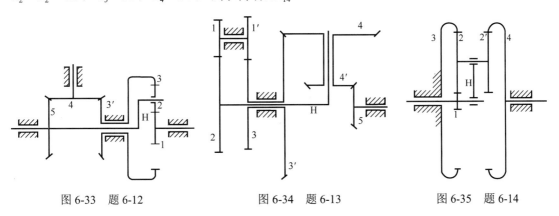

图 6-33 题 6-12　　　　　图 6-34 题 6-13　　　　　图 6-35 题 6-14

三、考研真题

6-15（西南交通大学，2005 年）在图 6-36 所示的轮系中，已知：$z_1=15$，$z_2=25$，$z_{2'}=20$，$z_4=60$，$z_{4'}=55$，齿轮 1 为主动轮，作匀速转动，转速 $n_1=950$ r/min，转动方向如图中箭号所示，试确定构件 H 的转速和转动方向。

6-16（西南交通大学，2007 年）在图 6-37 所示的轮系中，已知：$z_1=15$，$z_2=16$，$z_3=47$，$z_{2'}=17$，$z_4=50$，齿轮 1 和齿轮 3 为主动轮，齿轮 4 为工作构件，齿轮 1 的转速 $n_1=300$ r/min，转动方向如图 6-36 所示。

（1）当齿轮 3 的转速为 0 时，试确定齿轮 4 转速的大小和转动方向。

（2）若齿轮 3 的转速 $n_3 = 300\ \text{r/min}$，转动方向如图 6-36 所示，试确定齿轮 4 的转速和转动方向。

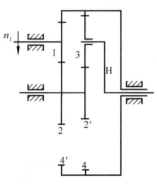

图 6-36　题 6-15

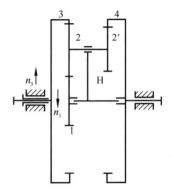

图 6-37　题 6-16

6-17（西南交通大学，2010）在图 6-38 所示的轮系中，已知：蜗杆 5 为右旋双头蜗杆，齿数 $z_4 = 80$，$z_1 = 20$，$z_3 = 80$，齿轮 1 的转速 $\omega_1 = 900\ \text{r/min}$，转动方向如图所示。

（1）如果指针静止不动，试确定蜗杆 5 的转速 ω_5 及其转动方向；

（2）如果指针的转速 ω_H 与齿轮 1 的转速 ω_1 不仅大小相同，而且转动方向也相同，试确定蜗杆 5 的转速 ω_5 及其转动方向。

6-18（山东科技大学，2007 年）如图 6-39 所示轮系，已知：$z_1 = z_3 = 25$，$z_2 = z_4 = 20$，$z_H = 100$，$z_5 = 20$。试求该轮系的传动比 i_{15}，并判断齿轮 1 与齿轮 5 的转动方向是否相同。

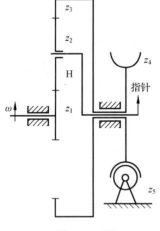

图 6-38　题 6-17

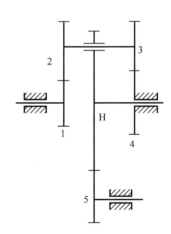

图 6-39　题 6-18

第 7 章　间歇运动机构

学习目标：了解棘轮机构、槽轮机构、不完全齿轮机构、螺旋机构和万向联轴节的工作原理、类型、运动特性及应用。

在机械中，特别是在各种全自动或半自动机械中，常常需要某些构件能实现运动和停歇的交替进行，即间歇运动。将主动件的连续运动转换为从动件周期性间歇运动的机构称为间歇运动机构，如棘轮机构、槽轮机构、不完全齿轮机构、螺旋机构和万向联轴节。本章对这些机构的工作原理和应用进行简要介绍。

7.1　棘　轮　机　构

7.1.1　棘轮机构的组成和工作原理

（1）棘轮机构的组成。棘轮机构主要由棘轮、棘爪和机架组成。

（2）棘轮机构的工作原理。如图 7-1 所示，棘轮 3 被固定在输出轴上，主动件摇杆 1 空套在棘轮轴上，可绕棘轮轴自由摆动。当摇杆 1 沿逆时针方向摆动时，止退棘爪 4 阻止棘轮 3 转动，铰接在摇杆上的棘爪 2 在棘轮 3 的齿背上滑过；当摇杆 1 沿顺时针方向摆动时，棘爪 2 就插入棘轮齿槽推动棘轮 3 转过一定角度。随着摇杆 1 的往复摆动，棘轮 3 作单向间歇转动。为保证工作可靠，棘爪 2 和止退棘爪 4 上装有扭簧 5，使棘爪 2 紧压在棘轮 3 的齿面上。

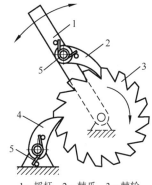

1—摇杆　2—棘爪　3—棘轮
4—止退棘爪　5—扭簧

图 7-1　棘轮机构

7.1.2　棘轮机构的类型

棘轮机构按照棘轮结构形式的不同，可分为齿式棘轮机构和摩擦式棘轮机构两类。

1. 齿式棘轮机构

棘轮轮齿形状有三角形、锯齿形、梯形、矩形等，其优点是结构简单、运动可靠、转角大小可在一定范围内调节；缺点是棘轮的转角必须以相邻两齿所夹中心角为单位有级地变化，而且棘爪在棘轮齿背上滑行时会产生噪声，棘爪和棘轮齿面接触时会产生冲击，故不适用于高速机械。

齿式棘轮机构既可以实现棘轮的单向间歇运动，其齿形常采用锯齿形（见图 7-1），也可以实现棘轮的双向间歇运动。图 7-2 所示为双向式棘轮机构，当棘爪 2 在实线位置时，摇杆 1 推动棘轮 3 作逆时针方向的间歇转动；当棘爪 2 翻转到虚线位置时，摇杆 1 将推动棘轮 3 作顺时针方向的间歇转动。双向式棘轮机构常采用梯形或矩形轮齿。

齿式棘轮机构有外啮合（见图 7-1 和图 7-2）和内啮合（见图 7-3）之分。当棘轮的直径为无穷大时，棘轮变为棘条，此时棘轮的单向间歇转动变为棘条的单向间歇移动，如图 7-4 所示。其中，外啮合棘轮机构应用较广，内啮合棘轮机构的轮齿在圆柱面的内缘上，棘爪也安装在棘轮的内部。

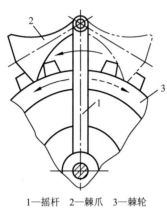
1—摇杆　2—棘爪　3—棘轮

图 7-2　双向式棘轮机构

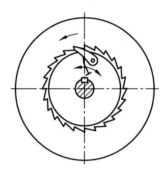

图 7-3　内啮合

2. 摩擦式棘轮机构

摩擦式棘轮机构如图 7-5 所示，它以偏心扇形楔块 2 代替齿式棘轮机构中的棘爪，以摩擦轮 3 代替棘轮，依靠扇形楔块 2 和摩擦轮 3 之间的摩擦力实现棘轮的间歇运动。该机构的工作原理与齿式棘轮机构相同，其优点是传动平稳、噪声小，棘轮的转角能够实现无级调节；缺点是接触面之间易产生滑动、运动精度不高、可靠性低。这种棘轮机构适用于低速轻载的场合。

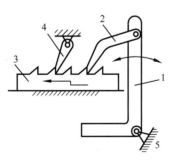

图 7-4　棘条

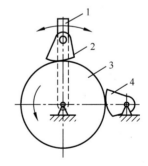

图 7-5　摩擦式棘轮机构

7.1.3　棘轮机构的应用

棘轮机构可用于送进、制动、超越和转位分度等机构中。

图 7-6 所示为浇铸生产线上的输送装置，棘轮和带轮固定连接在同一个轴上。当汽缸内的活塞上移时，活塞杆 1 推动摇杆使棘轮转过一定角度，将输送带 2 向前移动一段距离；当汽缸内的活塞下移时，止退棘爪顶住棘轮使之静止不动，浇包对准砂型进行浇铸。活塞不停地上下移动，完成砂型的浇铸和输送任务。

图7-7所示为提升机中使用的棘轮制动器,这种制动器广泛用于卷扬机、提升机及运输机等设备中。

自行车后轴上的飞轮结构（见图7-3）是一种典型的超越机构。当骑车人用力蹬脚踏板时,链条带动具有内棘齿的链轮沿顺时针方向转动,再通过固定在后轮轴（用于固定车轮辐条）上的棘爪带动后轮轴转动。此时,整个后轮作顺时针转动,推动自行车向前行驶。在前进过程中,如果脚踏板不动,链轮也就停止转动。这时,由于车轮的惯性作用,使后轮轴带动棘爪从链轮内缘的齿背上滑过,仍在继续顺时针转动,即实现后轮轴超越链轮的运动,这就是在不蹬脚踏板的情况下自行车仍能自由滑行一段距离的原理。

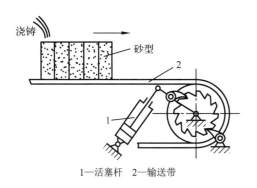

图7-6 浇铸生产线上的输送装置

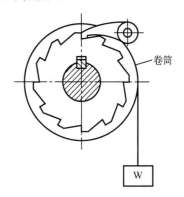

图7-7 棘轮制动器

7.2 槽轮机构

7.2.1 槽轮机构的组成及工作原理

（1）槽轮机构的组成。槽轮机构由拨盘、槽轮和机架组成。

（2）槽轮机构的工作原理。如图7-8（a）所示,当主动件拨盘1以等角速度连续转动时,槽轮2作反向间歇转动。在拨盘上的圆柱销A未进入槽轮的径向槽时,槽轮2由于内凹锁止弧$\overparen{efg}$被拨盘的外凸圆弧$\overparen{abc}$锁住,所以槽轮2静止不动。图7-8所示为圆柱销刚开始进入槽轮径向槽时的位置,这时内凹锁止弧$\overparen{efg}$与外凸圆弧$\overparen{abc}$脱离,槽轮2由圆柱销A驱动而开始转动。当圆柱销A脱离径向槽时,槽轮2的另一个内凹锁止弧又被拨盘的外凸圆弧锁住,槽轮2再次静止不动,从而实现槽轮的单向间歇转动。

7.2.2 槽轮机构的类型

槽轮机构可分为外接［见图7-8（a）］、内接［见图7-8（b）］和球面（见图7-9）3种基本形式。

外接槽轮与内接槽轮机构均用于平行轴之间的间歇传动。在外接槽轮机构中,拨盘1与槽轮2异向回转,而在内槽轮机构中拨盘1与槽轮2则为同向回转。受加工制造条件的限制,外接槽轮机构应用较为广泛。

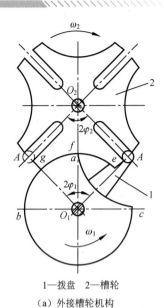

1—拨盘　2—槽轮

（a）外接槽轮机构　　　　　　　　　　（b）内接槽轮机构

图 7-8　槽轮机构

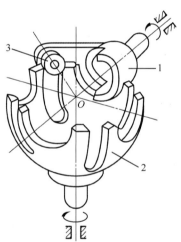

1—主动拨轮　2—从动槽轮　3—拨销

图 7-9　球面槽轮机构

球面槽轮机构属于空间机构，是可用于实现传递两个垂直相交轴的间歇运动的机构，从动槽轮 2 呈半球形，主动拨轮 1 的轴线与拨销 3 的轴线都通过球心 O，当主动拨轮 1 连续转动时，从动槽轮 2 作间歇转动。

7.2.3　槽轮机构的应用

槽轮机构能将主动轴的匀速连续转动转换成从动轴的间歇运动，槽轮机构结构简单，转位迅速，效率较高，与棘轮机构相比运转平稳，但制造与装配精度要求较高。它在电影放映机的卷片机构、自动机床转位机构等自动机械中得到广泛的应用。

图 7-10 所示为电影放映机中的卷片机构。为了适应人眼的视觉暂留现象，要求影片作间歇移动。槽轮 2 上有 4 个径向槽，拨盘 1 每转动 1 周，圆柱销 A 将拨动槽轮 2 转过 1/4 周，

胶片移过一幅画面，并停留一定的时间。图 7-11 所示为槽轮机构在单轴六角自动车床转塔刀架的转位机构中的应用。

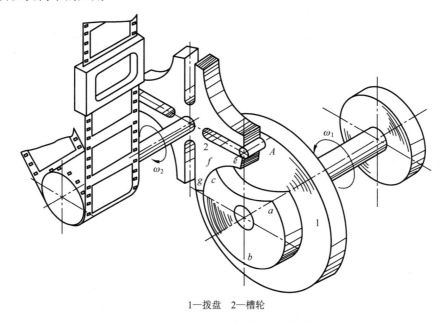

1—拨盘　2—槽轮

图 7-10　电影放映机中的卷片机构

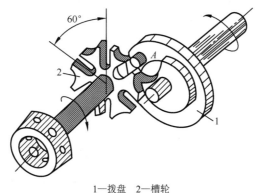

1—拨盘　2—槽轮

图 7-11　槽轮机构在单轴六角自动车床转塔刀架的转位机构中的应用

7.3　不完全齿轮机构

7.3.1　不完全齿轮机构的组成及工作原理

不完全齿轮机构是由普通渐开线齿轮机构演化而成的一种间歇运动机构。它与普通渐开线齿轮机构不同之处是轮齿没有布满整个圆周，不完全齿轮机构的主动轮 1 只有一个或几个齿，而从动轮 2 上具有若干与主动轮 1 相啮合的轮齿及锁止弧，可实现间歇运动。如图 7-12 所示，当主动轮 1 转动 1 周时，从动轮 2 转动 1/6 周，从动轮 2 每转动 1 周停歇 6 次。从动轮 2 停歇时，主动轮 1 上的锁止弧 S_1 与从动轮 2 上的锁止弧 S_2 互相配合锁住，以保证从动轮 2 停歇在预定的位置。

7.3.2 不完全齿轮机构的类型及应用

不完全齿轮机构的类型有外啮合（见图7-12）、内啮合（见图7-13）。与普通渐开线齿轮一样，外啮合不完全齿轮机构的两个齿轮转动方向相反，内啮合不完全齿轮机构两个齿轮转动方向相同。当从动轮2的直径为无穷大时，变为不完全齿轮齿条，这时从动轮2的转动变为齿条的移动，如图7-14所示。

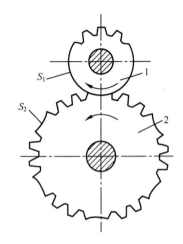

图7-12 外啮合不完全齿轮机构

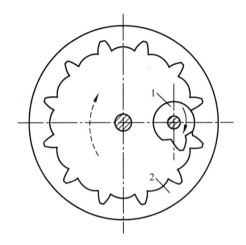

图7-13 内啮合不完全齿轮机构

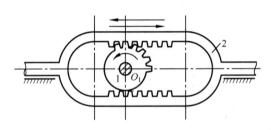

图7-14 不完全齿条机构

不完全齿轮机构结构简单，设计灵活，制造简单，工作可靠，但进入和退出啮合状态时，速度有突变，存在刚性冲击，故一般适用于低速、轻载的场合。

不完全齿轮机构常用在多工位全自动或半自动机械中，作为工作台的间歇转位机构，以及作为要求具有间歇运动的进给机构、计数机构等。

图7-15所示为蜂窝煤饼压制机工作台上的不完全齿轮间歇传动机构。工作台7用5个工位来完成煤粉的填装、压制、退煤等动作，因此工作台7需要间歇转动，而每次转动1/5周。为了满足这一运动要求，在工作台7上装有一个大齿圈，用中间齿轮6来传动。而主动轮3为不完全齿轮，它与齿轮6组成不完全齿轮机构。当主动轮3连续转动时可以使工作台7得到预期的间歇转动。又为了减轻工作台7间歇启动时的冲击，在主动轮3和齿轮6上加装了一对附加杆4和附加杆5，同时还分别装设了凸形和凹形的圆弧板，以便起到锁止弧的作用。

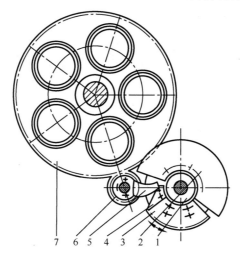

1—轴　2—轴套　3—不完全齿轮　4—附加杆　5—附加杆　6—不完全齿轮　7—工作台

图 7-15　蜂窝煤饼压制机工作台上的不完全齿轮间歇传动机构

7.4　螺　旋　机　构

7.4.1　螺旋机构的组成及工作原理

1. 螺旋机构的组成

由螺旋副连接相邻构件而成的机构称为螺旋机构,除螺旋副外常用的螺旋机构还有转动副和移动副。螺旋机构由螺杆、螺母及机架组成。

2. 螺旋机构的工作原理

螺旋机构将旋转运动转换成直线运动。在图 7-16（a）所示的螺旋机构中,螺杆 1 的 A 段螺旋在固定的螺母中转动,B 段螺旋在不能转动但能移动的螺母 2 中转动。其中,A 为转动副,B 为螺旋副,B 段的螺旋导程为 l_B,C 为移动副。因其中只包含一个螺旋副,故称为单螺旋机构。当螺杆 1 转过的角度为 φ 时,螺母 2 的位移 s 为

$$s = l_B \frac{\varphi}{2\pi} \tag{7-1}$$

在图 7-16（b）所示的螺旋机构中,A、B 都是螺旋副,A、B 段的螺旋导程为 l_A 和 l_B,设此两个螺旋副的螺纹旋向相反,则当螺杆 1 转过的角度为 φ 时,螺母 2 的位移为两个螺旋副移动量之和,即

$$s = (l_A + l_B) \frac{\varphi}{2\pi} \tag{7-2}$$

当导程 $l_A = l_B$ 时,有

$$s = (l_A + l_B) \frac{\varphi}{2\pi} = 2l_A \frac{\varphi}{2\pi} = 2s' \tag{7-3}$$

式中,s' 为螺杆 1 的位移。

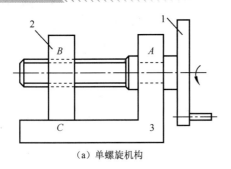 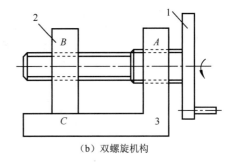

（a）单螺旋机构　　　　　　　　　　（b）双螺旋机构

图 7-16　螺旋机构

式（7-3）说明螺母 2 的位移是螺杆 1 的两倍。这种螺旋机构称为双螺旋机构，它可以使螺母 2 快速移动。

若将图 7-16（b）所示的螺旋机构的两个螺旋副 A 和 B 做成旋向相同的螺纹，则当螺杆 1 转过的角度为 φ 时，螺母 2 的位移 s 为

$$s = (l_A - l_B)\frac{\varphi}{2\pi} \tag{7-4}$$

由式（7-4）可知，当导程 l_A 与 l_B 相差很少时，可使螺母 2 得到很微小的位移。因此，这种螺旋机构被称为差动螺旋机构。

7.4.2　螺旋机构的应用

螺旋机构结构简单，制造方便；工作平稳，无噪声，可以传递很大的轴向力；传动效率低，有自锁现象；双螺旋机构可以获得较大的位移，差动螺旋机构可以获得微小的位移。螺旋机构常用于起重机、压力机及功率不大的进给系统和微调装置中。

图 7-17 所示为车辆连接装置中的双螺旋机构，可以使车钩 E 和车钩 F 很快地靠近和离开。图 7-18 所示为用于调节镗刀进给量的差动螺旋机构。

另外，螺旋机构在反行程时若不自锁，即当螺旋升角大于当量摩擦角时，它还可以将直线运动转换为旋转运动。在某些操纵机构、工具、玩具及武器等机构中，就利用了螺旋机构的这一特性。图 7-19 所示的新型螺钉旋具就是一个典型的应用实例。推动手柄 4（螺母），可使旋具杆 3 旋转。由于旋具杆 3 上有左旋、右旋螺旋槽各一条，手柄 4 中也相应地装有左旋、右旋螺母各一个，通过拨动操纵钮 5 向左或向右，可分别使左旋或右旋螺母起作用，从而只需要推动手柄 4 就可完成拧紧或拧松螺钉的动作。

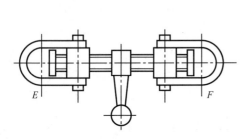 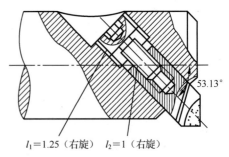

图 7-17　车辆连接装置中的双螺旋机构　　　　图 7-18　调节镗刀进给量的差动螺旋机构

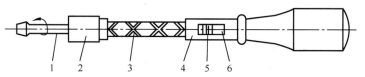

1—刀头 2—旋具座 3—旋具杆 4—手柄 5—操纵钮 6—螺母

图 7-19 新型螺钉旋具

7.5 万向联轴节

万向联轴节是一种常用的变角传动机构，可用于传递两相交轴之间的运动和动力，而且在传动过程中，两轴之间的夹角可以变动。因此，它广泛应用于汽车、机床等机械传动系统中。本节主要介绍单万向联轴节和双万向联轴节的运动特点和使用场合。

7.5.1 单万向联轴节

单万向联轴节的结构如图 7-20 所示。轴 1（主动轴）及轴 2（从动轴）的末端各有一个叉头，叉头分别通过转动副 A 和转动副 B 用铰链与中间"十字形"构件 3 相连，转动副 A 和转动副 B 的轴线垂直相交于"十字形"构件的中心 O，轴 1 和轴 2 与机架 4 组成转动副，轴 1、轴 2 的轴线也相交于 O 点，夹角为 α。

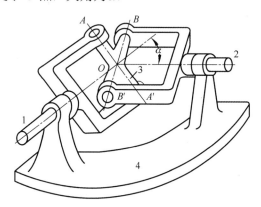

图 7-20 单万向联轴节的结构

由图 7-20 可见，当轴 1 转 1 周时，轴 2 也必然转 1 周，但是两轴的瞬时角速度比并不恒等于 1，而是随时变化的。设两轴的角速度分别为 ω_1 和 ω_2，与轴 1 相连的叉头转角为 φ_1，则两轴角速度比有如下关系：

$$\frac{\omega_2}{\omega_1} = \frac{\cos\alpha}{1-\sin^2\alpha\cos^2\varphi_1} \tag{7-5}$$

为简单起见，现仅以两个特殊位置加以说明。当轴 1 的叉面在如图 7-21 所示的平面内时，轴 2 的叉面则垂直于图样平面，即 $\varphi_1 = 0°$ 或 $180°$ 时，角速度比值最大，其值为 $(\omega_2/\omega_1)_{\max} = 1/\cos\alpha$；当轴 2 的叉面在如图 7-21（b）所示的平面内时，从轴 1 的叉面则垂直于图样平面，即 $\varphi_1 = 90°$ 或 $270°$ 时，角速度比值最小，其值为 $(\omega_2/\omega_1)_{\min} = \cos\alpha$。由此可知，当轴 1 以角速度 ω_1 作等速转动时，从动轴 2 的角速度 ω_2 将在 $(\omega_2/\omega_1)_{\max} \sim (\omega_2/\omega_1)_{\min}$ 的

范围内变化，即

$$\cos\alpha \leq \frac{\omega_2}{\omega_1} \leq \frac{1}{\cos\alpha} \tag{7-6}$$

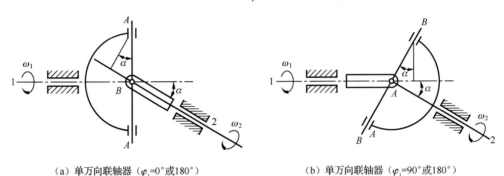

（a）单万向联轴器（$\varphi_1=0°$或$180°$）　　　　（b）单万向联轴器（$\varphi_1=90°$或$180°$）

图 7-21　单万向联轴节速度分析

而且从动轴 II 的角速度变化幅度与两轴之间的夹角 α 有关。因此，两轴之间的夹角不宜过大，一般 $\alpha \leq 30°$。

单万向联轴节的特点：当两轴之间的夹角变化时仍可继续工作，而只影响其瞬时角速度比值的大小。

7.5.2　双万向联轴节

单万向联轴节的主动轴作等速转动时，其从动轴的转速将有波动，这波动是随两轴之间的夹角 α 的增大而增大的。这种转速波动将影响机器的正常工作，特别是在高速情况下，由此引起的附加动载荷将导致严重的振动。为了消除上述从动轴变速转动的缺点，常将单万向联轴节成对使用，这便是双万向联轴节，即用一个中间轴 2 和两个单万向联轴节将主动轴 1 和从动轴 3 连接起来，如图 7-22 所示。

对于连接相交［见图 7-22（a）］或平行［见图 7-22（b）］的两轴双万向联轴节，为使主、从动轴的角速度恒相等，除了要求主动轴 1、从动轴 3 和中间轴 2 应位于同一平面内，还必须使主动轴 1、从动轴 3 的轴线与中间轴 2 的轴线之间的夹角相等；而且中间轴 2 两端的叉面应位于同一平面内。因此，双万向联轴节常用来传递平行轴或相交轴的运动。

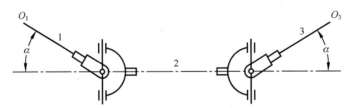

（a）主动轴1与从动轴3轴线相交

图 7-22　双万向联轴节

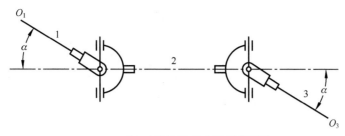

（b）主动轴1与从动轴3轴线平行

图 7-22　双万向联轴节（续）

7.5.3　万向联轴节的应用

单万向联轴节的特点，是能够传递不平行轴的运动，并且当工作中两轴之间的夹角发生变化时仍能继续传递运动，因此对安装、制造精度要求不高。

双万向联轴节常用来传递相交轴或平行轴的运动，它的特点如下：当位置发生变化导致两轴夹角发生变化时，不但可以继续工作，而且在满足前述的两条件时，还能保证两轴等角速度比传动。在一些机床的传动系统中可见到此双万向联轴节的应用。例如，在汽车变速箱和后桥主传动器之间用双万向联轴节连接，传递汽车变速箱输出轴与后桥车架弹簧支承上的后桥差速器输入轴间的运动。当汽车行驶时，由于道路不平或振动引起变速箱与差速器相对位置变化，联轴节的中间轴与它们的倾角虽然也有相应的变化，双万向联轴节仍能继续传递动力和运动，汽车仍能继续运动。又如，用于轧钢机轧辊传动中的双万向联轴节，它可以适应不同厚度钢坯的轧制。

习题与思考题

7-1　什么是双螺旋机构？为什么它可以使螺母产生快速移动？

7-2　棘轮机构有几种类型？它们分别有什么特点？适用于什么场合？

7-3　棘轮机构中止退棘爪的作用是什么？

7-4　内接槽轮机构与外接槽轮机构相比有什么优点？

7-5　不完全齿轮机构与普通齿轮机构的啮合过程有什么异同点？

第8章 平面机构的运动分析

学习目标：掌握瞬心的概念和数目计算方法，并且能够确定瞬心的位置；掌握利用瞬心法对平面机构进行速度分析，掌握利用相对运动图解法对平面机构进行速度和加速度分析；了解利用解析法对平面机构进行运动分析。

机构的主要用途之一就是传递运动，机构的运动分析任务是在已知机构尺寸及主动件运动规律的前提下，求解机构其余构件的角位移、角速度、角加速度，以及这些构件上特定点的位置、速度和加速度的过程。上述内容对了解现有机械的运动性能，特别是进行机械创新设计都是必不可少的，同时也是研究机械动力性能的必要前提。

通过对机构进行位移分析，确定机构中构件行程和所需运动空间，判断各个构件在运动过程中是否会发生干涉，确定构件上某点的运动轨迹以及机构的外壳尺寸等。通过对机构进行速度分析，可以确定从动件速度的变化能否满足工作要求，也可以确定机构的某些结构参数，这些也是加速度分析及确定机器动能和功率的基础。对于某些高速机械和重型机械进行加速度分析，可以确定各个构件的惯性力，保证机械的强度、振动和动力性能良好。

机构运动分析的方法主要有图解法和解析法两种。如果只需简捷直观地了解机构的某个或某几个位置的运动特性，那么采用图解法比较方便，而且精度也能满足实际问题的需求；如果需要精确地知道或要了解机构在整个运动循环过程中的运动特性，那么采用解析法并借助计算机，不仅可以获得较高的计算精度及一系列位置的分析结果，而且还能绘制出机构相应的运动线图，同时还可以把机构运动分析结果和机构综合问题联系起来，便于对机构进行优化设计。

本章将对图解法和解析法分别加以介绍，且仅限于研究平面机构的运动分析。

8.1 利用瞬心法对平面机构进行速度分析

图解法分析机构速度可以采用瞬心法和相对运动图解法两种，如果已知机构的构件数目较少时，且仅需对机构作速度分析时，采用瞬心法就显得十分方便。

8.1.1 瞬心的概念和数目计算

1. 瞬心的概念

根据理论力学可知，在任一瞬时，作平面相对运动的两构件上瞬时速度相等的重合点，即这两个构件的速度瞬心，简称瞬心，用符号 P_{ij} 表示构件 i、j 间的瞬心。

若两个构件中有一个构件固定不动，则其瞬心称为绝对速度瞬心。因为固定不动的构件速度为零，所以绝对速度瞬心是运动构件上绝对速度等于零的点。若两个构件都是运动的，则其瞬心称为相对速度瞬心。

2. 瞬心的数目计算

由瞬心定义可知：在平面机构中，每两个作相对运动的构件就会有一个瞬心。因此，由 N 个构件（包含机架）组成的机构，根据排列组合知识可知，所具有的瞬心数目为

$$K = C_N^2 = \frac{N(N-1)}{2} \tag{8-1}$$

式中，N 为构件数目；K 为瞬心数目。

由式（8-1）可知，随着机构中构件数目的增加，瞬心的数目将快速增加。如果机构中构件数目比较多，要找出全部的瞬心就比较烦琐。因此，瞬心法通常适用于构件数目较少的简单机构。

8.1.2 瞬心的位置

瞬心的位置大致可以分成两种形式：一种是两个构件之间通过运动副直接连接时的瞬心；另一种是两个构件之间没有通过运动副直接连接时的瞬心。

1. 两个构件通过运动副直接连接时瞬心位置的确定

1）两个构件通过转动副连接

如图 8-1（a）、图 8-1（b）、图 8-1（c）所示的构件 1 与构件 2 之间由转动副连接，铰链中心点就是其速度重合点，也就是两个构件的瞬心 P_{12}。

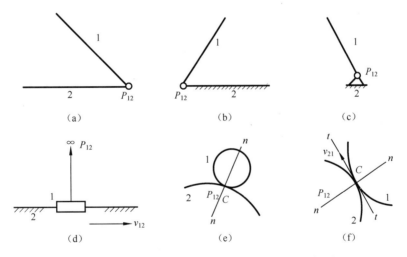

图 8-1 两个构件通过运动副直接连接时的瞬心位置

2）两个构件通过移动副连接

如图 8-1（d）所示的构件 1 与构件 2 的相对速度方向与导路方向平行，两个构件的瞬心 P_{12} 位于垂直导路方向的无穷远处。

3）两个构件通过平面高副连接

如图 8-1（e）所示的两个构件 1 与构件 2 为纯滚动，在接触点 C 处的相对速度为零，则该接触点 C 为两构件的瞬心 P_{12}。如图 8-1（f）所示的两个构件 1 与构件 2 为滚动兼滑动，在接触点 C 处的相对速度为 v_{21}，其方向沿高副接触点处的切线 $t—t$ 方向。因此，这种情况

下的瞬心 P_{12} 位于过接触点 C 且与 v_{21} 方向相垂直的法线 $n—n$ 上。

2. 两个构件没有通过运动副直接连接时瞬心位置的确定

若两个构件没有通过运动副直接连接，其瞬心位置可利用三心定理来确定。三心定理是指三个彼此作平面相对运动的构件的三个瞬心必位于同一直线上。因为只有三个瞬心位于同一直线上，才能满足瞬心为等速重合点的条件。

【例 8.1】 确定如图 8-2 所示的平面铰链四杆机构中各个瞬心的位置。

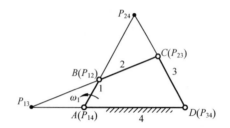

图 8-2 平面四杆机构的瞬心位置

解：在图 8-2 所示的平面铰链四杆机构中，根据式（8-1）可计算出该机构共有 6 个瞬心。分别为 P_{12}、P_{23}、P_{34}、P_{14}、P_{13} 及 P_{24}。其中瞬心 P_{12}、P_{23}、P_{34}、P_{14} 均为两个构件通过转动副直接连接时的瞬心，而其余两个瞬心 P_{13}、P_{24} 可通过三心定理来确定。对于构件 1、构件 2、构件 3 来说，P_{13} 必在 P_{12} 和 P_{23} 的连线上，而对于构件 1、构件 3、构件 4 来说，P_{13} 又应在 P_{14} 及 P_{34} 的连线上。所以上述两连线的交点即瞬心 P_{13}。同理，可确定瞬心 P_{24} 的位置。

8.1.3 瞬心法在机构速度分析中的应用

利用速度瞬心法分析机构中构件的速度，优点是作图比较简单、概念比较清晰。首先选定适当的比例尺 μ_l（构件的真实长度与图示长度之比，单位为 m/mm 或 mm/mm）画出机构运动简图，找出机构的全部瞬心并标注在机构简图上。利用瞬心的概念以及已知构件的速度计算出待求构件的速度。此方法不足之处是，当机构中构件数较多时，由于瞬心数目太多，求解较烦琐。

【例 8.2】 在图 8-2 中，已知各构件尺寸及主动件 1 的角度 ω_1，试用瞬心法求构件 2、构件 3 的角速度 ω_2、ω_3。

解：（1）由式（8-1）可计算出该机构共有 6 个瞬心，并标注所有瞬心的位置。

（2）由于构件 1 的角速度已知，故待求角速度的构件 2、构件 3 要与构件 1 联系起来。又由于瞬心 P_{12} 为构件 1、构件 2 的等速重合点，利用瞬心 P_{12} 即可求得 ω_2。因此，可分别列出两个构件在 P_{12} 点处的速度表达式。

构件 1：
$$v_{P_{12}} = v_B = \omega_1 l_{P_{12}P_{14}}$$

构件 2：
$$v_{P_{12}} = v_B = \omega_2 l_{P_{12}P_{24}}$$

联立两式，则有
$$\omega_1 l_{P_{12}P_{14}} = \omega_2 l_{P_{12}P_{24}}$$

化简得
$$\omega_2 = \omega_1 \frac{l_{P_{12}P_{14}}}{l_{P_{12}P_{24}}}$$

由于瞬心 P_{12} 在两个瞬心 P_{14} 和 P_{24} 的连线中间，因此 ω_2 与 ω_1 反方向，ω_2 为顺时针方向。

同理，瞬心 P_{13} 为构件 1、构件 3 的等速重合点，列出的速度表达式。

构件 1：
$$v_{P_{13}} = \omega_1 l_{P_{13}P_{14}}$$

构件 3：
$$v_{P_{13}} = \omega_3 l_{P_{13}P_{34}}$$

解得
$$\omega_3 = \omega_1 \frac{l_{P_{13}P_{14}}}{l_{P_{13}P_{34}}}$$

由于瞬心 P_{13} 在两个瞬心 P_{14} 和 P_{34} 连线的延长线上，因此 ω_3 与 ω_1 同方向，ω_3 为逆时针方向。

【例 8.3】 图 8-3 所示为一个凸轮机构。已知各个构件尺寸及凸轮的角速度 ω_2，求推杆的移动速度 v_3。

解： 根据瞬心法，过接触点 K 所作的公法线 $n—n$ 与瞬心连线 $P_{12}P_{23}$ 的交点即为瞬心 P_{23}。瞬心 P_{23} 为凸轮和推杆的等速重合点，故有
$$v_3 = \omega_1 \overline{P_{13}P_{14}} u_l$$

推杆的速度方向竖直向上。

【例 8.4】 图 8-4 所示为一个曲柄滑块机构。已知各个构件尺寸及曲柄的角速度 ω_1，求滑块 3 的移动速度 v_3。

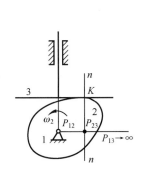
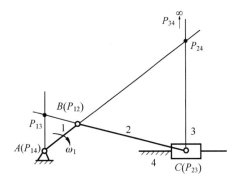

图 8-3 用瞬心法分析凸轮机构速度　　图 8-4 用瞬心法分析曲柄滑块机构速度

解： 瞬心 P_{14}、P_{12} 和 P_{23} 分别位于 A 点、B 点、C 点，P_{34} 在垂直导路方向的无穷远处。根据三心定理，选取构件 1、构件 2 和构件 3 为研究对象，可知 P_{13} 必在 P_{12} 与 P_{23} 连线上；再选取构件 1、构件 3 和构件 4 为研究对象，可知 P_{13} 位于过点 P_{14} 且与导路垂直的直线上。由此可知，过点 P_{14} 作导路的垂线与 $P_{12}P_{23}$ 延长线的交点即瞬心 P_{13}。由于滑块作直线移动，故其上各点的速度相等。根据瞬心定义，可知瞬心 P_{13} 为构件 1 和构件 3 的等速重合点，故有
$$v_3 = v_{P_{13}} = \omega_1 \overline{P_{13}P_{14}} u_l$$

v_3 的方向水平向右。

【例 8.5】 如图 8-5 所示，已知齿轮 1 的角速度为 ω_1，齿轮 2 的角速度为 ω_2，这两个齿轮的轮齿齿廓 E_1、E_2 在 K 点接触，试求 $\dfrac{\omega_1}{\omega_2}$。

解： 瞬心 P_{13}、P_{23} 为两个构件通过转动副直接连接时的瞬心，瞬心 P_{12} 可通过三心定理来确定。对于构件 1、构件 2、构件 3 来说，P_{12} 必在 P_{13} 和 P_{23} 的连线上，过 K 点所作的公法线 $n—n$ 与瞬心连线 $P_{13}P_{23}$ 的交点即瞬心 P_{12}。瞬心 P_{13}、P_{23} 和 P_{12} 分别为 O_1 点、O_2 点和 P 点，

瞬心 P_{12} 为齿轮 1 和齿轮 2 的等速重合点，故有

$$\omega_1 \overline{P_{13}P_{12}} = \omega_2 \overline{P_{12}P_{23}}$$

解得

$$\frac{\omega_1}{\omega_2} = \frac{\overline{P_{12}P_{23}}}{\overline{P_{13}P_{12}}} = \frac{\overline{O_2P}}{\overline{O_1P}}$$

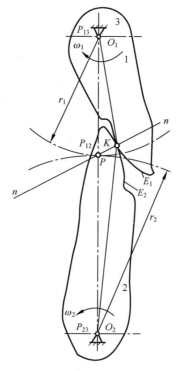

图 8-5 用瞬心法分析齿轮机构速度

8.2 利用相对运动图解法对机构进行速度和加速度分析

相对运动图解法（又称矢量方程图解法）是应用理论力学中有关刚性体的平面运动和点的复合运动的基本原理，根据速度合成定理和加速度合成定理列出机构各个构件上相应点之间的相对运动矢量方程式，并按一定的比例尺，运用矢量多边形的方法求解运动参数。

要解决这类问题，首先要建立两点之间速度或加速度的矢量方程，通过求解矢量方程、作矢量多边形，得到所需点的速度或加速度。

8.2.1 同一构件上两点之间的速度和加速度分析

根据刚性体平面运动的运动合成原理可知，作为平面运动的构件，其上任一点的运动都可看成随某一点平动（牵连运动）的同时又绕该点转动（相对运动）的合成。

用图解法分析同一构件上两点之间的速度关系示例如图 8-6 所示，图中构件 AB 作平面运动，已知 A 点的速度为 v_A，则该构件上任一点 B 的速度可表示为

$$v_B = v_A + v_{BA} \tag{8-2}$$

式中，v_A 为 A 点的绝对速度，方向已知；

v_B 为 B 点的绝对速度，方向未知；

v_{BA} 为 B 点相对于 A 点的相对速度，$v_{BA} = \omega l_{AB}$，其方向垂直于 AB，其指向与 ω 转动方向一致。

B 点与 A 点的加速度关系可表示为

$$a_B = a_A + a_{BA} = a_A + a_{BA}^n + a_{BA}^t \quad (8\text{-}3)$$

式中，a_{BA}^n 为 B 点相对于 A 点的相对法向加速度，$a_{BA}^n = v_{BA}^2 / l_{AB} = \omega^2 l_{AB}$，方向由 B 指向 A；

a_{BA}^t 为点 B 相对于点 A 的相对切向加速度，$a_{BA}^t = \varepsilon l_{AB}$，方向垂直于 A、B 两点的连线，指向与构件的角加速度 ε 转动方向一致。

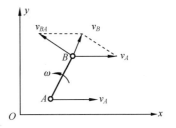

图 8-6 用图解法分析同一构件上两点之间的速度关系示例

铰链四杆机构的运动分析示例如图 8-7（a）所示，已知各个构件的尺寸和位置，主动件 1 以角速度 ω_1 匀速转动，试求在图示位置时机构中的 C 点与 E 点的速度 v_C 和 v_E。

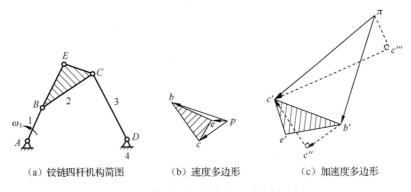

（a）铰链四杆机构简图　　　（b）速度多边形　　　（c）加速度多边形

图 8-7 铰链四杆机构的运动分析示例

该机构中的构件 1 和构件 3 作定轴转动，构件 2 作平面运动。

（1）列速度矢量方程式。

由于 B 点的速度已知，根据速度合成原理，构件 2 上 C 点的速度 v_C 等于 B 点的速度 v_B 与绕 B 点转动的相对速度 v_{CB} 的矢量和，即

$$v_C = v_B + v_{CB} \quad (8\text{-}4)$$

方向：　　　$\perp CD$　　$\perp AB$　　$\perp BC$

大小：　　　　?　　　$\omega_1 l_{AB}$　　　?

由以上分析知，式（8-4）中仅有两个未知数，可用作图法求解。

（2）选取速度比例尺作图求解。

速度矢量方程列出后，选取速度比例尺 μ_v（单位长度所代表的速度值，单位为 (m/s)/mm），具体求解过程如下。

如图 8-7（b）所示，首先任取一点 p，作矢量 $\overrightarrow{pb} \perp AB$。$\overrightarrow{pb}$ 的指向与 ω_1 的转动方向一致，长度 $\overline{pb} = v_B / \mu_v$，这样矢量 $\overrightarrow{pb}$ 就可以代表速度 v_B。然后，从 b 点作 v_{CB} 的方向线 $\overline{bc} \perp \overline{BC}$，再从 p 点作 v_C 的方向线 $pc \perp CD$，并和 bc 相交于 c 点。矢量 $\overrightarrow{pc}$ 和 $\overrightarrow{bc}$ 分别代表速度 v_C 和 v_{CB}，其大小可表示为

$$v_C = \mu_v \overline{pc}, \quad v_{CB} = \mu_v \overline{bc}$$

可得构件 2 的角速度 $\omega_2 = \dfrac{v_{CB}}{l_{BC}}$，将代表速度 v_{CB} 的矢量 $\overrightarrow{bc}$ 平移到机构简图上的 C 点，可知 ω_2 的方向为顺时针方向。

同理，可得构件 3 的角速度 $\omega_3 = \dfrac{v_C}{l_{CD}}$，将代表速度 v_C 的矢量 $\overrightarrow{pc}$ 平移到机构简图上的 C 点，则角速度 ω_3 的方向为逆时针方向。

图 8-7（b）所示的图形称为机构的速度多边形，p 点称为极点。速度多边形有如下特性：

① 极点 p 代表机构中速度为零的点。

② 连接极点 p 和任一点的矢量代表机构中同名点的绝对速度，方向由 p 点指向该点，例如，矢量 $\overrightarrow{pb}$ 代表速度 v_B。连接除 p 点外的其他任意两点的矢量代表机构中同名两点的相对速度，且其方向与下角标字母的顺序相反，如矢量 $\overrightarrow{bc}$ 代表速度 v_{CB}。

为了求 E 点的速度 v_E，可利用 E 点与 B 点、C 点之间的速度关系，列出速度矢量方程式 $v_E = v_B + v_{EB} = v_C + v_{EC}$，然后作图求解，如图 8-7（b）所示。分别过 b 点、c 点作 v_{EB} 的方向线 $\overline{be} \perp BE$ 和 v_{EC} 的方向线 $\overline{ce} \perp CE$，两线相交于 e 点，则 $\overrightarrow{pe}$ 代表速度 v_E。由图 8-7（b）可知，由于 △bce 与 △BCE 的对应边相互垂直，故两个三角形相似，并且其角标字母顺序方向也一致，因此速度图形 bce 称为构件图形 BCE 的速度影像。由此可知，若已知一个构件上两点的速度，则该构件上其他任一点的速度就可利用速度影像原理求出。如图 8-7（b）所示，当作出 bc 后，以 bc 为边作△bce∽△BCE，且两者角标字母的顺序方向一致，即可求得 e 点和速度 v_E，而不需再列矢量方程式求解。

求出 v_C、v_E 后，下一步求解在图示位置时机构中的 C 点与 E 点的加速度 $\boldsymbol{a}_C$ 和 $\boldsymbol{a}_E$。

（1）列加速度矢量方程。

根据加速度合成原理，可列出如下矢量方程式：

$$\begin{array}{ccccccccc}
& & \boldsymbol{a}_C & = & \boldsymbol{a}_B & + & \boldsymbol{a}_{CB} & & \\
\boldsymbol{a}_C^n & + & \boldsymbol{a}_C^t & = & \boldsymbol{a}_B & + & \boldsymbol{a}_{CB}^n & + & \boldsymbol{a}_{CB}^t
\end{array} \quad (8\text{-}5)$$

方向：　$C \to D$　　$\perp CD$　　　$B \to A$　　　$C \to B$　　$\perp BC$

大小：　$\omega_3^2 l_{CD}$　　？　　　$\omega_1^2 l_{AB}$　　$\omega_2^2 l_{BC}$　　？

（2）选取加速度比例尺作图求解。

列出加速度矢量方程后，首先选取加速度比例尺 μ_a（单位长度所代表的加速度值，单位为 $(\text{m}/\text{s}^2)/\text{mm}$）。

如图 8-7（c）所示，任取一点 π，作矢量 $\overrightarrow{\pi b'} // AB$，其大小为 $\overline{\pi b'} = a_B^n / \mu_a$，指向为 $B \to A$，这样矢量 $\overrightarrow{\pi b'}$ 就代表加速度 $\boldsymbol{a}_B^n$；接着从 b' 点作矢量 $\overrightarrow{b'c''} // BC$，指向为 $C \to B$，长度为 $\overline{b'c''} = a_{CB}^n / \mu_a$，矢量 $\overrightarrow{b'c''}$ 代表 $\boldsymbol{a}_{CB}^n$；然后作 $\overrightarrow{c''c'} \perp BC$，作为 $\boldsymbol{a}_{CB}^t$ 的方向线；再从 π 点作矢量 $\overrightarrow{\pi c'''} // CD$，方向为 $C \to D$，长度为 $\pi c''' = a_C^n / \mu_a$，则矢量 $\overrightarrow{\pi c'''}$ 代表加速度 $\boldsymbol{a}_C^n$；过 c''' 作 $\overrightarrow{c'''c'} \perp CD$，作为 $\boldsymbol{a}_C^t$ 的方向线，与 $\overrightarrow{c''c'}$ 相交于点 c'。最后连接 $\overrightarrow{\pi c'}$ 和 $\overrightarrow{\pi b'}$，则矢量 $\overrightarrow{\pi c'}$ 和 $\overrightarrow{b'c'}$ 分别代表加速度 $\boldsymbol{a}_C$ 和 $\boldsymbol{a}_{CB}$，其大小分别表示为

$$a_C = \mu_a \overline{\pi c'}, \quad a_{CB} = \mu_a \overline{b'c'}$$

可知，构件 2 和构件 3 的角加速度分别为

$$\varepsilon_2 = \frac{a_{CB}^t}{l_{BC}} = \frac{\mu_a \overline{c''c'}}{l_{BC}}, \quad \varepsilon_3 = \frac{a_C^t}{l_{CD}} = \frac{\mu_a \overline{c'''c'}}{l_{CD}}$$

将代表 a_{CB}^t 的矢量 $\overrightarrow{c''c'}$ 平移到机构图上的 C 点，由此可知角加速度 ε_2 的方向为逆时针方向；将代表 a_C^t 的矢量 $\overrightarrow{c'''c'}$ 平移到机构图上的 C 点，由此可知角加速度 ε_3 的方向也为逆时针方向。

图 8-7（c）所示的图形称为机构的加速度多边形，π 点称为极点。加速度多边形的特性如下：

① 极点 π 代表机构中加速度为零的点。

② 连接极点 π 和任一点的矢量代表机构中同名点的绝对加速度，方向由 π 点指向该点。例如，矢量 $\overrightarrow{\pi c'}$ 代表加速度 a_C。

③ 连接带有上角标的其他任意两点的矢量代表机构中同名两点的相对加速度，其方向和下角标字母的顺序相反。例如，矢量 $\overrightarrow{b'c'}$ 代表加速度 a_{CB} 而不是 a_{BC}。

在加速度关系中也存在和速度影像原理一致的加速度影像原理。因此，若要求 E 点的加速度 a_E，只须以 $b'c'$ 为边作 $\triangle b'c'e' \backsim \triangle B'C'E'$，且下角标字母的顺序方向一致，即可求得 e' 点和加速度 a_E。

需要指出的是，速度影像和加速度影像原理只适用于构件（构件的速度多边形及加速度多边形与其几何形状是相似的），而不适用于整个机构。

8.2.2 组成移动副的两个构件瞬时重合点之间的速度和加速度分析

以移动副相连的两个转动构件上的重合点之间的速度及加速度之间的关系，与前一种情况不同，因而列出的机构的运动矢量方程式也有所不同，但大体步骤相似，可以作为参考。下面举例加以说明。

导杆机构的运动分析示例如图 8-8（a）所示，已知该机构的位置及各个构件的长度，主动件 1 作匀速转动，角速度为 ω_1，试对该机构的速度和加速度进行分析。

由图 8-8（a）可知，构件 1 与构件 2 组成转动副，B 点既是构件 1 上的点，也是构件 2 上的点；构件 2 与构件 3 组成移动副，构件 2 上的 B_2 点和构件 3 上的 B_3 点为瞬时重合点，两者之间只有相对移动而没有相对转动。因此，它们的角速度和角加速度应分别相等，即 $\omega_3 = \omega_2$，$\varepsilon_3 = \varepsilon_2$。

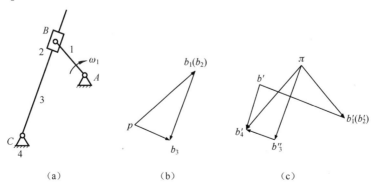

图 8-8 导杆机构的运动分析示例

(1) 速度分析。

① 列出速度矢量方程式。

由图 8-8（a）可知，由于构件 1 与构件 2 在 B 点组成转动副，因此 $v_{B_2} = v_{B_1}$，且都等于 $\omega_1 l_{AB}$；而在构件 2 与构件 3 的瞬时重合点，$v_{B_2} \neq v_{B_3}$。根据点的速度合成原理可知，B_3 点的绝对速度等于与其重合的牵连点 B_2 的绝对速度和 B_3 相对于 B_2 的相对速度的矢量和，即

$$v_{B_3} = v_{B_2} + v_{B_3 B_2} \quad (8\text{-}6)$$

方向： $\perp BC$ $\quad\perp AB$ $\quad // BC$
大小： ? $\quad\omega_1 l_{AB}$ $\quad$?

② 作图求解。

由上面的速度矢量方程式可知，仅 v_{B_3} 和 $v_{B_3 B_2}$ 的大小未知，因此可用图解法求解。选取速度比例尺 μ_v，作速度多边形，如图 8-8（b）所示。先任取一点 p 作为极点，作矢量 $\overrightarrow{pb_2} \perp AB$，长度 $pb_2 = v_{B_2}/\mu_v$，则矢量 $\overrightarrow{pb_2}$ 可以代表 v_{B_2}；作 $\overrightarrow{b_2 b_3} // BC$，代表 $v_{B_3 B_2}$ 的方向线，作 $\overrightarrow{pb_3} \perp BC$，代表 v_{B_3} 的方向线，两者交于点 b_3，则矢量 $\overrightarrow{pb_3}$ 代表 v_{B_3}，矢量 $\overrightarrow{b_2 b_3}$ 代表 $v_{B_3 B_2}$，速度大小可表示为

$$v_{B_3} = \mu_v \overline{pb_3}, \quad v_{B_3 B_2} = \mu_v \overline{b_2 b_3}$$

则构件 3 的角速度可表示为

$$\omega_3 = \frac{v_{B_3}}{l_{BC}}$$

将代表 v_{B_3} 的矢量 $\overrightarrow{pb_3}$ 平移到机构图上的 B 点，由此可知角速度 ω_3 的方向为顺时针方向。由于构件 2 与构件 3 组成移动副，因此 $\omega_2 = \omega_3$。

(2) 加速度分析。

① 列出加速度矢量方程式。

根据点的加速度合成原理可知，B_3 点的绝对加速度 $\boldsymbol{a}_{B_3}$ 等于牵连加速度 $\boldsymbol{a}_{B_2}$、哥氏加速度 $\boldsymbol{a}_{B_3 B_2}^k$ 和相对加速度 $\boldsymbol{a}_{B_3 B_2}^r$ 的矢量和，其中哥氏加速度的大小 $a_{B_3 B_2}^k = 2\omega_3 v_{B_3 B_2}$，方向由相对速度 $v_{B_3 B_2}$ 的指向沿牵连角速度 ω_3 转过 90° 而得到，即

$$\boldsymbol{a}_{B_3} = \boldsymbol{a}_{B_2} + \boldsymbol{a}_{B_3 B_2}^k + \boldsymbol{a}_{B_3 B_2}^r$$
$$\boldsymbol{a}_{B_3}^n + \boldsymbol{a}_{B_3}^t = \boldsymbol{a}_{B_2} + \boldsymbol{a}_{B_3 B_2}^k + \boldsymbol{a}_{B_3 B_2}^r \quad (8\text{-}7)$$

方向： $B \to C$ $\quad \perp BC$ $\quad B \to A$ $\quad \perp BC$ $\quad // BC$
大小： $\omega_3^2 l_{BC}$ $\quad$? $\quad \omega_1^2 l_{AB}$ $\quad 2\omega_3 v_{B_3 B_2}$ $\quad$?

② 作图求解。

在上面的加速度矢量方程式中，只有 $\boldsymbol{a}_{B_3}^t$ 和 $\boldsymbol{a}_{B_3 B_2}^r$ 的大小未知，可利用图解法求解。选取加速度比例尺 μ_a，作加速度多边形，如图 8-8（c）所示。其中，矢量 $\overrightarrow{\pi b_2'}$ 代表 $\boldsymbol{a}_{B_2}$，矢量 $\overrightarrow{b_2' k'}$ 代表 $\boldsymbol{a}_{B_3 B_2}^k$，矢量 $\overrightarrow{k' b_3'}$ 代表 $\boldsymbol{a}_{B_3 B_2}^r$，矢量 $\overrightarrow{\pi b_3'}$ 代表 $\boldsymbol{a}_{B_3}$，矢量 $\overrightarrow{\pi b_3''}$ 代表 $\boldsymbol{a}_{B_3}^n$，矢量 $\overrightarrow{b_3'' b_3'}$ 代表 $\boldsymbol{a}_{B_3}^t$，这些矢量的大小分别为

$$a_{B_2} = \mu_a \overline{\pi b_2'}, \quad a_{B_3 B_2}^k = \mu_a \overline{b_2' k'}, \quad a_{B_3 B_2}^r = \mu_a \overline{k' b_3'}$$

$$a^n_{B_3} = \mu_a \overline{\pi b''_3}, \quad a^t_{B_3} = \mu_a \overline{b''_3 b'_3}, \quad a_{B_3} = \mu_a \overline{\pi b'_3}$$

由此可求得构件 3 的角加速度，即

$$\varepsilon_3 = \frac{a^t_{B_3}}{l_{BC}} = \frac{\mu_a \overline{b''_3 c'_3}}{l_{BC}}$$

将代表 $a^t_{B_3}$ 的矢量 $\overline{b''_3 b'_3}$ 平移到机构图上的 B_3 点，由此可知角加速度 ε_3 的方向为逆时针方向。由于构件 2 与构件 3 组成移动副，故 $\varepsilon_2 = \varepsilon_3$。

【例 8.6】 图 8-9 所示为柱塞唧筒六杆机构的运动分析。已知各个构件的尺寸：$l_{AB} = 140$ mm，$l_{BC} = l_{CD} = 420$ mm；主动件 1 沿顺时针方向等速回转，角速度 $\omega_1 = 20$ rad/s。试求该机构在图示位置时的速度 v_C、v_{E5}，加速度 a_C、a_{E5}，角速度 ω_2、ω_3 及角加速度 ε_2、ε_3 的大小和方向。

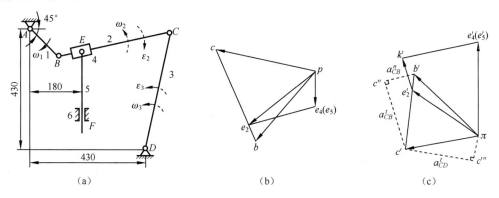

图 8-9 柱塞唧筒六杆机构的运动分析

解：(1) 作机构运动简图。

选取比例尺 $\mu_l = l_{AB} / \overline{AB} = 0.01$ m/mm，按给定的主动件位置，准确作出该机构的运动简图，如图 8-9（a）所示。

(2) 速度分析。

根据已知条件，按以下步骤应依次分析 v_B、v_C、v_{E2}，并推断出 $v_{E4} = v_{E5}$，然后再求解 ω_2、ω_3。

① 求 v_B。

$$v_B = \omega_1 l_{AB} = 20 \times 0.14 = 2.8 \text{（m/s）}$$

其方向垂直 AB，指向与 ω_1 的转动方向一致。

② 求 v_C。

由于 C 点、B 点为同一构件上的两点，故有

	v_C	=	v_B	+	v_{CB}
方向：	$\perp CD$		$\perp AB$		$\perp CB$
大小：	?		√		?

上式可用图解法求解，如图 8-9（b）所示，取 p 点作为极点，作矢量 $\overline{pb}$ 代表 v_B，速度比例尺 $\mu_v = v_B / \overline{pb} = 0.1$ (m/s)/mm，再分别从 b 点、p 点作垂直于 BC、CD 的矢量 $\overline{bc}$、$\overline{pc}$ 分别代表 v_{CB}、v_C 的方向线，两线相交于 c 点，则有

$$v_C = \mu_v \overline{pc} = 0.1 \times 26 = 2.6 \text{ （m/s）（沿} \overrightarrow{pc} \text{ 方向）}$$

③ 求 v_{E_2}。

由于 E_2 点、B 点、C 点同在构件 2 上，又已知 v_B、v_C 的大小和方向，故可利用速度影像求得 v_{E_2}。e_2 点应在 $\overline{bc}$ 线上，由 $\overline{be_2} = \overline{bc} \cdot \overline{BE_2}/\overline{BC}$ 可得点 e_2，则

$$v_{E_2} = \mu_v \overline{pe_2} = 0.1 \times 25 = 2.5 \text{ （m/s）（沿} \overrightarrow{pe_2} \text{ 方向）}$$

④ 求 v_{E_5}。

因 E_4 点与 E_2 点为同一构件上的重合点，又已知 $v_{E_5} = v_{E_4}$，故

$$v_{E_5} = v_{E_4} = v_{E_2} + v_{E_4 E_2}$$

方向：　　　　　　// EF　　　√　　　// BC
大小：　　　　　　?　　　　　√　　　?

上式可用作图法求解，如图 8-9（b）所示，由 e_2 点作 $v_{E_4 E_2}$ 的方向线 $\overrightarrow{e_4 e_2}$ // BC，再由点 p 作 v_{E_4} 的方向线 $\overrightarrow{pe_4}$ // EF，两线相交于 e_4 点，则

$$v_{E_5} = v_{E_4} = \mu_v \overline{pe_4} = 0.1 \times 10.5 = 1.05 \text{ （m/s）（沿} \overrightarrow{pe_4} \text{ 方向）}$$

⑤ 求 ω_2、ω_3。

由前面求构件角速度的方法可得

$$\omega_2 = v_{CB}/l_{BC} = \mu_v \overline{bc}/l_{BC} = (0.1 \times 26)/0.42 = 6.19 \text{ （rad/s）（沿逆时针方向）}$$

$$\omega_3 = v_C/l_{CD} = \mu_v \overline{pc}/l_{CD} = (0.1 \times 26)/0.42 = 6.19 \text{ （rad/s）（沿逆时针方向）}$$

（3）加速度分析。

与速度分析相同，加速度求解的步骤也依次为 a_B、a_C、a_{E_2} 及 $a_{E_4} = a_{E_5}$，然后再求解 ε_2、ε_3。

① 求 a_B。

$$a_B = a_{BA}^n = \omega_1^2 l_{AB} = 20^2 \times 0.14 = 56 \text{ （m/s}^2\text{）}$$

a_B 的方向由 B 指向 A。

② 求 a_C。

根据 C 点分别相对于 D 点和 B 点的运动关系，可得

$$a_C = a_{CD}^n + a_{CD}^t = a_B + a_{CB}^n + a_{CB}^t$$

方向：　　　$C \to D$　　$\perp CD$　　$B \to A$　　$C \to B$　　$\perp CB$
大小：　　　$\omega_3^2 l_{CD}$　　?　　　√　　　$\omega_2^2 l_{CB}$　　?

上式可用作图法求解，如图 8-9（c）所示，任取一点 π 作为极点，作矢量 $\overline{\pi b'}$ 代表 a_B，加速度比例尺 $\mu_a = 2$ (m/s²)/mm。然后按上式依次作图，即可求得 c' 点，则

$$a_C = \mu_a \overline{\pi c'} = 2 \times 28 = 56 \text{ （m/s}^2\text{）（沿} \overrightarrow{\pi c'} \text{ 方向）}$$

③ 求 a_{E_2}。

与速度分析一样，可利用加速度影像求 a_{E_2}。e_2' 点应在 $b'c'$ 线上，由 $\overline{b'e_2'} = \overline{b'c'} \cdot \overline{BE_2}/\overline{BC}$ 可得 e_2' 点，则

$$a_{E2} = \mu_a \overline{\pi e_2'} = 2 \times 25 = 50 \text{ （m/s}^2\text{）（沿} \overrightarrow{\pi e_2'} \text{ 方向）}$$

④ 求 a_{E_5}。

由两个构件上重合点的加速度关系可得

$$a_{E_5} = a_{E_4} = a_{E_2} + a_{E_4E_2}^k + a_{E_4E_2}^r$$

方向：　　　　　//EF　　　√　　　⊥BC　　　//BC

大小：　　　　　?　　　　√　　$2\omega_2 v_{E_4E_2}$　　?

根据上式作图，如图 8-9（c）所示，可得

$$a_{E_5} = a_{E_4} = \mu_a \overline{\pi e_4'} = 2 \times 32.5 = 65 \text{ (m/s}^2) \text{（沿 } \overline{\pi e_4'} \text{ 方向）}$$

⑤ 求 ε_2、ε_3。

根据前面求构件角加速度的方法可得

$$\varepsilon_2 = a_{CB}^t / l_{BC} = \mu_a \overline{c''c'} / l_{BC} = (2 \times 25.2)/0.42 = 120 \text{ (rad/s)（沿顺时针方向）}$$

$$\varepsilon_3 = a_C^t / l_{CD} = \mu_a \overline{c'''c'} / l_{CD} = (2 \times 24.8)/0.42 = 118.1 \text{ (rad/s)（沿逆时针方向）}$$

对于含有高副的机构，为使运动分析简单化，常将其高副采用低副来代替，然后再进行分析。如图 8-10（a）所示为凸轮机构的高副低代，已知机构尺寸，凸轮 1 以角速度 ω_1 沿逆时针方向转动，求推杆 2 的角速度 ω_2 及角加速度 ε_2。可采用高副低代将其转化成图 8-10（b）所示的机构，然后再对运动进行分析。

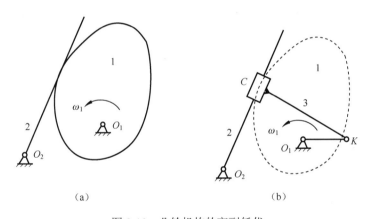

图 8-10　凸轮机构的高副低代

需要指出的是，图 8-10（b）所示的替代机构为瞬时替代，因此对机构的不同位置进行分析时，均需作出相应的瞬时替代机构。

8.3　利用解析法对机构进行速度和加速度分析

相对运动图解法虽然比较形象直观，但是作图精度有限，而且费时，尤其需要对机构的一个运动周期中的多个位置逐一进行运动分析时，图解法就显得尤为烦琐。随着科学技术的进步与发展，解析法得到了广泛的应用，能获得更为精确和满意的结果。由于建立和推导相应方程时所采用的数学工具不同，求解方法有很多种。本书将介绍两种比较容易掌握且便于应用计算机计算和求解的方法——矩阵法和复数矢量法。用这两种方法对机构作运动分析时，均需先列出机构的封闭矢量方程式。

在建立机构的封闭矢量方程式之前,需先将构件用矢量来表示,并作出机构的封闭矢量多边形。四杆机构的运动分析示例如图 8-11 所示,先建立一直角坐标系,设构件 1 的长度为 l_1,其方位角为 θ_1,设 $\boldsymbol{l}_1$ 为构件 1 的杆矢量,即 $\boldsymbol{l}_1 = \overrightarrow{AB}$。机构中其余构件均可表示为相应的杆矢量,这样就形成了由各杆矢量组成的一个封闭矢量多边形,即 $ABCDA$。在这个封闭矢量多边形中,其各矢量之和必等于零。即

$$\boldsymbol{l}_1 + \boldsymbol{l}_2 - \boldsymbol{l}_3 - \boldsymbol{l}_4 = 0 \tag{8-8}$$

式(8-8)为图 8-11 所示的四杆机构的封闭矢量方程式。对于一个特定的四杆机构,其各个构件的长度和主动件 1 的方位角 θ_1 为已知,而 $\theta_4 = 0$,故由该矢量方程可求得两个未知方位角 θ_2 和 θ_3。

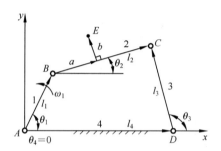

图 8-11 四杆机构的运动分析示例

各个构件矢量的方向可自由确定,但各个构件矢量的方位角均应由 x 轴开始,并以沿逆时针方向计量为正。特别需要指出的是,坐标系和各个构件矢量方向的选取不影响解题结果。

由上述分析可知,对于一个四杆机构,只需作出一个封闭矢量多边形即可求解。而对四杆以上的多杆机构,需作出多个封闭矢量多边形才能求解。

8.3.1 矩阵法

矩阵法方便地借助计算机,运用标准计算程序或方程求解器等软件包来求解。现仍以如图 8-11 所示的四杆机构为例,利用矩阵法对平面机构运动进行分析。

设已知各个构件的尺寸及主动件 1 的方位角 θ_1 和等角速度 ω_1,需对其位置、速度和加速度进行分析。

如前所述,为了对机构进行运动分析,先要建立坐标系并将各个构件表示为杆矢量。

(1)位置分析。

将机构的封闭矢量方程式(8-8)改写并表示为复数矢量形式:

$$\boldsymbol{l}_1 \mathrm{e}^{\mathrm{i}\theta_1} + \boldsymbol{l}_2 \mathrm{e}^{\mathrm{i}\theta_2} = \boldsymbol{l}_4 + \boldsymbol{l}_3 \mathrm{e}^{\mathrm{i}\theta_3} \tag{8-9}$$

将式(8-9)改写为在两坐标上的投影式,并改写方程左边仅含未知量项的形式,即得

$$\begin{cases} l_2 \cos\theta_2 - l_3 \cos\theta_3 = l_4 - l_1 \cos\theta_1 \\ l_2 \sin\theta_2 - l_3 \sin\theta_3 = -l_1 \sin\theta_1 \end{cases} \tag{8-10}$$

解此方程即可求得两个未知方位角 θ_2 和 θ_3。

求解 θ_3 时,可先将式(8-10)中两式等号左边含 θ_2 的项移到等号右边,然后分别将等号两边平方并相加消去未知方位角 θ_2,可得

$$l_2^2 = l_3^2 + l_4^2 + l_1^2 - 2l_3(l_1\cos\theta_1 - l_4)\cos\theta_3 - 2l_3 l_4 \sin\theta_1 \sin\theta_3 - 2l_1 l_4 \cos\theta_1$$

整理得

$$2l_1l_3\sin\theta_1\sin\theta_3 + 2l_3(l_1\cos\theta_1 - l_4)\cos\theta_3 + l_2^2 - l_1^2 - l_3^2 - l_4^2 + 2l_1l_4\cos\theta_1 = 0 \quad (8\text{-}11\text{a})$$

令

$$A = 2l_1l_3\sin\theta_1$$
$$B = 2l_3(l_1\cos\theta_1 - l_4)$$
$$C = l_2^2 - l_1^2 - l_3^2 - l_4^2 + 2l_1l_4\cos\theta_1$$

则式（8-11a）可简化为

$$A\sin\theta_3 + B\cos\theta_3 + C = 0$$

解得

$$\tan(\theta_3/2) = (A \pm \sqrt{A^2 + B^2 - C^2})/(B - C) \quad (8\text{-}11\text{b})$$

求出 θ_3 之后，可利用式（8-10）求 θ_2。式（8-11 b）有两个解，可根据机构的初始安装情况和机构运动的连续性来确定式中"±"号的选取。

（2）速度分析。

将式（8-10）对时间取一次导数，可得

$$\begin{cases} -l_2\omega_2\sin\theta_2 + l_3\omega_3\sin\theta_3 = l_1\omega_1\sin\theta_1 \\ l_2\omega_2\cos\theta_2 - l_3\omega_3\cos\theta_3 = -l_1\omega_1\cos\theta_1 \end{cases} \quad (8\text{-}12)$$

解得 ω_2 和 ω_3：

$$\begin{bmatrix} \omega_2 \\ \omega_3 \end{bmatrix} = -\frac{\omega_1}{l_2l_3\sin(\theta_2 - \theta_3)}\begin{bmatrix} l_1l_3\sin(\theta_1 - \theta_3) \\ l_1l_2\sin(\theta_1 - \theta_2) \end{bmatrix} \quad (8\text{-}13)$$

（3）加速度分析。

将式（8-12）对时间取一次导数，可得加速度关系，其矩阵形式为

$$\begin{bmatrix} -l_2\sin\theta_2 & l_3\sin\theta_3 \\ l_2\cos\theta_2 & -l_3\cos\theta_3 \end{bmatrix}\begin{bmatrix} \varepsilon_2 \\ \varepsilon_3 \end{bmatrix} = -\begin{bmatrix} -\omega_2 l_2\cos\theta_2 & \omega_3 l_3\cos\theta_3 \\ -\omega_2 l_2\sin\theta_2 & \omega_3 l_3\sin\theta_3 \end{bmatrix}\begin{bmatrix} \omega_2 \\ \omega_3 \end{bmatrix} + \omega_1\begin{bmatrix} \omega_1 l_1\cos\theta_1 \\ \omega_1 l_1\sin\theta_1 \end{bmatrix} \quad (8\text{-}14)$$

由式（8-14）可解得

$$\begin{bmatrix} \varepsilon_2 \\ \varepsilon_3 \end{bmatrix} = \begin{bmatrix} \omega_2\tan(\theta_2 - \theta_3) & -\dfrac{\omega_3 l_3}{l_2\sin(\theta_2 - \theta_3)} \\ \dfrac{\omega_2 l_2}{l_3\sin(\theta_2 - \theta_3)} & \omega_3\tan(\theta_2 - \theta_3) \end{bmatrix}\begin{bmatrix} \omega_2 \\ \omega_3 \end{bmatrix} - \frac{\omega_1^2 l_1}{l_2l_3\sin(\theta_2 - \theta_3)}\begin{bmatrix} l_3\cos(\theta_1 - \theta_3) \\ l_2\cos(\theta_1 - \theta_2) \end{bmatrix} \quad (8\text{-}15)$$

若还需要求连杆上任一点 E 的位置、速度和加速度时，可先假设连杆上任一点 E 的位置矢量为 $\boldsymbol{a}$ 及 $\boldsymbol{b}$，由下列各式直接求得

$$\begin{cases} x_E = l_1\cos\theta_1 + \boldsymbol{a}\cos\theta_2 + \boldsymbol{b}\cos(90° + \theta_2) \\ y_E = l_1\sin\theta_1 + \boldsymbol{a}\sin\theta_2 + \boldsymbol{b}\sin(90° + \theta_2) \end{cases} \quad (8\text{-}16)$$

$$\begin{bmatrix} v_{Ex} \\ v_{Ey} \end{bmatrix} = \begin{bmatrix} \dot{x}_E \\ \dot{y}_E \end{bmatrix} = \begin{bmatrix} -l_1\sin\theta_1 & -\boldsymbol{a}\sin\theta_2 - \boldsymbol{b}\sin(90° + \theta_2) \\ l_1\cos\theta_1 & \boldsymbol{a}\cos\theta_2 + \boldsymbol{b}\cos(90° + \theta_2) \end{bmatrix}\begin{bmatrix} \omega_1 \\ \omega_2 \end{bmatrix} \quad (8\text{-}17)$$

$$\begin{bmatrix} a_{Ex} \\ a_{Ey} \end{bmatrix} = \begin{bmatrix} \ddot{x}_E \\ \ddot{y}_E \end{bmatrix} = \begin{bmatrix} -l_1\sin\theta_1 & -\boldsymbol{a}\sin\theta_2 - \boldsymbol{b}\sin(90° + \theta_2) \\ l_1\cos\theta_1 & \boldsymbol{a}\cos\theta_2 + \boldsymbol{b}\cos(90° + \theta_2) \end{bmatrix}\begin{bmatrix} 0 \\ \varepsilon_2 \end{bmatrix}$$

$$-\begin{bmatrix} l_1\cos\theta_1 & \boldsymbol{a}\cos\theta_2 + \boldsymbol{b}\cos(90° + \theta_2) \\ l_1\sin\theta_1 & \boldsymbol{a}\sin\theta_2 + \boldsymbol{b}\sin(90° + \theta_2) \end{bmatrix}\begin{bmatrix} \omega_1^2 \\ \omega_2^2 \end{bmatrix} \quad (8\text{-}18)$$

利用公式 $v_E = \sqrt{v_{Ex}^2 + v_{Ey}^2}$，$a_E = \sqrt{a_{Ex}^2 + a_{Ey}^2}$ 即可求出 v_E 和 a_E。

为了便于书写和记忆，在矩阵法中，速度分析关系式可表示为

$$\boldsymbol{A\omega} = \omega_1 \boldsymbol{B} \tag{8-19}$$

式中，$\boldsymbol{A}$ 为机构从动件的位置参数矩阵；$\boldsymbol{\omega}$ 为机构从动件的速度列阵；$\boldsymbol{B}$ 为机构主动件的位置参数阵列；ω_1 为机构主动件的速度列阵。

加速度分析的关系式可表示为

$$\boldsymbol{A\varepsilon} = -\dot{\boldsymbol{A}}\boldsymbol{\omega} + \omega_1 \dot{\boldsymbol{B}} \tag{8-20}$$

式中，$\boldsymbol{\varepsilon}$ 为机构从动件的角加速度列阵；$\dot{\boldsymbol{A}} = \mathrm{d}\boldsymbol{A}/\mathrm{d}t$；$\dot{\boldsymbol{B}} = \mathrm{d}\boldsymbol{B}/\mathrm{d}t$。

8.3.2 复数矢量法

复数矢量法由于利用了复数运算十分简便的优点，不仅可用来对任何机构包括较复杂的连杆机构进行运动分析和动力分析，而且还可用来进行机构的综合分析，并可利用计算机进行求解。

仍以图 8-11 所示的四杆机构为例，已知条件同前，现用复数矢量法求解。分析之前，先建立坐标系，并将各个构件表示为杆矢量。

（1）位置分析。

将机构封闭矢量方程式（8-8）改写并表示为复数矢量形式，即

$$l_1 \mathrm{e}^{\mathrm{i}\theta_1} + l_2 \mathrm{e}^{\mathrm{i}\theta_2} = l_4 + l_3 \mathrm{e}^{\mathrm{i}\theta_3} \tag{8-21}$$

应用欧拉公式 $\mathrm{e}^{\mathrm{i}\theta} = \cos\theta + \mathrm{i}\sin\theta$ 将式（8-21）的实部和虚部分离，得

$$\begin{cases} l_1 \cos\theta_1 + l_2 \cos\theta_2 = l_4 + l_3 \cos\theta_3 \\ l_1 \sin\theta_1 + l_2 \sin\theta_2 = l_3 \sin\theta_3 \end{cases} \tag{8-22}$$

解此方程组得

$$\tan(\theta_3/2) = (A \pm \sqrt{A^2 + B^2 - C^2})/(B - C) \tag{8-23}$$

式中，字母 A、B、C 的含义及式中正负号的确定原则与式（8-11a）相同。求出 θ_3 之后，可利用式（8-22）求解 θ_2。

（2）速度分析。

将式（8-21）对时间求导，得

$$l_1 \omega_1 \mathrm{e}^{\mathrm{i}\theta_1} + l_2 \omega_2 \mathrm{e}^{\mathrm{i}\theta_2} = l_3 \omega_3 \mathrm{e}^{\mathrm{i}\theta_3} \tag{8-24}$$

式（8-24）为 $\boldsymbol{v}_B + \boldsymbol{v}_{CB} = \boldsymbol{v}_C$ 的复数矢量表达式。

将式（8-24）的实部和虚部分离，得

$$\begin{cases} l_1 \omega_1 \cos\theta_1 + l_2 \omega_2 \cos\theta_2 = l_3 \omega_3 \cos\theta_3 \\ l_1 \omega_1 \sin\theta_1 + l_2 \omega_2 \sin\theta_2 = l_3 \omega_3 \sin\theta_3 \end{cases} \tag{8-25}$$

由式（8-25）可得

$$\omega_2 = -\frac{l_1 \sin(\theta_1 - \theta_3)}{l_2 \sin(\theta_2 - \theta_3)} \omega_1, \quad \omega_3 = \frac{l_1 \sin(\theta_1 - \theta_2)}{l_3 \sin(\theta_3 - \theta_2)} \omega_1 \tag{8-26}$$

（3）加速度分析。

将式（8-24）对时间求导，得

$$\mathrm{i}l_1 \omega_1^2 \mathrm{e}^{\mathrm{i}\theta_1} + \mathrm{i}l_2 \varepsilon_2 \mathrm{e}^{\mathrm{i}\theta_2} + \mathrm{i}l_2 \omega_2^2 \mathrm{e}^{\mathrm{i}\theta_2} = l_3 \varepsilon_3 \mathrm{e}^{\mathrm{i}\theta_3} + \mathrm{i}l_3 \omega_3^2 \mathrm{e}^{\mathrm{i}\theta_3} \tag{8-27}$$

将式（8-27）的实部和虚部分离，得

$$\begin{cases} l_1\omega_1^2\cos\theta_1 + l_2\varepsilon_2\sin\theta_2 + l_2\omega_2^2\cos\theta_2 = l_3\varepsilon_3\sin\theta_3 + l_3\omega_3^2\cos\theta_3 \\ l_1\omega_1^2\sin\theta_1 + l_2\varepsilon_2\cos\theta_2 - l_2\omega_2^2\sin\theta_2 = l_3\varepsilon_3\cos\theta_3 - l_3\omega_3^2\sin\theta_3 \end{cases}$$

解得

$$\varepsilon_2 = \frac{\omega_3^2 l_3 - \omega_1^2 l_1 \cos(\theta_1 - \theta_3) - \omega_2^2 l_2 \cos(\theta_2 - \theta_3)}{l_2\sin(\theta_2 - \theta_3)} \tag{8-28}$$

$$\varepsilon_3 = \frac{\omega_2^2 l_2 + \omega_1^2 l_1 \cos(\theta_1 - \theta_2) - \omega_3^2 l_3 \cos(\theta_3 - \theta_2)}{l_3\sin(\theta_3 - \theta_2)} \tag{8-29}$$

当机构中所有构件的角位移、角速度和角加速度全部求出后，即可求解连杆上任一点 E 的位置、速度和加速度。

假设连杆上任一点 E 的位置矢量为 a 及 b，E 点在坐标系 Axy 中的绝对位置矢量为 $l_E = \overrightarrow{AE}$，则有

$$l_E = l_1 + a + b$$

即
$$l_E = l_1 e^{i\theta_1} + a e^{i\theta_2} + b e^{i(\theta_2 + 90°)} \tag{8-30}$$

将式（8-30）对时间分别求一次导和二次导，经变换整理可得 v_E 和 a_E 的矢量表达式，即

$$v_E = -[\omega_1 l_1 \sin\theta_1 + \omega_2(a\sin\theta_2 + b\cos\theta_2)] + i[\omega_1 l_1 \cos\theta_1 + \omega_2(a\cos\theta_2 - b\sin\theta_2)] \tag{8-31}$$

$$\begin{aligned}a_E = &-[\omega_1^2 l_1 \cos\theta_1 + \varepsilon_2(a\sin\theta_2 + b\cos\theta_2)] - \omega_2^2(a\cos\theta_2 - b\sin\theta_2) \\ &+ i[-\omega_1^2 l_1 \sin\theta_1 + \varepsilon_2(a\cos\theta_2 - b\sin\theta_2) - \omega_2^2(a\sin\theta_2 + b\cos\theta_2)]\end{aligned} \tag{8-32}$$

通过对上述四杆机构进行运动分析可知，用解析法进行机构运动分析的关键是位置方程的建立和求解，至于速度分析和加速度分析，只不过是对其位置方程作进一步的数学运算而已。位置方程的求解需要解非线性方程组，难度较大；而速度方程和加速度方程的求解，则只需解线性方程组，相对而言比较容易。

8.4 运动线图

上一节仅就机构在某一位置时来研究其运动情况，实际上，常常需要了解在整个运动循环过程中机构的运动变化规律。为此，可以用解析法或图解法求出机构在彼此相距很近的一系列位置时的位移、速度和加速度或角位移、角速度和角加速度，然后将所得数值相对于时间或主动件的位移绘制成曲线，这些曲线图称为运动线图。

图 8-12 所示是钻井泵主体机构——曲柄滑块机构中的滑块 C 的位移线图（$s_C - \delta_2$）、速度线图（$v_C - \delta_2$）、加速度线图（$a_C - \delta_2$）。

在整个运动循环过程中，从动件滑块 C 的运动曲线为主动件曲柄 2 运动（s，v，a）的函数，即有

$$v_C = \frac{ds_C}{dt}$$

$$a_C = \frac{dv_C}{dt}$$

$$v_C = \int a_C dt$$

$$s_C = \int v_C dt$$

式中，v_C 的正负号表示运动方向，"+"表示 v_C 与 s 同向；"-"表示 v_C 与 s 反向；a_C 的正负号表示速度的增减，v_C 与 a_C 同号表示加速；a_C 与 v_C 异号表示减速。

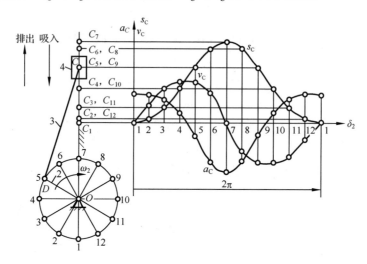

图 8-12　曲柄滑块机构的运动线图

分析从动件的最大位移 s_{max}、最大速度 v_{max}、最大加速度 a_{max} 为设计提供理论依据。分析位移 s 是否满足行程要求，如牛头刨床。分析加速度 a 是否过大，而引起大的惯性冲击等。

习题与思考题

一、思考题

8-1　什么是速度瞬心？相对速度瞬心和绝对速度瞬心有何异同点？

8-2　什么是三心定理？在什么情况下需要利用三心定理确定瞬心？

8-3　当两个构件组成移动副时，其瞬心位于什么位置？当两构件组成纯滚动的高副时，其瞬心位于什么位置？

8-4　如何确定机构中不直接连接的两个构件的瞬心？

二、习题

8-5　求出图 8-13 所示的各个机构的全部瞬心。

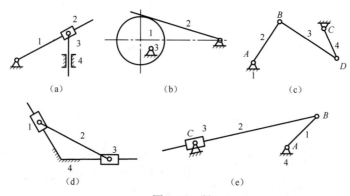

图 8-13　题 8-5

8-6 在图 8-14 所示的机构中，已知主动件 1 沿逆时针方向匀速转动，角速度为 ω_1，试确定：

（1）机构的全部瞬心。

（2）构件 3 的速度 v_3（需写出表达式）。

8-7 连杆机构位置如图 8-15 所示，已知 $l_{AB} = 100$ mm（图中按长度比例尺 $\mu_l = 0.004$ m/mm 作出），构件 1 以角速度 $\omega_1 = 20$ rad/s 沿逆时针方向匀速转动，试求：

（1）机构的全部瞬心（在图中标出）。

（2）选取速度比例尺 $\mu_v = 0.05$ (m/s)/mm 和加速度比例尺 $\mu_a = 1$ (m/s^2) / mm，利用相对运动图解法求图示位置（$AB \perp BC$ 且 $CD \perp BC$）时构件 3 的角速度 ω_3、角加速度 ε_3 及图中 C 点的速度 v_C、加速度 a_C。

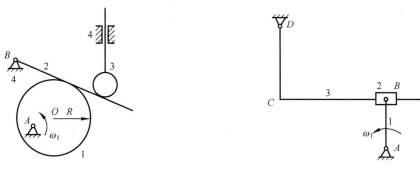

图 8-14 题 8-6　　　　　　　　图 8-15 题 8-7

8-8 在图 8-16 所示的连杆机构中，已知构件 1 以角速度 ω_1 匀速转动，试用相对运动图解法求构件 2 上 D 点的速度和加速度（比例尺任选）。

8-9 已知图 8-17 所示连杆机构的尺寸及主动件 1 的角速度 ω_1，利用相对运动图解法求图示位置时构件 3 的角速度 ω_3、角加速度 ε_3 及 D 点的速度 v_D、加速度 a_D（比例尺任选）。

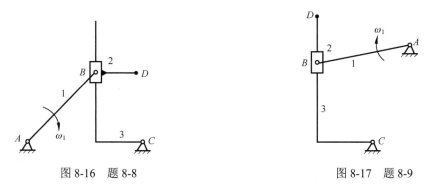

图 8-16 题 8-8　　　　　　　　图 8-17 题 8-9

8-10 图 8-18 所示连杆机构运动简图的长度比例尺 $\mu_l = 0.001$ m/mm，主动件 1 的角速度 $\omega_1 = 10$ rad/s，转动方向为顺时针方向，其角加速度 $\varepsilon_1 = 100$ rad/s^2，转动方向为逆时针方向，试用相对运动图解法求 v_3 及 ε_3。提示：建议速度多边形和加速度多边形的比例尺分别取 $\mu_v = 0.01$ (m/s)/mm，$\mu_a = 0.2$ (m/s^2)/mm，要求列出相应的方程和计算关系式。

8-11 在图 8-19 所示的正切机构中，已知 $h = 400$ mm，$\varphi_1 = 60°$，主动件 1 以等角速度 $\omega_1 = 6$ rad/s 沿逆时针方向转动，试用解析法求构件 3 的速度 v_3。

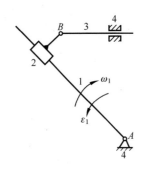 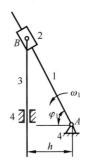

图 8-18　题 8-10　　　　　　　　　　　图 8-19　题 8-11

三、考研真题

8-12　（重庆大学，2008 年）在图 8-20 所示的机构中，已知 $l_{AB}=200mm$，$l_{BC}=400mm$，$l_{DE}=200mm$，D 点位于 BC 的中点，并且 DE 垂直于 BC，$\varphi_1=45°$，$\omega_1=10\ rad/s$（沿逆时针方向）。用相对运动图解法，求 D 点的速度 v_D（自选速度比例尺 μ_v，写出矢量方程并作出速度多边形。若应用了速度影像原理，应作出说明）。

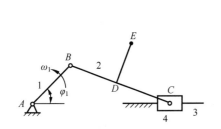 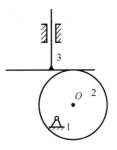

图 8-20　题 8-12　　　　　　　　　　　图 8-21　题 8-13

8-13　（中国矿业大学，2010 年）某一个凸轮挺杆机构如图 8-21 所示，计算其速度瞬心的数目，并确定每个瞬心的位置。

8-14　（南京理工大学，2005 年）在图 8-22 所示的机构中，已知：$l_{AB}=25mm$，$l_{BC}=55mm$，$e=8mm$，$\varphi_1=45°$，$\omega_1=10\ rad/s$。作图求出构件 1 与构件 3 的速度瞬心 P_{13} 及构件 2 与构件 4 的速度瞬心 P_{24}，用速度瞬心法求构件 3 的速度 v_3 的大小和方向。

8-15　（南京理工大学，2008 年）找出图 8-23 所示的两个机构中的所有瞬心。

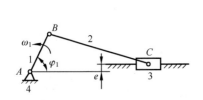 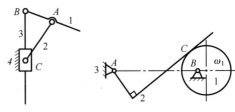

图 8-22　题 8-14　　　　　　　　　　　图 8-23　题 8-15

第9章 平面机构的力分析

学习目标：掌握机构动态静力分析方法、各类运动副摩擦力的确定以及考虑运动副摩擦力的机构力分析方法；了解各类机械系统的机械效率的计算方法；掌握机构自锁的分析方法。

机构不但要实现给定的运动，还要传递动力。机构在运转过程中，各个构件会受到各种力的作用，按其来源可分为外部施加在机构上的力和机构内部运动副的反力。根据各力对机构运动影响的不同，可将其分为以下两大类。

（1）驱动力。驱使机构产生运动的力称为驱动力，如外部施加的主动力。其特点是力与作用点速度方向的夹角为零或成锐角，其所做的功为正功，称为驱动功或输入功。

（2）阻抗力。阻止机构运动的力称为阻抗力，其特点是力与作用点速度方向的夹角为180°或成钝角，其所做的功为负功，称为阻抗功。阻抗力又分为有效阻力和有害阻力。

① 有效阻力。有效阻力也称为工作阻力，即机构在生产过程中为了改变工作物的形状、位置或状态等而受到的阻力，克服了这些阻力就完成了有效的工作。例如，机床中工件作用在刀具上的切削阻力等。克服有效阻力所完成的功称为有效功或输出功。

② 有害阻力。机构在运行过程中所受到的非生产阻力称为有害阻力，如摩擦力、介质阻力等，克服这些阻力所做的功称为损失功。

机构力分析的任务和目的主要有以下两个方面：

（1）确定运动副反力。运动副反力是运动副两个元素接触处彼此作用的正压力（法向力）和摩擦力（切向力）的合力。运动副反力对于整个机构来说是内力，对于单个构件而言则是外力。这些力的大小和性质对于计算机构强度、刚度，确定运动副结构、尺寸，决定运动副中的摩擦、磨损以及确定机械效率等问题，都具有重要的意义。

（2）确定机构平衡力（或平衡力偶）。所谓平衡力是指机构在已知外力的作用下，按照给定的运动规律运动时需要施加在机构上的未知外力。机构平衡力的确定对于设计新的机构及合理地使用现有机构，充分挖掘机构的生产潜力都是十分必要的。

对机构进行力分析时，根据不同情况，分析方法也不同。若机构低速运行，则惯性力及惯性力矩相对于外力、外力矩而言影响不大，常忽略不计，这时只需对机构进行静力分析。对于高速机构及重型机构来说就必须考虑惯性力的作用，此时，可将惯性力看成一般外力作用在产生惯性力的构件上，仍将该机构视为平衡状态，这时需对机构进行动态静力分析。

9.1 机构的惯性力确定和动态静力分析

对机构进行动态静力分析时，应首先确定各个构件的惯性力。

9.1.1 构件惯性力的确定

在机构运动过程中，各个构件产生的惯性力不仅与其质量 m_i、绕质心轴的转动惯量 J_{S_i}、

质心 S_i 的加速度 a_{S_i} 及构件的角加速度 ε_i 等参数有关，还与构件的运动形式有关。

下面以图 9-1 所示的曲柄滑块机构为例，说明平面机构各个构件惯性力的确定方法。

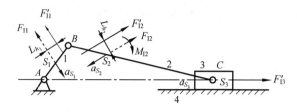

图 9-1　平面机构各个构件惯性力的确定

1. 作平面复合运动的构件

由理论力学可知，作平面复合运动而且具有平行于运动对称面的构件（如连杆 2），其惯性力系可简化为一个加在质心 S_2 上的惯性力 F_{I2} 和一个惯性力偶矩 M_{I2}，其表达式为

$$F_{I2} = -m_2 a_{S_2}, \quad M_{I2} = -J_{S_2}\varepsilon_2 \qquad (9-1)$$

式中，m_2 为连杆 2 的质量；

a_{S_2} 为连杆 2 质心 S_2 的加速度；

ε_2 为连杆 2 的角加速度；

J_{S_2} 为连杆 2 过其质心轴的转动惯量。

上述连杆 2 的惯性力和惯性力偶矩还可以用一个大小或等于 F_{I2} 而作用线偏离质心 S_2 的距离为 L_{h_2} 的总惯性力 F'_{I2} 表示，其中 L_{h_2} 可表示为

$$L_{h_2} = \frac{M_{I2}}{F_{I2}} \qquad (9-2)$$

F'_{I2} 对质心 S_2 之矩的方向应与 ε_2 的方向相反。

2. 作平面移动的构件

滑块 3 由于只作平面移动，由于角加速度 $\varepsilon = 0$，故 $M_{I3} = 0$。当滑块 3 作变速移动时，仅有一个加在质心 S_3 上的惯性力，即 $F_{I3} = -m_3 a_{S_3}$。当滑块 3 作等速移动时，惯性力 $F_{I3} = 0$。

3. 绕定轴转动的构件

曲柄 1 绕定点 A 转动，惯性力和惯性力偶矩的确定需要分两种情况考虑。

（1）当构件绕通过质心的定轴转动（如齿轮、飞轮等）时，其质心的加速度 $a_S = 0$，$F_{I1} = 0$。当构件作变速转动时，只产生一个惯性力偶矩，其大小为 $M_{I1} = -J_{S_1}\varepsilon_1$。

（2）当构件绕不通过质心的定轴转动（如曲柄、凸轮等）时，如果为变速转动，将产生惯性力 $F_{I1} = -m_1 a_{S_1}$ 及惯性力偶矩 $M_{I1} = -J_{S_1}\varepsilon_1$，或简化为一个总惯性力 F'_{I1}；若构件匀速转动，则仅有一个离心惯性力，其大小为 $F_{I1} = -m_1 \omega_1^2 r_1$。

9.1.2　机构的动态静力分析

在确定机构中各个构件的惯性力后，即可根据机构所受的已知外力（含惯性力）确定各个构件的运动副反力和需加在该机构上的平衡力或平衡力偶矩。由于运动副反力对整个机构

而言是内力,所以不能对整个机构进行分析计算,只能将机构分解为若干构件组。分解后的每个构件组必须都是静定的,才可以进行力分析。

1. 构件组的静定条件

平面运动副反力示意如图9-2所示。在不考虑摩擦时,转动副反力F_R通过转动副中心O,大小和方向未知,如图9-2(a)所示;移动副反力F_R沿导路法线方向,作用点的位置和大小未知,如图9-2(b)所示;平面高副反力F_R作用于高副两个元素接触点处的公法线上,仅大小未知,如图9-2(c)所示。因此,若构件组中共有P_l个低副和P_h个高副,则共有$2P_l + P_h$个力的未知要素数目。设构件组中共有n个构件,对每个构件都可列出3个独立的力平衡方程,共有$3n$个独立的力平衡方程。因此,构件组的静定条件为

$$3n = 2P_l + P_h \tag{9-3}$$

当机构中只有低副时,有

$$3n = 2P_l \tag{9-4}$$

可知,构件组的静定条件为构件组所能列出的独立的力平衡方程数目等于构件组中所有力的未知要素数目。

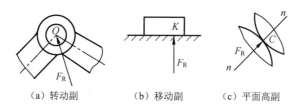

(a) 转动副　　(b) 移动副　　(c) 平面高副

图9-2　平面运动副反力示意

2. 用图解法进行机构的动态静力分析

用图解法进行动态静力分析的一般步骤如下:首先,对机构进行运动分析,确定机构在所要求位置时各个构件的角加速度和质心加速度。其次,求出各个构件的惯性力,并把惯性力视为外力,施加于产生惯性力的构件上,再根据静定条件将机构分解为若干构件组和平衡力作用的构件。最后,选取力比例尺μ_f(单位长度所代表力的值,单位为N/mm)作图求解。求解时,力的分析顺序一般先从外力全部已知的构件组开始,逐步推算到平衡力(未知外力)作用的构件。

曲柄滑块机构的动态静力分析示例如图9-3(a)所示,已知各个构件的尺寸、曲柄1的转动惯量J_A(质心S_1与A点重合)、连杆2的质量G_2、转动惯量J_{S_2}(质心S_2在杆BC的1/3处)、滑块3的质量G_3(质心S_3在C点)。曲柄1以角速度ω_1和角加速度ε_1沿顺时针方向转动,作用于滑块3上C点的生产阻力为F_r,各运动副的摩擦力忽略不计,求机构在图示位置时各个运动副反力及需加在曲柄上的平衡力矩M_b。

首先选取长度比例尺μ_l、速度比例尺μ_v及加速度比例尺μ_a。

(1)机构的运动分析。作出机构的速度多边形及加速度多边形,如图9-3(b)和图9-3(c)所示。

(2)确定各个构件的惯性力及惯性力偶矩。

如图9-3(a)所示,曲柄1上的惯性力偶矩为

$$M_{I1} = J_A \varepsilon_1 \quad (\text{沿逆时针方向})$$

连杆 2 上的惯性力及惯性力偶矩为

$$F_{I2} = m_2 a_{S_2} = (G_2/g)\mu_a \overline{p'S_2'}$$

$$M_{I2} = J_{S_2}\varepsilon_2 = J_{S_2} a_{CB}^t/l_{BC} = J_{S_2}\mu_a \overline{n_2'c'}/l_{BC}$$

总惯性力 F_{I2}'（大小等于 F_{I2}）偏离质心 S_2 的距离为

$$L_{h_2} = M_{I2}/F_{I2}$$

滑块 3 的惯性力为

$$F_{I3} = m_2 a_C = (G_3/g)\mu_a \overline{p'c'} \quad (\text{方向与 } a_C \text{ 相反})$$

（3）机构的动态静力分析。将机构按静力条件分为一个基本杆组（由连杆 2 和滑块 3 组成）和有未知平衡力作用的构件 1，从构件组（构件 2 和构件 3）开始进行力分析。

在构件组（构件 2 和构件 3）中，如图 9-3（d）所示，其上作用有重力 G_2 和 G_3、惯性力 F_{I2}' 及 F_{I3}、生产阻力 F_r 以及待求的运动副反力 F_{R12} 和 F_{R43}。F_{R12} 通过转动副 B 的中心（不计摩擦力）。将 F_{R12} 分解为沿构件 BC 的法向分力 F_{R12}^n 和垂直于构件 BC 的切向分力 F_{R12}^t。F_{R43} 垂直于移动副导路方向。将构件 2 对 C 点取矩，由 $\sum M_C = 0$，可得

$$F_{R12}^t = (G_2 h_2' - F_{I2}' h_2'')/l_{BC}$$

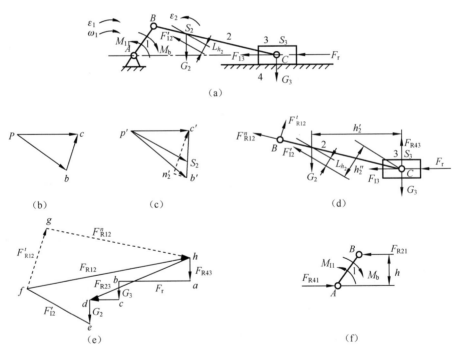

图 9-3 曲柄滑块机构的动态静力分析示例

再根据整个构件组的力平衡条件列方程，得

$$G_2 + G_3 + F_r + F_{I3} + F_{I2}' + F_{R12}^t + F_{R12}^n + F_{R43} = 0$$

利用图解法即可求得 F_{R12}^n 和 F_{R43}。如图 9-3（e）所示，从 a 点依次作矢量 $\overline{ab}$、$\overline{bc}$、$\overline{cd}$、$\overline{de}$、$\overline{ef}$ 和 $\overline{fg}$ 分别代表力 F_r、G_3、F_{I3}、G_2、F_{I2}' 和 F_{R12}^t。然后再分别由 a 点和 g 点作直线 ah 和 gh 分别平行于 F_{R43} 和 F_{R12}^n，且相交于点 h，则矢量 $\overline{ha}$ 和 $\overline{fh}$ 分别代表 F_{R43} 和 F_{R12}，即

$$F_{R43} = \mu_f \overrightarrow{ha}, \quad F_{R12} = \mu_f \overrightarrow{fh}$$

根据构件 3 的力平衡条件 $F_{R43} + F_r + G_3 + F_{I3} + F_{R23} = 0$，矢量 $\overrightarrow{dh}$ 代表 F_{R23}，即

$$F_{R23} = \mu_f \overrightarrow{dh}$$

选取曲柄 1 为研究对象，如图 9-3（f）所示，曲柄 1 上有运动副反力 F_{R21} 和待求的运动副反力 F_{R41}，惯性力偶矩 M_{I1} 及平衡力矩 M_b。将曲柄对 A 点取矩，得

$$M_b = M_{I1} + F_{R21}h$$

再由曲柄 1 的力平衡条件分析，有

$$F_{R41} = -F_{R21}$$

9.2 机构传动摩擦力的确定

机构运转时，运动副不可避免地产生摩擦力。作动态静力分析时，一般不考虑构件的摩擦力，所得结构大都能满足工程实际问题的需要。但对于高速、精密和大动力传动的机构来说，摩擦对机械性能有较大的影响。此时，进行机构受力分析时，需要考虑传动摩擦力。下面分别就移动副、螺旋副和转动副摩擦力进行分析。

9.2.1 移动副摩擦力的确定

通常，根据移动副的结构不同，将移动副分为平面移动副、槽面移动副和斜面移动副 3 种。

1. 平面移动副

平面移动副摩擦力分析如图 9-4 所示，在水平面 2 上有一个滑块 1 在驱动力 F 的作用下，以速度 v_{12} 向右移动。此时，滑块 1 受到了水平面 2 施加的法向反力 F_{N21} 和摩擦力 F_{21}，水平面 2 施加给滑块 1 的总反力 F_{R21} 即 F_{N21} 和 F_{21} 的合力，F_{R21} 与竖直方向的夹角为 φ。

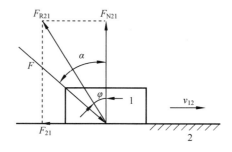

图 9-4 平面移动副摩擦力分析

滑块 1 受到的摩擦力 F_{21} 为

$$F_{21} = fF_{N21} \tag{9-5}$$

式中，f 为滑块与平面之间的摩擦系数。

故有

$$f = \frac{F_{21}}{F_{N21}} = \tan\varphi \tag{9-6}$$

当滑块 1 与平面 2 的制造材料一定时，f 为一个恒定值，总反力 F_{R21} 与法向反力 F_{N21} 方向的夹角 φ 也为一恒定值，φ 称为摩擦角。

此时，平面 2 给滑块 1 的总反力 F_{R21} 的方向与滑块 1 相对平面 2 的相对运动方向 v_{12} 的夹角为 $(90°+\alpha)$，利用勾股定理，F_{R21} 可表示为

$$F_{R21} = \sqrt{F_{N21}^2 + F_{21}^2} \tag{9-7}$$

将式（9-5）代入式（9-7），得

$$F_{R21} = \sqrt{F_{N21}^2(1+f^2)} = F_{N21}\sqrt{(1+f^2)} \tag{9-8}$$

如果将驱动力 F 沿滑块运动方向和法线方向分解，可得分力 F_x 和 F_y，且二者的关系为

$$\tan\varphi = \frac{F_x}{F_y} \tag{9-9}$$

由于滑块在竖直方向上始终保持受力平衡，即有

$$F_y = F_{N21} \tag{9-10}$$

联立式（9-5）、式（9-6）、式（9-9）和式（9-10）可得驱动力 F 的水平分力，即

$$F_x = \frac{\tan\alpha}{\tan\varphi} F_{21} \tag{9-11}$$

2. 槽面移动副

槽面移动副摩擦力分析如图 9-5（a）所示，一个夹角为 2θ（$\theta<90°$）的楔形滑块 1，置于槽面 2 中，滑块 1 在外力 F 的作用下沿槽面匀速移动。

设两侧法向反力为 F_{N21}，竖直载荷为 G。则该结构的平面摩擦力为

$$F_{f21} = fF_{N21} \tag{9-12}$$

由图 9-5（b）所示的力多边形可知：

$$F_{N21} = \frac{G}{\sin\theta} \tag{9-13}$$

将式（9-13）代入式（9-12）中，可得

$$F_{f21} = f\frac{G}{\sin\theta} = \frac{f}{\sin\theta}G = f_v G$$

式中，$f_v = \frac{f}{\sin\theta}$ 称为当量摩擦系数。由于 $f_v = \frac{f}{\sin\theta} > f$，故槽面产生的摩擦力恒大于平面产生的摩擦力。

如果滑块为圆柱形，在半圆柱槽中匀速移动，如图 9-5（c）所示，那么因其接触面上各点的法向反力均沿径向，故法向反力可表示为

$$F_{N21} = kG \tag{9-14}$$

式中，k 为与接触面的接触情况有关的系数。当两个接触面为点、线接触时，$k \approx 1$；当两接触面沿整个半圆周均匀接触时，$k = \pi/2$；其余情况下，$1 < k < \frac{\pi}{2}$。

此时，总摩擦力 F_{21} 的大小为

$$F_{21} = fkG \tag{9-15}$$

令 $kf = f_v$，则有

$$F_{21} = f_v G \tag{9-16}$$

式中，$f_v = 1 \sim \dfrac{\pi}{2}$，其值的大小与接触精度有关。

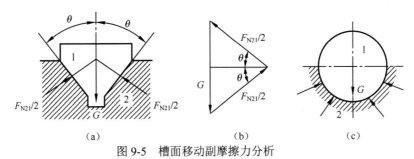

(a) (b) (c)

图 9-5 槽面移动副摩擦力分析

3. 斜面移动副

斜面移动副摩擦力分析如图 9-6（a）所示，滑块 1 在竖直载荷 G 及水平驱动力 F 的作用下匀速上升，斜面 2 对滑块的法向反力为 F_{N21}，摩擦力为 F_{21}，二者合成后的总反力为 F_{R21}。根据滑块的力平衡条件，可列出如下方程：

$$F + G + F_{R21} = 0 \tag{9-17}$$

根据图 9-6（b）所示的力多边形可知，水平驱动力 F 和垂直载荷 G 之间的关系为

$$F = G\tan(\alpha + \varphi) \tag{9-18}$$

滑块受到的总反力 F_{R21} 为

$$F_{R21} = \sqrt{F^2 + G^2} \tag{9-19}$$

将式（9-18）代入式（9-19）中，可得总反力，即

$$F_{R21} = G\sqrt{\tan^2(\alpha + \varphi) + 1} = \dfrac{G}{\cos(\alpha + \varphi)} \tag{9-20}$$

如果滑块 1 沿斜面 2 匀速下滑，如图 9-6（c）所示，那么根据图 9-6（d）所示的力多边形，可以得出要保持滑块 1 匀速下滑的水平力 F，即

$$F = G\tan(\alpha - \varphi) \tag{9-21}$$

由式（9-21）可以看出，在滑块 1 下滑过程中，若 $\alpha > \varphi$，则 F 值为正，是阻止滑块加速下滑的阻抗力，其方向如图 9-6（c）所示；若 $\alpha < \varphi$，则 F 值为负，其方向与图 9-6（c）所示方向相反，此时 F 作为驱动力，促使滑块 1 沿斜面匀速下滑。

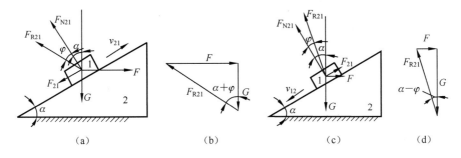

(a) (b) (c) (d)

图 9-6 斜面移动副摩擦力分析

9.2.2 螺旋副摩擦力的确定

根据螺旋牙形的不同，可将螺旋副分为矩形牙螺旋副和三角形牙螺旋副两种。

1. 矩形牙螺旋副

矩形牙螺旋副摩擦力分析如图 9-7 所示。为了分析方便，将图 9-7（a）所示矩形牙螺旋副中的螺母 1 简化为图 9-7（b）所示的滑块，其承受轴向载荷 G。由于螺旋可以看成斜面缠绕在圆柱体上形成的，因此将矩形牙螺纹沿螺旋中径展开，形成如图 9-7（b）所示的斜面，斜面底部长为螺纹中径处的圆周长，高度为螺旋副的导程 l。

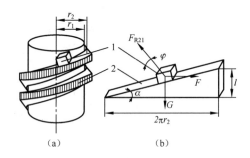

图 9-7 矩形牙螺旋副摩擦力分析

当拧紧螺母时,相当于在滑块 1 上施加一个水平驱动力 F，使滑块沿斜面等速向上滑动，水平驱动力可表示为

$$F = G\tan(\alpha + \varphi) \tag{9-22}$$

式中，α 为螺纹在中径处的升角；φ 为摩擦角。

拧紧螺母时所需的力矩为

$$M = Fr_2 = Gr_2\tan(\alpha + \varphi) \tag{9-23}$$

当等速放松螺母时，相当于滑块 1 沿斜面等速下降。此时，所需的力矩为

$$M' = Gr_2\tan(\alpha - \varphi) \tag{9-24}$$

式中，$r_2 = d_2/2$，d_2 为螺纹中径。

2. 三角形牙螺旋副

三角形牙螺旋副摩擦力分析如图 9-8 所示。图 9-8（a）所示为三角形牙螺纹，牙型角为 2β，其半角为 β；槽角为 2θ，半槽为 θ。将螺纹展开，形成如图 9-8（b）所示的带半槽面的斜面，半角 β 与半槽角 θ 之和为 90°。斜面底长为螺纹中径处的圆周长。

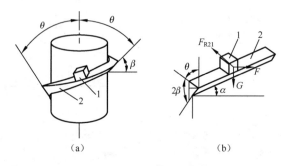

图 9-8 三角形牙螺旋副摩擦力分析

当拧紧螺母时,相当于在滑块 1 上施加一水平驱动力 F,使滑块沿斜槽面等速向上滑动;当放松螺母时,相当于滑块 1 沿斜槽面等速向下滑动。

根据当量摩擦系数的定义,有

$$f_v = \frac{f}{\sin\theta} = \frac{f}{\sin(90°-\beta)} = \frac{f}{\cos\beta} \tag{9-25}$$

当量摩擦角为

$$\varphi_v = \arctan f_v \tag{9-26}$$

利用式(9-25)和式(9-26),再根据力平衡条件可得拧紧螺母所需的力矩,即

$$M = Gr_2\tan(\alpha+\varphi_v) \tag{9-27}$$

同理,也可得出放松螺母所需的力矩为

$$M' = Gr_2\tan(\alpha-\varphi_v) \tag{9-28}$$

9.2.3 转动副摩擦力的确定

若两个构件形成一个转动副,则支撑转动轴的构件为轴承,转动轴端被轴承支撑的部分为轴颈。根据受力状态的不同,轴颈又可分为径向轴颈和止推轴颈两种。

1. 径向轴颈

径向轴颈的受力分析如图 9-9 所示。径向轴颈所受载荷的作用方向沿直径方向,如图 9-9(a)所示。当轴颈在轴承中转动时,必将产生摩擦力以阻止其转动,通常把径向轴颈所承受的摩擦力称为径向轴颈摩擦力。下面介绍如何计算该摩擦力对轴颈的力矩,以及如何确定考虑摩擦力情况下转动副总反力的方向。

假设轴颈 1 承受一个径向载荷 N 的作用,在驱动力偶矩 M_d 的驱动下,在轴承 2 中作匀速转动,如图 9-9(b)所示。此时,转动副两个元素之间必将产生摩擦力以阻止轴颈相对于轴承滑动,轴承 2 对轴承 1 的摩擦力大小可表示为

$$f_{21} = f_v N \tag{9-29}$$

对于配合紧密且未经磨合的转动副,当量摩擦系数 $f_v = 1.57f$;经过磨合时,$f_v = 1.27f$;对于有较大间隙的转动副,$f_v = f$,其中 f 为运动副元素是平面时的摩擦系数。

摩擦力 f_{21} 在轴颈上形成的摩擦力矩 M_f 为

$$M_f = f_{21}r = f_v Nr \tag{9-30}$$

当轴颈相对于轴承匀速转动时,根据轴颈 1 上的受力平衡条件可知,轴颈上的总反力 F_{21} 与载荷 N 是一对平衡力,即 $F_{21} = -N$;阻力矩与驱动力矩平衡,即 $M_d = -M_f$。设 N 与 F_{21} 的距离为 ρ,则有

$$M_f = f_v Nr = F_{21}\rho \tag{9-31}$$

即

$$\rho = f_v r \tag{9-32}$$

由于轴颈的 f_v、r 均为常数,因此 ρ 为定值。通常把以轴颈中心 O 为圆心、以 ρ 为半径所作的圆称为摩擦圆,如图 9-9(b)虚线小圆所示。由图 9-9(b)可知,只要轴颈相对于轴承滑动,轴承对轴颈的总反力 F_{21} 作用线始终与该摩擦圆相切。

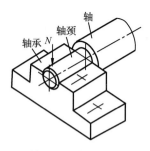 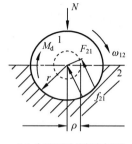

(a) 转动副中的轴承与轴颈　　　　(b) 匀速运动的径向轴颈

图 9-9　径向轴颈的受力分析

2. 止推轴颈

止推轴颈摩擦力分析如图 9-10 所示。止推轴颈所受载荷的作用方向沿轴线方向，如图 9-10（a）所示。图 9-10（b）所示为轴颈端面视图，在轴颈接触面的底平面半径为 ρ 处选取一个微小环形面积，即

$$dS = 2\pi\rho d\rho \tag{9-33}$$

设 dS 上的压强 p 为常数，则微小环形面积上所受的正压力为

$$dF_N = pdS = 2\pi p\rho d\rho \tag{9-34}$$

微小环形面积上的摩擦力为

$$dF_f = fdF_N = 2\pi fp\rho d\rho \tag{9-35}$$

微小环形面积上的摩擦力矩为

$$dM_f = \rho dF_f = 2\pi fp\rho^2 d\rho \tag{9-36}$$

整个轴端面所受的总摩擦力矩为

$$M_f = \int_r^R dM_f dS = 2\pi f\int_r^R p\rho^2 d\rho \tag{9-37}$$

要解式（9-37），需要分以下两种情况讨论。

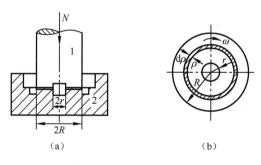

图 9-10　止推轴颈摩擦力分析

（1）未经磨合的止推轴颈。这种情况下轴端面压强 p 可近似认为常数，则有

$$M_f = 2\pi f\int_r^R p\rho^2 d\rho = \frac{2}{3}fN(R^3 - r^3)/(R^2 - r^2) \tag{9-38}$$

（2）经过磨合的止推轴颈。这种情况下轴颈经过一段时间的工作后，由于磨损关系，轴端面与轴承接触面各处压强已不能再认为处处相等了。但是，由于轴端面与轴承接触面处处为等磨损，因此，可近似认为 $p\rho$ 的乘积为常数，于是有

$$M_{\text{f}} = 2\pi f \int_r^R p\rho^2 \text{d}\rho = \frac{1}{2} fN(R+r) \tag{9-39}$$

由于轴端面上的压强分布不均，而 $p\rho$ 又为常数，因此在轴向载荷 N 的作用下，轴颈外圆周的压强相对较小，轴颈中心位置的压强非常大，使轴颈极易被磨损压溃。因此，对于需要承受较大载荷的轴颈来说，一般要做成中空形的，如图 9-10（a）所示。

9.2.4 考虑运动副摩擦力情况下的机构力分析

当考虑运动副摩擦力时，在力平衡状态下，移动副中的总反力方向与相对运动方向所夹角为 $(90°+\varphi)$，转动副中的总反力作用线要与摩擦圆相切。与静力分析相比，其总反力的方向发生了变化，但仍然符合力系的平衡条件。因此，在考虑摩擦力情况下进行力分析时，只要正确判断出各构件运动副的受力方向，就可以应用理论力学中的静力分析方法解决问题。

考虑摩擦力时，机构的受力分析可以按如下步骤进行：

（1）计算出摩擦角和摩擦圆半径，并画出摩擦圆。

（2）从二力构件入手分析，根据构件受拉或受压及该构件相对于另一个构件的转动方向，求出作用在该构件上的二力方向。

（3）对有已知力作用的构件进行力分析。

（4）对要求出的力所在构件进行力分析。

掌握了运动副摩擦力分析的步骤后，就不难在考虑摩擦力的条件下对机构进行力的分析了，下面通过举例予以说明。

考虑摩擦力情况下的曲柄滑块机构的力分析如图 9-11 所示。图 9-11（a）所示为一个曲柄滑块机构，已知各个构件的尺寸和主动曲柄的位置，各运动副中的摩擦系数均为 f，曲柄在力矩 M_1 的作用下沿 ω_1 方向转动，求在图 9-11 所示位置时各个运动副中的反力及作用在滑块 3 上的平衡力 F_{r}（各个构件的质量及惯性力可以忽略不计）。

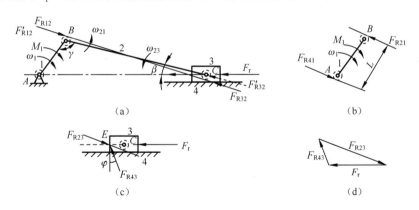

图 9-11 考虑摩擦力情况下的曲柄滑块机构的力分析

解： 具体分析如下。

（1）由于运动副中存在摩擦力，使总反力偏离原来不计摩擦力时总反力的作用线。根据已知条件确定转动副的摩擦圆半径，并画出各个转动副的摩擦圆，即图 9-11（a）中的虚线圆。

（2）不计摩擦力时，各个转动副中的反力应通过转动中心。连杆 2 在 F'_{R12}、F'_{R32} 的作用下达到平衡，则 F'_{R12}、F'_{R32} 为一对等值、反向、共线的力。根据曲柄 1 的运动方向及滑块 3 的受力方向，可以判断连杆 2 承受压力。

（3）考虑摩擦力时，摩擦副中的总反力作用线应相切于摩擦圆。由于曲柄 1 和连杆 2 在转动副 B 处的夹角逐渐增大，故相对角速度沿逆时针方向，又因为连杆 2 受压力，所以 F_{R12} 应相切于摩擦圆上方；同理，可判断 F_{R32} 应相切于摩擦圆下方。因为连杆 2 在 F_{R12}、F_{R32} 的作用下仍处于平衡，所以此二力的作用线应同时相切于 B 处摩擦圆的上方和 C 处摩擦圆的下方。

（4）选取曲柄 1 为研究对象，如图 9-11（b）所示，曲柄 1 在 F_{R21}、F_{R41} 及 M_1 的作用下达到平衡。根据力平衡条件可知，$F_{R41} = -F_{R21}$。又因为 $\omega_{14} = \omega_1$ 且为顺时针方向，所以 F_{R41} 应与 F_{R21} 平行且相切于 A 处摩擦圆的下方。由力矩平衡条件得

$$F_{R21} = \frac{M_1}{L}$$

式中，L 为力 F_{R21} 和 F_{R41} 之间的力臂。

选取滑块 3 为研究对象，如图 9-11（c）所示，滑块 3 受 F_r、F_{R23} 及 F_{R43} 三力作用，并且三力应交汇于一点。由于移动副中摩擦力的存在，因此 F_{R43} 的方向与 v_{34} 的方向之间的夹角为 $(90° + \varphi)$，并且交汇于力 F_r 和 F_{R23} 两方向线的交点 E 处。由滑块 3 的平衡条件，得

$$F_r + F_{R23} + F_{R43} = 0$$

根据上式，作如图 9-11（d）所示的力多边形，即可求出移动副中的反力 F_{R43} 及平衡力 F_r。因为 F_r 的方向与 v_{34} 相反，所以该平衡力为阻抗力。

9.3 机械效率与自锁

9.3.1 机械效率

1. 机械效率的定义

当机械运转时，设作用在机械上的驱动力所做的功为输入功（驱动功）W_d，克服产生阻力所做的功为输出功（有效功）W_r，克服有害阻力所做的功为损耗功 W_f，在机械稳定工作时，则

$$W_d = W_r + W_f \tag{9-40}$$

机械输出功 W_r 与输入功 W_d 的比值称为机械效率，用 η 表示，它反映了输入功在机械中的有效利用程度。

2. 机械效率的表达形式

1）通过功或功率表达

根据机械效率的定义，可知

$$\eta = \frac{W_r}{W_d} = \frac{W_d - W_f}{W_d} = 1 - \frac{W_f}{W_d} \tag{9-41}$$

也可用功率表示，即

$$\eta = \frac{P_r}{P_d} = 1 - \frac{P_f}{P_d} \tag{9-42}$$

式中，P_d、P_r、P_f 分别表示输入功率、输出功率及损耗功率。

由于摩擦损失不可避免，故 W_f 或 P_f 不可能为零。因此，机械效率 η 总是小于 1，并且随着 W_f 或 P_f 的增大而减小。因此，在设计机械时，应尽量减小机械中的磨损，提高机械效率。

2）通过力或力矩表达

为了计算效率的方便，可以用力或力矩的形式来表达。以图 9-12 所示的一个机械传动装置为例说明机械效率的力或力矩表达。机械的驱动力为 F，生产阻力为 N，F 和 N 的作用点沿该力作用线方向的分速度分别为 v_F 和 v_N，根据式（9-42）有

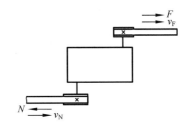

图 9-12 机械效率的力或力矩表达示例

$$\eta = \frac{P_r}{P_d} = \frac{Nv_N}{Fv_F} \tag{9-43}$$

假设该机械为理想机械（不存在摩擦力），为克服同样的生产阻力 N 所需的驱动力为 F_0（称为理想驱动力），则其效率 η_0 应为

$$\eta_0 = \frac{Nv_N}{F_0 v_F} = 1 \tag{9-44}$$

将式（9-44）代入式（9-43）中，得

$$\eta = \frac{F_0 v_F}{F v_F} = \frac{F_0}{F} \tag{9-45}$$

由式（9-45）可知，机械效率也等于不计摩擦力时克服生产阻力所需的理想驱动力 F_0 与计摩擦力时克服同样生产阻力所需的实际驱动力 F（F_0 与 F 的作用线方向相同）之比。

同理，机械效率也可用力矩之比的形式来表达，即

$$\eta = \frac{M_0}{M} \tag{9-46}$$

式中，M_0 和 M 分别表示为了克服同样的生产阻力所需的理想驱动力矩和实际驱动力矩。

综上所述，机械效率可以表示为

$$\eta = \frac{\text{理想驱动力}}{\text{实际驱动力}} = \frac{\text{理想驱动力矩}}{\text{实际驱动力矩}} \tag{9-47}$$

3. 机械系统的机械效率

机械效率及其计算主要是指一个机构或一台机器的效率，对于由许多机构或机器组成的机械系统的机械效率，可以参考单台机器的机械效率来计算。计算时，要考虑各个机构或机器的连接方式。根据连接方式的不同，机械系统可以分为串联、并联和混联三种，对应的机械效率计算也有三种不同的方法。

1）串联机械系统的机械效率计算

图 9-13 所示为由 k 台机器按顺序串连组成的机械系统，设 W_d 为机械系统的输入功，W_k 为机械系统的输出功。该机械系统功传递的特点是前一台机器的输出功为后一台机器的输入功。各机器的效率分别为 η_1、η_2、η_3、$\cdots$、η_k，则每台机器的机械效率分别为

$$\eta_1 = \frac{W_1}{W_d}, \quad \eta_2 = \frac{W_2}{W_1}, \quad \eta_3 = \frac{W_3}{W_2}, \quad \ldots, \quad \eta_k = \frac{W_k}{W_{k-1}}$$

机械系统的机械效率可表示为

$$\eta = \frac{W_k}{W_d}$$

根据每台机器的机械效率计算公式的特点，可以发现

$$\eta_1 \cdot \eta_2 \cdot \eta_3 \cdots \eta_k = \frac{W_1}{W_d} \cdot \frac{W_2}{W_1} \cdot \frac{W_3}{W_2} \cdots \frac{W_k}{W_{k-1}} = \frac{W_k}{W_d} = \eta \tag{9-48}$$

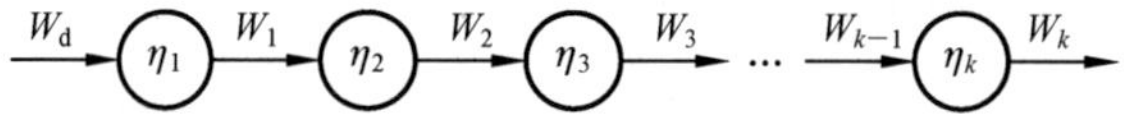

图 9-13 串联机械系统的机械效率计算

由式（9-48）可得出如下结论：
（1）串联机械系统的机械效率等于组成该系统的各台机器的机械效率的连乘积。
（2）若机械系统中有一台机器的机械效率比较低，则整个机械系统的机械效率就极低。
（3）由于每台机器的机械效率都小于 1，相乘后会更小，即有

$$\eta < \eta_i (i = 1, 2, 3, \cdots, k)$$

（4）串联的机器越多，机械系统的机械效率就越低。

2）并联机械系统的机械效率计算

并联机械系统的机械效率计算如图 9-14 所示，以由 k 台机器并联组成的机械系统为例，各台机器的输入功分别为 W_1、W_2、W_3、$\cdots$、W_k，输出功分别为 W_1'、W_2'、W_3'、$\cdots$、W_k'。并联机械系统功传递的特点是该系统的总输入功 W_d 为各台机器的输入功之和，其总输出功 W_r 为各台机器的输出功之和。

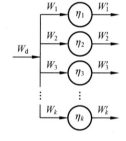

图 9-14 并联机械系统的机械效率计算

总输入功：
$$W_d = W_1 + W_2 + W_3 + \cdots + W_k$$

总输出功：
$$W_r = W_1' + W_2' + W_3' + \cdots + W_k'$$
$$= W_1\eta_1 + W_2\eta_2 + W_3\eta_3 + \cdots + W_k\eta_k$$

则机械系统的机械效率为

$$\eta = \frac{W_r}{W_d} = \frac{W_1\eta_1 + W_2\eta_2 + W_3\eta_3 + \cdots + W_k\eta_k}{W_1 + W_2 + W_3 + \cdots + W_k} \tag{9-49}$$

根据式（9-49），可得出如下结论：
（1）机械系统的总效率不仅与各台机器的机械效率有关，还与各台机器所传递的功率大小有关。
（2）机械系统总效率的值介于各台机器中效率的最大值和最小值之间，即

$$\eta_{min} < \eta < \eta_{max}$$

（3）若各台机器的效率相等，则总效率与每台机器的效率相等。此时，总效率与并联的机器数目 k 无关。
（4）机械系统的总效率主要取决于传递功最大的机器效率。因此，若要提高并联机械系统的机械效率，则应重点优化传递功最大的机器的传递路线。

3）混联机械系统的机械效率计算

混联机械系统的机械效率计算如图 9-15 所示。该系统为兼有串联和并联的混联机械系统，其总效率根据具体的组合方式而定。首先要弄清从输入功到输出功的传递路线，然后计算出总的输入功 $\sum W_\mathrm{d}$ 和总的输出功 $\sum W_\mathrm{r}$。则混联机械系统的总效率表示为

$$\eta = \frac{\sum W_\mathrm{r}}{\sum W_\mathrm{d}} \tag{9-50}$$

也可分别计算出串联部分的机械效率 η' 和并联部分的机械效率 η''，系统的总效率为

$$\eta = \eta' \cdot \eta'' \tag{9-51}$$

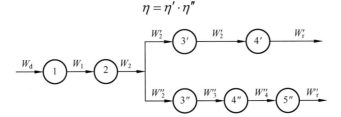

图 9-15 混联机械系统的机械效率计算

9.3.2 机构自锁

一般情况下，只要施加足够的驱动力，机器就能够沿着有效驱动力作用的方向运动。但由于摩擦力的存在，有时会出现无论驱动力如何增大都无法使机器运动（或使运动逐渐减弱）的现象，这种现象称为自锁。

自锁现象在机械工程中具有重要的意义。一方面，在设计机构时，为了使机构能够实现给定的运动，就必须避免该机构在运动方向上产生自锁现象；另一方面，有些机械的工作原理就是利用了机构的自锁特性。以图 9-16 所示的手摇式螺旋千斤顶为例介绍机构的自锁性。当转动手柄 6 将重物 4 举起后，要保证不论重物 4 的质量多大，都不会驱动螺母 5 反转，致使重物 4 自行降落下来，即要求该千斤顶在重物 4 的重力作用下具有自锁性。下面讨论机构发生自锁的条件。

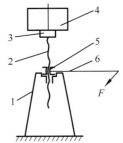

图 9-16 机构的自锁性

1. 机构自锁的条件

机构在运动过程中，运动副中的摩擦力不可避免地要做功，即 $W_\mathrm{f} \neq 0$，损失率（摩擦所做的损失功与输入功之比）可表示为 $\xi = \dfrac{W_\mathrm{f}}{W_\mathrm{d}}$，则有

$$\eta + \xi = 1 \tag{9-52}$$

故

$$\eta < 1 \tag{9-53}$$

由式（9-41）可知：

1）当 $W_\mathrm{f} = W_\mathrm{d}$ 时，$\eta = 0$。

（1）若机器原来就在运动，则它仍能运动，但此时 $W_\mathrm{r} = 0$。因此，机器不做任何有用功，机器的这种运动称空转。

（2）若机器原来静止，无论驱动力为多大，它所做的功（输入功）总是等于摩擦力所做的功，没有多余的功可以驱动机器运动。因此，机器总是不能运动，即发生自锁（$\eta = 0$）。

2）当 $W_d < W_f$ 时，$\eta < 0$。此时，机器必定发生自锁。

综合上述两种情况可以得出机器自锁的条件，即

$$\eta \leqslant 0 \tag{9-54}$$

其中，当 $\eta = 0$ 时，为有条件自锁。

2. 机构自锁实例分析

1）偏心夹具

以图 9-17 所示的偏心夹具为例分析机构自锁条件，1 为偏心圆盘，2 为工件，3 为夹具体。当用外力 F 压下偏心圆盘 1 的手柄时，就能将待夹工件 2 夹紧，对工件进行加工。要求去除外力 F 后，夹具不会自动松开，即要求该偏心夹具具有自锁性。在图 9-17 中，A 为偏心圆盘的几何中心，偏心圆盘的外径为 D，偏心距为 e，偏心圆盘轴颈的摩擦圆半径为 ρ，求该偏心夹具的自锁条件。

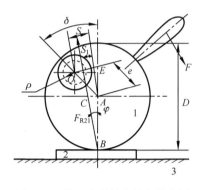

图 9-17 偏心夹具的自锁条件分析

当作用在手柄上的外力 F 去除后，若要夹具不自动松开，则必须使反力 F_{R21} 与以 ρ 为半径的摩擦圆相切或相割（图 9-17 中虚线小圆为轴颈的摩擦圆），则下式成立

$$s - s_1 \leqslant \rho \tag{9-55}$$

在直角三角形 BAC 中：

$$s_1 = \overline{AC} = \frac{D\sin\varphi}{2} \tag{9-56}$$

在直角三角形 AEO 中：

$$s = \overline{OE} = e\sin(\delta - \varphi) \tag{9-57}$$

将式（9-56）和式（9-57）代入式（9-55）中，可得偏心夹具的自锁条件，即

$$e\sin(\delta - \varphi) - (D\sin\varphi)/2 \leqslant \rho \tag{9-58}$$

2）斜面压榨机

以图 9-18（a）所示的斜面压榨机为例分析其自锁条件。设各个接触平面之间的摩擦系数均为 f（$\varphi = \arctan f$）。通过在滑块 4 上施加外力 F，可以将物体 1 压紧。G 为被压紧物体 1 对滑块 4 的反作用力。当外力 F 去除后，该机构在力 G 的作用下，具有自锁性。

为了确定斜面压榨机在力 G 作用下的自锁条件，可先求出当 G 为驱动力时斜面压榨机的阻抗力 F。选取滑块 2 和滑块 4 为研究对象，如图 9-18（b）和图 9-18（c）所示。分别列出滑块 2 和滑块 4 两个构件的力平衡方程

$$G + F_{R32} + F_{R42} = 0$$
$$F + F_{R24} + F_{R34} = 0$$

由正弦定理，有

$$G = F_{R42}\cos(\alpha - 2\varphi)/\cos\varphi$$
$$F = F_{R24}\sin(\alpha - 2\varphi)/\cos\varphi$$

又因 $F_{R24} = F_{R42}$，所以有

$$F = G\tan(\alpha - 2\varphi)$$

令 $F \leqslant 0$，则
$$\tan(\alpha - 2\varphi) \leqslant 0$$
解得压榨机自锁的条件为
$$\alpha \leqslant 2\varphi \tag{9-59}$$

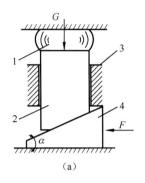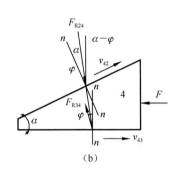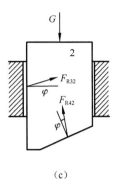

图 9-18 斜面压榨机的自锁条件分析

3）凸轮机构的推杆

以图 9-19（a）所示的凸轮机构的推杆为例分析其自锁条件。在凸轮推动力 F 的作用下，沿固定导轨 1 向上运动，接触面之间的摩擦系数为 f。为了避免凸轮在运动过程中推杆发生自锁现象，固定导轨的长度 l 应满足一定的条件（忽略推杆自重）。

凸轮运动时，推杆在推动力 F 的作用下将发生倾斜，如图 9-19（b）所示，此时推杆与导轨 1 在 A、B 两点接触，在该两点将产生正压力 F_{N1}、F_{N2} 和摩擦力 F_{f1}、F_{f2}。由推杆水平方向受力平衡条件可知
$$F_{N1} = F_{N2}$$
根据力矩平衡条件可知，所有的力在 A 点的力矩之和为零，即
$$F_{N1}l = FL$$
要使推杆不发生自锁现象，必须满足
$$F > F_{f1} + F_{f2} = 2fF_{N1} = 2fFL/l$$
整理，得
$$l > 2fL \tag{9-60}$$

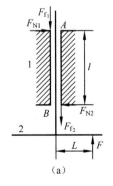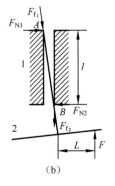

图 9-19 凸轮机构推杆的自锁条件分析

习题与思考题

一、思考题

9-1 机械效率的定义是什么？

9-2 分别列举工程实际中生产阻力和驱动力的例子。

二、习题

9-3 在图 9-20 所示的曲柄滑块机构中，构件 1 为主动件，虚线圆为运动副中的摩擦圆，移动副中的摩擦角 $\varphi=10°$，P_r 为生产阻力。

（1）试在图上画出各个运动副的反力；

（2）求出应加于构件 1 上的平衡力矩 M_b（列出其计算式并说明其方向）。

9-4 图 9-21 所示为一个杠杆机构。A、B 点所示虚线圆为摩擦圆。试用图解法画出在驱动力 P 作用下提起重物 W 时，约束总反力 F_{R21}、F_{R31} 的作用线。

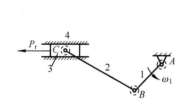

图 9-20 题 9-3

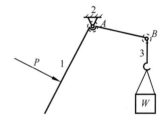

图 9-21 题 9-4

9-5 在图 9-22 所示的铰链四杆机构中，设构件 1 为主动件，P 为驱动力，虚线圆为摩擦圆，试确定该机构在图示位置时，运动副 B、C、D 中的总反力（直接画在图上）。并判断该机构在外力 P 作用下能否运动，为什么？

9-6 图 9-23 所示为一个焊接用的楔形夹具，1 和 1′ 为焊接工件，2 为夹具体，3 为楔块，各个接触面之间的摩擦系数均为 f。

（1）作出楔块 3 在夹紧力作用下向外退出时的受力图及力多边形，并列出阻力 F 的计算式。

（2）推导楔块 3 向外推出时的自锁条件。

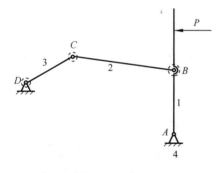

图 9-22 题 9-5

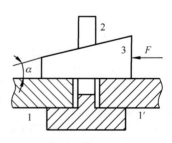

图 9-23 题 9-6

9-7 图 9-24 所示为一台带式运输机。该运输机由电动机 1 经带传动及一个两级齿轮减速器带动运输带 8。设已知运输带 8 所需的牵引力 $F=5500\text{N}$，运送速度 $v=1.2\text{m/s}$。带传动（包括轴承）的效率 $\eta_1=0.95$，每对齿轮（包括其轴承）的效率 $\eta_2=0.97$，运输带 8 的机械效率 $\eta_3=0.92$。试求该系统的总效率 η 及电动机所需的功率。

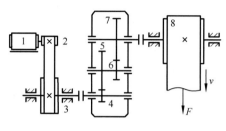

图 9-24 题 9-7

9-8 已知图 9-25 所示斜面机构的倾斜角 α 和滑动摩擦系数 f，滑块在驱动力 P 的作用下克服载荷 Q 上升。

（1）标出总反力 F_R 的作用线及其方向。
（2）作出力多边形。
（3）列出力关系式。
（4）列出效率计算式。

9-9 图 9-26 所示为破碎机在破碎物料时的机构位置图，破碎物料 4 假设为球形。已知各个转动副的摩擦圆（以虚线圆表示）及滑动摩擦角 φ。

（1）在图中画出各个转动副的反力及球形物料 4 作用于构件 3 上的反力作用线和方向。
（2）推导球形物料不被向外挤出（自锁）时的 θ 角度值。

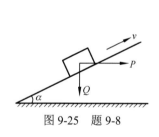

图 9-25 题 9-8

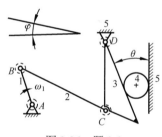

图 9-26 题 9-9

三、考研真题

9-10 （天津大学，2007 年）对于反行程自锁的机械，一般其正行程的机械效率_____。
 A. $\eta \leqslant 0$　　B. $0<\eta<0.5$　　C. $\eta \approx 1$　　D. $\eta>1$

9-11 （天津大学，2007 年）在机械稳定运转阶段的任一时间间隔内，输入功 W_d _____等于输出功 W_r 与损耗功 W_f 之和。
 A. 一定　　B. 不一定　　C. 一定不

9-12 （东南大学，2006 年）考虑摩擦力的转动副不论轴颈是作加速、等速或减速运转，转动副中总反力的作用线（　　）摩擦圆。
 A. 一定不相切于　　　　B. 不一定相切于
 C. 一定相切于　　　　　D. 一定相割于

9-13 (东南大学,2006年)对于发生自锁的机器,其正、反行程的效率(　　)。

    A. 均大于零　　　　　　　　　　B. 正行程大于零

    C. 均小于或等于零　　　　　　　D. 反行程大于零、正行程小于或等于零

9-14 (中国矿业大学,2006年)简答题:根据摩擦与自锁原理,论述并比较三角形螺纹、梯形螺纹的特点和适用场合。

9-15 (中国矿业大学,2009年)简答题:论述蜗轮蜗杆传动在何种情况下自锁。

9-16 (中国矿业大学,2010年)简答题:从传动效率、摩擦、自锁三方面考虑,论述锥齿轮、蜗轮蜗杆传动的特点和适用场合。

9-17 (南京理工大学,2005年)在图9-27所示的斜面机构中,滑块在垂直力Q(含重力)与平行斜面的力F作用下匀速运动,滑块与斜面的摩擦系数为f,试推导:

(1)滑块匀速上升时机构的效率。

(2)滑块匀速下降时机构的效率及自锁条件。

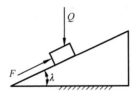

图9-27　题9-17

第10章 机械的平衡

学习目标：掌握机械平衡的方法和刚性转子的平衡设计方法；了解平衡试验的原理及方法、平面机构平衡的基本概念、机构惯性力的部分平衡方法及完全平衡方法；运用质量静替代法计算平衡质量。

10.1 机械平衡的目的和内容

10.1.1 机械平衡的目的

机械在运动过程中，除机架外其他构件都要运动。这些运动构件按运动方式可分为三种：绕固定轴转动的构件、往复移动的构件和作平面运动的构件。在机械中，绕固定轴线转动的构件称为回转件（或转子），齿轮、皮带轮和电动机转子等都属于回转件，这些回转件可能因结构不对称、制造精度低或内部材料组织不均匀等问题而导致其质量中心（简称质心）不在转动轴线上，在转动过程中将产生离心惯性力。由力学知识可知，离心惯性力的大小与角速度的平方成正比，角速度越高，离心惯性力越大。这些惯性力将在构件的运动副中产生附加动压力，增加运动副的摩擦以及加快运动副接触面的磨损，影响构件强度，降低机械效率和使用寿命。由于离心惯性力的方向随转子的转动呈周期性变化，又使得机构及其基座产生周期性振动，不仅容易引起机械零件的疲劳损坏，还会影响机械的工作质量和寿命。如果振动频率接近振动系统的固有频率，将引起共振，使机械遭到破坏，甚至危及周围人员和厂房建筑的安全。因此，在机械中，尤其对转速较高的转子，如精密机床主轴、发电机曲轴和电动机转子等，必须消除或减小离心惯性力的不良影响。

需要指出的是，有一些机械就是利用构件产生的不平衡惯性力引起振动，从而完成工作的，如振实机、按摩机、蛙式打夯机、振动打桩机、振动运输机等。

10.1.2 机械平衡的分类

在机械中，各个构件的结构及运动形式不同，所产生的惯性力和平衡方法也不同。因此，机械平衡可分为以下两类。

1. 转子的平衡

通常绕固定轴回转的构件称为转子，例如，汽轮机、发电机、电动机及离心机等都是以转子作为工作的主体。转子的平衡是指绕固定轴线回转的构件惯性力和惯性力矩的平衡。在转子转动过程中，造成不平衡的主要原因是转子上的质量分布不均匀，导致其转动时产生的惯性力系不平衡。可利用这类构件的不平衡惯性力在该构件上增加或除去一部分质量的方法予以平衡，即通过调节转子自身质心的位置来达到消除或减小惯性力不平衡的目的。这类转子又分为刚性转子和挠性转子两种。

(1) 刚性转子的平衡。在一般机械中，转子的刚性都比较好，其共振转速较高，转子的工作转速一般低于 $(0.6 \sim 0.7)n_{c1}$（n_{c1} 为转子第一阶共振转速）。在这种情况下，转子产生的弹性变形很小，因此把这类转子称为刚性转子，其平衡原理可按理论力学中的力系平衡理论进行分析。若只要求惯性力平衡，则称为转子的静平衡；若同时要求惯性力和惯性力矩的平衡，则称为转子的动平衡。本章重点介绍刚性转子的平衡问题。

(2) 挠性转子的平衡。在机械中还有一类转子，如航空涡轮发动机、汽轮机、发电机等大型转子。这类转子的质量和跨度很大，而径向尺寸却较小，导致共振转速降低。同时，这些转子的工作转速 n 又很高[$n \geqslant (0.6 \sim 0.7)n_{c1}$]，转子在工作过程中将会产生较大的弯曲变形，从而使其惯性力显著增大。这类转子称为挠性转子，其平衡原理基于弹性梁的横向振动理论。由于这类问题比较复杂，需作专门研究，本章对此不作详述。

2. 机构的平衡

作往复移动或平面复合运动的构件产生的惯性力无法在该构件上获得平衡，而必须就整个机构加以研究。设法使各个运动构件惯性力的合力和合力偶得到完全的或部分的平衡，以消除或降低其不良影响。由于惯性力的合力和合力偶最终均由机械的基座承受，故这类平衡问题又称为机械在机座上的平衡。

10.2　刚性转子的平衡原理及方法

为使转子得到平衡，在机械设计过程中就要根据转子的结构，进行平衡设计。下面对刚性转子的静平衡和动平衡计算加以讨论。

10.2.1　静平衡

对于轴向尺寸较小的盘状转子（转子轴向宽度 b 与直径 D 之比 $b/D<0.2$），如齿轮、盘形凸轮、带轮、叶轮、螺旋桨等，它们的质量可以近似的认为分布在垂直于其回转轴线的同一平面内。在此情况下，若其质心不在回转轴线上，则当其转动时，其偏心质量就会产生惯性力。因这种不平衡现象在转子静态时即可表现出来，故称其为静不平衡。对这类转子进行静平衡时，可通过在转子上增加或除去一部分质量的方法，使其质心与回转轴心重合，即可使转子的惯性力得以平衡。

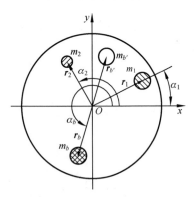

图 10-1　盘状转子的静平衡计算

以图 10-1 所示的盘状转子为例进行静平衡计算。根据其结构（其上有凸台等），可知该转子具有偏心质量 m_1、m_2，各自的回转半径为 r_1、r_2，方向如图 10-1 所示。当转子以角速度 ω 回转时，各个偏心质量产生的离心惯性力为

$$F_i = m_i \omega^2 \mathbf{r}_i, \quad i=1,2 \tag{10-1}$$

式中，$\mathbf{r}_i$ 表示第 i 个偏心质量的矢径。

为平衡这些离心惯性力，在转子上加平衡质量 m_b，使其产生的离心惯性力 F_b 与各偏心质量的离心惯性力 F_i 平衡。这些惯性力形成一个平面汇交力系，因此静平衡的条件为

$$\sum F = \sum F_i + F_b = 0 \quad (10\text{-}2)$$

设平衡质量 m_b 的矢径为 r_b，则上式可化为

$$m_1 r_1 + m_2 r_2 + m_b r_b = 0 \quad (10\text{-}3)$$

式中，$m_i r_i$ 称为平衡质径积，是矢量。

平衡质径积 $m_b r_b$ 的大小和方向可用下述方法求得。如图 10-1 所示，建立直角坐标系，根据力平衡条件，由 $\sum F_x = 0$ 及 $\sum F_y = 0$ 可得

$$(m_b r_b)_x = -\sum m_i r_i \cos \alpha_i \quad (10\text{-}4)$$

$$(m_b r_b)_y = -\sum m_i r_i \sin \alpha_i \quad (10\text{-}5)$$

式中，α_i 为第 i 个偏心质量 m_i 的矢径 r_i 与 x 轴的夹角（从 x 轴正向到 r_i，沿逆时针方向为正）。则平衡质径积的大小为

$$m_b r_b = [(m_b r_b)_x^2 + (m_b r_b)_y^2]^{\frac{1}{2}} \quad (10\text{-}6)$$

根据转子结构选定 r_b 后，即可确定出平衡质量 m_b，而其相位角 α_b 可由下式求得

$$\alpha_b = \arctan[(m_b r_b)_y / (m_b r_b)_x] \quad (10\text{-}7)$$

显然，也可以在 r_b 的反方向上除去一部分质量 m_b' 使转子平衡，只要保证 $m_b r_b = m_b' r_b'$ 即可。

根据上述分析可知，对于静平衡的转子，不论有多少个偏心质量，都只需要在同一个平衡面内增加或除去一个平衡质量以获得平衡，因此又称为单面平衡。

10.2.2 动平衡

对于轴向尺寸较大的转子（$b/D \geqslant 0.2$），如内燃机曲轴、电动机转子和机床主轴等，其质量就不能再视为分布在同一平面内了。这时偏心质量往往分布在若干不同的回转平面内，如图 10-2 所示的曲轴偏心质量。在这种情况下，即使转子的质心在回转轴线上（见图 10-3），由于各个偏心质量产生的离心惯性力不在同一个回转平面内，将形成惯性力偶，因此仍然是不平衡的。而且该力偶的作用方向是随转子的回转而变化的，不但会在支承中引起附加动压力，也会引起机械设备的振动。这种不平衡现象只有在转子运转情况下才能显示出来，因此称其为动不平衡。对这类转子进行动平衡时，要求转子在运转时其各个偏心质量产生的惯性力和惯性力矩同时得以平衡。

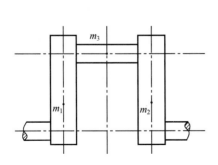

图 10-2 曲轴偏心质量

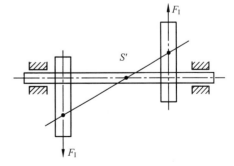

图 10-3 曲轴惯性力偶导致动不平衡

图 10-4（a）所示为一个长转子，根据其结构，已知其偏心质量 m_1、m_2 及 m_3 分别位于回转平面 1、2 及 3 内，它们的回转半径分别为 r_1、r_2 及 r_3，方向如图 10-14 所示。当此转子

以角速度 ω 回转时，各个偏心质量产生的惯性力 F_1、F_2 及 F_3 形成一个空间力系，因此该转子动平衡的条件如下：各个偏心质量（包括平衡质量）所产生的惯性力矢量和为零，并且这些惯性力所构成的力矩矢量和也为零，即

$$\sum F = 0, \quad \sum M = 0 \tag{10-8}$$

下面分析其平衡计算问题。

由理论力学可知，一个力可以分解为与其方向平行的两个分力。如图 10-4（b）所示，可将力 F 分解成 F_I、F_II 两个分力，其大小分别为

$$F_\mathrm{I} = Fl_1/L, \quad F_\mathrm{II} = F(L - l_1)/L \tag{10-9}$$

方向与力 F 一致。为了使转子获得动平衡，首先选定两个平衡平面 I 及 II 作为平衡基面（可在这两个面上增加或除去平衡质量），再将各个离心惯性力按上述方法分别分解到平衡基面 I 及 II 内，即将 F_1、F_2、F_3 分解为 $F_{1\mathrm{I}}$、$F_{2\mathrm{I}}$、$F_{3\mathrm{I}}$（在平衡基面 I 内）和 $F_{1\mathrm{II}}$、$F_{2\mathrm{II}}$、$F_{3\mathrm{II}}$（在平衡基面 II 内）。这样就把空间力系的平衡问题转化为两个平面汇交力系的平衡问题了。只要在平衡基面 I 及 II 内适当地增加一个平衡质量，使两个平衡基面内的惯性力之和分别为零，这个转子便可获得动平衡。

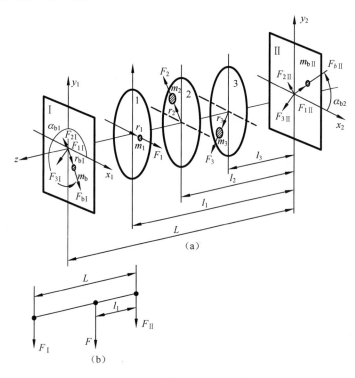

图 10-4　长转子的动平衡计算

两个平衡基面 I 及 II 的大小和方位的确定，则与前述静平衡计算的方法完全相同，这里不再赘述。

由以上分析可知，对于任何动不平衡的刚性转子，无论其具有多少个偏心质量，以及分布于多少个回转平面内，只要在选定的两个平衡基面内分别加上或除去一个适当的平衡质量，即可得到完全平衡。因此，动平衡又称为双面平衡。

平衡基面的选定需要考虑转子的结构和安装空间，以便安装或除去平衡质量。此外，还

要考虑力矩平衡的效果，两个平衡基面之间的距离应适当大一些。同时，在条件允许的情况下，对平衡质量的矢径 r_b 也取大值，力求减小平衡质量 m_b。

10.2.3 平衡实验概述

经过上述平衡计算设计出的转子在理论上应该是平衡的，但是，由于制造的不精确、材料的不均匀或安装误差等问题，会产生新的不平衡。这在设计时是无法用计算方法确定和消除的，只能通过平衡实验来确定和配置平衡质量的大小和方位，使转子达到所要求的平衡精度。根据不平衡质量的分布情况，平衡实验分为静平衡实验和动平衡实验两种。静平衡实验通常在静平衡架上进行。

1. 静平衡实验

静平衡实验如图 10-5 所示。图 10-5（a）所示为导轨式静平衡架，在进行静平衡时，把转子放在两个水平放置且摩擦力很小的导轨上。当存在偏心质量时，转子就会在导轨上转动直至质心处于最低位置时才能停止。这时，可在质心相反的方向加上校正平衡质量，再重新使转子转动，反复增减平衡质量，直至转子在导轨上呈随遇平衡状态，说明转子的质心已与其轴线重合，即转子已达到静平衡。上述这种静平衡实验设备结构比较简单，操作也很方便，能降低其转动部分的摩擦力，也能达到一定的平衡精度，但是，在进行静平衡时需经过多次反复实验，因此该设备工作效率较低。

图 10-5（b）所示为圆盘式静平衡架。将转子的轴放在分别由两个圆盘组成的支承上，圆盘可绕其几何轴线转动，因此转子也可以自由转动。其实验步骤与上述相同。这类平衡架一端的支撑高度可调，以便平衡两端轴径不等的转子。这种设备安装和调整都很简便，但圆盘中心的滚动轴承容易弄脏，致使摩擦力增大，因而平衡精度略低于导轨式静平衡架。

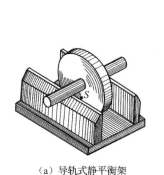

（a）导轨式静平衡架　　　　（b）圆盘式静平衡架

图 10-5　静平衡实验

2. 动平衡实验

对于长转子，由于其质量的分布不能视为分布在同一回转平面内，因此它的平衡必须同时考虑惯性力和惯性力矩的平衡，为此，必须进行动平衡实验。

长转子的动平衡实验一般需在专用的动平衡机上进行。动平衡机有多种形式，每种动平衡机的构造及工作原理也不尽相同，有通用平衡机、专用平衡机（如陀螺平衡机、曲轴平衡机、涡轮机转子平衡机、传动轴平衡机等），但都是用来测定加在两个平衡基面中的平衡质量的大小及方位。当前工业上使用较多的动平衡机是根据振动原理设计的，测振传感器把转子转动而引起的振动转换成电信号，通过电子线路进行处理和放大，最后用电子显示仪显示出被试转子的不平衡质径积的大小和方位。

图 10-6 所示为一种电测式软支撑动平衡机的工作原理示意，它主要由驱动系统、转子的支承系统和不平衡质量的测量指示系统三个主要部分组成。

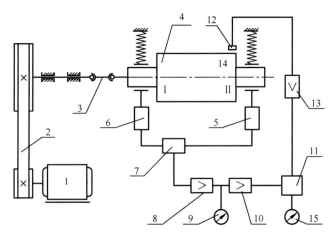

图 10-6　电测式软支撑动平衡机的工作原理示意

驱动系统由电动机 1 经过 V 带 2 传动，并用双万向联轴节 3 与被平衡转子 4 相连接。被平衡转子的支承系统是一个弹性系统，它能保证实验时利用不平衡质量引起的振动使弹性支承产生振动，并通过传感器 5 和传感器 6 将此机械振动转变为电信号。

被平衡转子 4 放在两个弹性支承上，实验时，转子上的偏心质量所产生的惯性力使弹性支承产生振动，该振动通过传感器 5 和传感器 6 转变为电信号，振动电信号同时传到解算电路 7 进行信号处理，以消除两个平衡基面之间的互相影响，然后经过选频放大器 8，将信号放大，并由仪表 9 显示出不平衡质径积的大小。放大后的信号又经过整形放大器 10 转变为脉冲信号，并将此信号送到鉴相器 11 的一端。鉴相器 11 的另一端接受的是基准信号。基准信号来自光电头 12 和整形放大器 13，它的相位与转子上的标记 14 相对应，频率与转子的转速相同。鉴相器 11 两端信号的相位差由相位表 15 显示。以标记 14 为基准，根据相位表的读数，确定偏心质量的相位。

确定一个平衡基面中应加平衡质量的大小及方位后，以同样的方法再确定另一个平衡基面中应加平衡质量的大小及方位。

前面提到的转子平衡实验是在专用的平衡机上进行的。而对于一些尺寸很大的转子，如几十吨重的大型发电机转子等，要在实验机上进行平衡是很困难的。另外，有些高速转子，虽然在制造期间已经过平衡实验达到良好的平衡状态，但由于装运、蠕变和工作温度过高或电磁场的影响等，仍会发生微小变形而造成不平衡。在这些情况下，一般可进行现场平衡。所谓现场平衡，就是通过直接测量机器中转子支架的振动反映转子的不平衡量的大小及方位，进而确定应加平衡质量的大小及方位，并通过加重或去重的方法进行平衡。

10.2.4 转子的许用不平衡量

经过平衡实验的转子不可避免地还有一些残存的不平衡量,欲使这种残存的不平衡量减少,就要应用更精密的平衡设备和更高级的平衡技术。显然,这会提高转子的制造成本。在实际工程中,往往过高的要求也是不必要的,因此,应该对不同工作条件的转子规定其不同的许用不平衡量,即能够保证转子正常运转所允许的残存不平衡量,即转子的许用不平衡量。

转子的许用不平衡量一般有两种表示方法,即质径积表示法和偏心距表示法。若一个转子的质量为 m,其质心至回转轴线的许用偏心距为 $[e]$,则转子的许用不平衡质径积可用 $[mr]$ 表示,则两者的关系为

$$m[e]=[mr]$$

即

$$[e]=[mr]/m$$

转子平衡状态的优良程度称为平衡精度。由于转子运转时,其不平衡量所产生的离心惯性力与转速有关,因此,工程上常用 $e\omega$ 来表示转子的平衡精度,国际标准组织以 $A=[e]\omega/1000$ 作为平衡精度的等级标准,并给出了各种典型刚性转子的平衡精度及等级,见表 10-1。一般使用时先由表 10-1 查出某种转子的平衡等级与平衡精度,然后根据 $[e]=1000A/\omega$ 确定许用不平衡量。

表 10-1 各种典型刚性转子的平衡精度及等级

平衡等级	平衡精度/(mm/s) $A=[e]\omega/1000$①	典型转子举例
G4000	4000	刚性安装的具有奇数汽缸的低速②船用柴油发动机曲轴传动装置③
G1600	1600	刚性安装的大型二冲程发动机曲轴传动装置
G630	630	刚性安装的大型四冲程发动机曲轴传动装置;弹性安装的船用柴油发动机曲轴传动装置
G250	250	刚性安装的高速四缸柴油发动机曲轴传动装置
G100	100	六缸和六缸以上高速②柴油发动机曲轴传动装置;汽车、机车用发动机整体(汽油发动机或柴油发动机)
G40	40	汽轮机、轮缘、轮组、传动轴;弹性安装的六缸或六缸以上高速四冲程发动机(汽油发动机或柴油发动机)曲轴传动装置;汽车、机车用发动机曲轴传动装置
G16	16	有特殊要求的传动轴(螺旋桨轴、万向联轴节轴);破碎机械的零件;农用机械的零件;汽车和机车发动机(汽油发动机或柴油发动机)的部件;特殊要求的六缸或六缸以上的发动机曲轴传动装置
G6.3	6.3	作业机械的回转零件;船用主汽轮机齿轮(商船用);离心机鼓轮;风扇;装配好的航空燃气轮机;泵转子;机床及一般的机械零件;普通电动机转子;特殊要求的发动机部件
G2.5	2.5	燃气轮机和汽轮机,包括船用主汽轮机(商船用);刚性汽轮发电机转子;透平压缩机;机床传动装置;特殊要求的中型和大型电动机转子,小型电动机转子;透平(Turbin)驱动泵
G1	1	磁带录音仪及录音机的传动装置;磨床传动装置;具有特殊要求的小型电动机转子
G0.4	0.4	精密磨床主轴、砂轮盘及电动机转子;陀螺仪

注:① ω 为转子转动的角速度(rad/s);$[e]$ 为许用偏心距(μm);
② 按国际标准,低速柴油发动机的活塞速度小于 9m/s,高速柴油发动机的活塞速度大于 9m/s;
③ 曲轴传动装置是包括曲轴、离合器、带轮、减振器、连杆回转部分等的组件。

10.3 平面连杆机构的平衡

如前所述，绕围定轴转动的构件在运动中所产生的惯性力可以在构件自身上加以平衡。而对于构件中作往复运动或平面复合运动的构件，其所产生的惯性力则不可能在构件自身上加以平衡，必须对整个机构设法加以平衡。具有往复运动构件的结构在许多机械中是经常使用的，如汽车发动机、高速柱塞泵、活塞式压缩机、振动剪床等。由于这些机械的速度比较高，因此平衡问题常成为产品质量的关键问题之一，这就促使人们开展对这些机构平衡问题的研究。

当机构运动时，其中各个运动构件产生的惯性力可以合成为一个通过机构质心的总惯性力和一个总惯性力偶矩，总惯性力和总惯性力偶矩全部由基座承受。因此，为了消除机构在基座上引起的动压力，就必须设法平衡这个总惯性力和总惯性力偶矩。因此，机构平衡的条件是作用于机构质心的总惯性力 F 和总惯性力偶矩 M 分别为零，即

$$F=0, M=0 \tag{10-10}$$

不过，在实际的平衡计算中，总惯性力偶矩对基座的影响应当与外加的驱动力矩和阻抗力矩一并研究（因为这三者都作用在基座上）。但是，由于驱动力矩和阻抗力矩与机械的工作性质相关，单独平衡惯性力偶矩往往没有意义，故这里只讨论总惯性力的平衡问题。

设机构的总质量为 m，其质心 S' 的加速度为 $a_{S'}$，则机构的总惯性力 $F_1 = -ma_{S'}$。由于质量 m 不可能为零，故欲使总惯性力 $F=0$，必须使 $a_{S'}=0$，即应使机构的质心静止不动。根据这个结论，在对机构进行平衡时，就可运用增加平衡质量等方法，使机构的质心静止不动。

10.3.1 完全平衡

完全平衡的条件是机构的总惯性力恒为零。为达到完全平衡的目的，可采取下述措施。

1. 利用对称机构平衡

如图 10-7 所示的对称机构，由于其左右两部分对 A 点完全对称，故可以使惯性力在轴承 A 点引起的动压力得到完全平衡。在图 10-8 所示的 ZG12-6 型高速冷镦机工作原理，就是利用类似的方法获得了较好的平衡效果，使机器转速提高到了 350 r/min，而振动仍较小。它的主传动机构为曲柄滑块机构 ABC，平衡装置为四杆机构 $AB'C'D$。由于杆 $C'D$ 较长，故 C' 点的运动曲线近似直线，加在 C' 点的平衡质量 m' 相当于滑块 C 的质量 m。

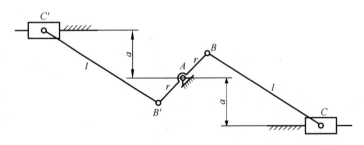

图 10-7 对称机构平衡

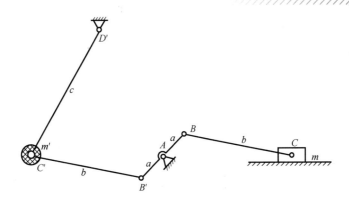

图 10-8　ZG12-6 型高速冷镦机工作原理

如上所述，利用对称机构可得到很好的平衡效果，只是采用这种方法将增大机构的体积。

2. 利用平衡质量平衡

在图 10-9 所示的铰链四杆机构中，设构件 1、构件 2、构件 3 的质量分别为 m_1、m_2、m_3，其质心分别位于 S'_1、S'_2、S'_3 处。可用 B、C 两点的质量 m_{2B} 及 m_{2C} 代替构件 2 的质量 m_2，而 m_{2B} 及 m_{2C} 的大小分别为

$$m_{2B} = (m_2 l_{CS'2}) / l_{BC}$$
$$m_{2C} = (m_2 l_{BS'2}) / l_{BC}$$

然后，可在构件 1 的延长线上加一个平衡质量 m' 来平衡构件 1 的质量 m_1 和 m_{2B}，使构件 1 的质心移到固定轴 A 点。所需的平衡质量 m' 可按下式求得

$$m' = (m_{2B} l_{AB} + m_1 l_{AS'1}) / r' \tag{10-11}$$

同理，可在构件 3 的延长线上加一个平衡质量 m''，使其质心移至固定轴 D 点，m'' 可按下式求得

$$m'' = (m_{2C} l_{DC} + m_3 l_{DS'3}) / r'' \tag{10-12}$$

加上平衡质量 m' 及 m'' 后，机构的总质心 S' 应位于 AD 线上一个固定点，即 $a_{S'} = 0$，所以机构的惯性力得到平衡。

利用同样的方法，可以对如图 10-10 所示的曲柄滑块机构进行平衡。即增加平衡质量 m'、m'' 后，使机构的总质心移到固定轴 A 点。平衡质量 m' 及 m'' 可由下式求得

$$m' = (m_2 l_{BS'2} + m_3 l_{BC}) / r' \tag{10-13}$$
$$m'' = [(m' + m_2 + m_3) l_{AB} + m_1 l_{AS'1}] / r'' \tag{10-14}$$

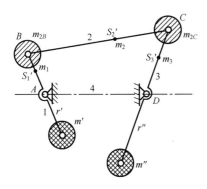
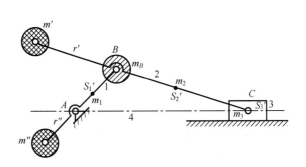

图 10-9　铰链四杆机构的平衡质量平衡　　　图 10-10　曲柄滑块机构的平衡质量平衡

据研究，完全平衡由 n 个构件组成的单自由度机构的惯性力，应至少加 $n/2$ 个平衡质量。这样一来，机构的质量将大大增加。因此，实际上不采用这种方法，而是采用下述部分平衡的方法。

10.3.2 部分平衡

部分平衡是指平衡机构总惯性力的一部分。

1. 利用平衡机构平衡

在图 10-11 所示的平衡机构中，当曲柄 AB 转动时，滑块 C 和滑块 C' 的加速度方向相反，它们的惯性力方向也相反，因此可以相互抵消。但是，由于两个滑块的运动规律不完全相同，故只是部分平衡。

如图 10-12 所示的平衡机构中，当曲柄 AB 转动时，两连杆 BC、$B'C'$ 和摇杆 CD、$C'D$ 的惯性力也可以部分抵消。

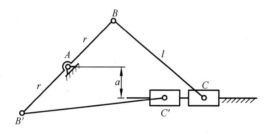

图 10-11 平衡机构平衡 1

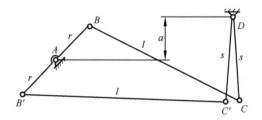

图 10-12 平衡机构平衡 2

2. 利用平衡质量平衡

对图 10-13 所示的曲柄滑块机构进行平衡时，先通过质量代换将连杆 2 的质量 m_2 用集中于 B、C 两点的质量 m_{2B}、m_{2C} 来代换；将曲柄 1 的质量 m_1 用集中于 B、A 两点的质量 m_{1B}、m_{1A} 来代换。此时，机构产生的惯性力只有两部分：集中在 B 点的质量 $m_B = m_{2B} + m_{1B}$ 所产生的离心惯性力 F_B 和集中在 C 点的质量 $m_C = m_{2C} + m_3$ 所产生的往复惯性力 F_C。而为了平衡离心惯性力 F_B，只要在曲柄的延长线上加一个平衡质量 m'，并满足下式关系：

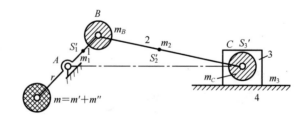

图 10-13 曲柄滑块机构的平衡质量平衡

$$m' = m_B l_{AB} / r' \tag{10-15}$$

而往复惯性力 F_C 因其大小随曲柄转角 φ 的不同而不同，故其平衡问题就不像平衡离心惯性力 F_B 那样简单。下面介绍往复惯性力的平衡方法。

由运动分析可得滑块 C 的加速度方程，即

$$a_C \approx -\omega^2 l_{AB} \cos\varphi \tag{10-16}$$

因而集中质量 m_C 所产生的往复惯性力为

$$F_C \approx m_C l_{AB} \cos\varphi \tag{10-17}$$

为平衡惯性力 F_C，可在曲柄的延长线上距 A 点的距离为 r 处再加上一平衡质量 m''，并使

$$m'' = m_C l_{AB} / r \tag{10-18}$$

将平衡质量 m'' 产生的离心惯性力 F'' 分解为一个水平力 F_h'' 和一个垂直分力 F_v''，则有

$$F_h'' = m''\omega^2 r \cos(180°+\varphi) = -m_C \omega^2 l_{AB} \cos\varphi$$

$$F_v'' = m''\omega^2 r \sin(180°+\varphi) = -m_C \omega^2 l_{AB} \sin\varphi$$

由于 $F_h'' = -F_C$，故 F_h'' 已与往复惯性力 F_C 平衡。不过，此时又多了一个新的不平衡惯性力 F_v''，此竖直方向的惯性力对机械的工作也有不利影响。为降低不利影响，可取

$$F_h'' = (1/3 - 1/2)F_C$$

即

$$m'' = (1/3 - 1/2)m_C l_{AB} / r \tag{10-19}$$

即只平衡往复惯性力的一部分。这样，既可以减小往复惯性力 F_C 的不良影响，又可保证在竖直方向产生的新不平衡惯性力 F_v'' 不致太大，同时所需加的配重也较小。

对于四缸、六缸、八缸发动机来说，若各缸的往复质量取得一致。在各缸的适当排列下，往复质量之间即可自动达到力与力矩的完全平衡，对消除发动机的振动很有利。为此，对同一台发动机，应选用相同质量的活塞，各连杆的质量、质心位置也应保持一致。

3. 利用弹簧平衡

利用弹簧平衡原理示意如图 10-14 所示，通过合理选择弹簧的刚度系数 k 及其安装位置，可以使连杆 BC 的惯性力得到部分平衡。

最后还需要指出，在一些精密的设备中，要获得高品质的平衡效果，仅在最后才作回转构件的平衡检测是不够的，应在回转构件生产过程中（原材料的准备、加工装配各个环节）都要关注平衡问题。

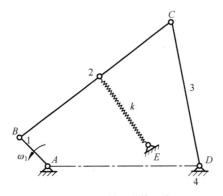

图 10-14 利用弹簧平衡

习题与思考题

一、思考题

10-1 什么是静平衡？什么是动平衡？各需要几个平衡平面？静平衡、动平衡的力学条件各是什么？

10-2 动平衡的构件一定是静平衡的，反之亦然，对吗？为什么？图 10-15 所示的两根曲轴的偏心质径积均相等，并且各个曲拐均在同一轴平面上，试说明两根曲轴各处于何种平衡状态。

10-3 为什么作往复运动的构件和作平面复合运动的构件不能在构件自身内获得平衡，而必须在基座上才能获得平衡？

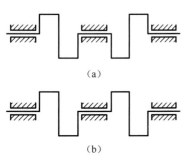

图 10-15 题 10-2

二、习题

10-4 图 10-16 所示为一个钢制圆盘，盘厚 $b=50$mm。位置 I 处有一个直径为 50mm 的通孔，位置 II 处是一个质量 $G_2=0.5$kg 的质量块。为使圆盘平衡，拟在圆盘 $r=200$mm 处打一个通孔。试求此通孔的直径与位置。钢的密度 $\rho=7.8$g/cm³。

10-5 图 10-17 所示为一个风扇叶轮。已知其各个偏心质量为 $m_1=2m_2=600$g，其矢径大小为 $r_1=r_2=200$mm，方位如图 10-17 所示。对此叶轮进行静平衡分析，试求所需平衡质量的大小及方位，取 $r_b=200$mm。（注：平衡质量只能加在叶片上，必要时可将平衡质量分解到相邻的叶片上。）

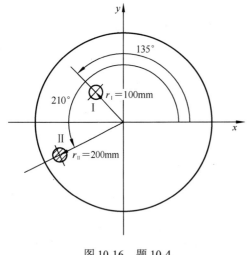

图 10-16 题 10-4

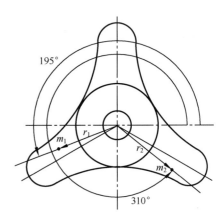

图 10-17 题 10-5

10-6 在图 10-18 所示的转子中，已知各个偏心质量：$m_1=10$kg，$m_2=15$kg，$m_3=20$kg，$m_4=10$kg，它们的回转半径分别为 $r_1=40$cm，$r_2=r_4=30$cm，$r_3=20$cm，方位如图 10-18 所示。若置于平衡基面 I 及 II 中的平衡质量 m_{bI} 及 m_{bII} 的回转半径均为 50cm，试求 m_{bI} 及 m_{bII} 的大小及方位（$l_{12}=l_{23}=l_{34}$）。

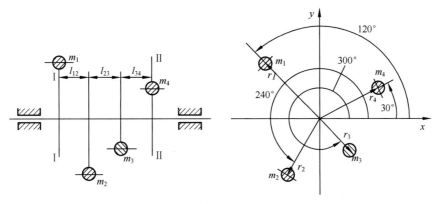

图 10-18 题 10-6

10-7 图 10-19 所示为一个滚筒,在轴上装有带轮。已知带轮有一个偏心质量 m_1=1kg;另外,根据该滚筒的结构,知其具有两个偏心质量 m_2=3kg 和 m_3=4kg,各个偏心质量的方位如图 10-19 所示(长度单位为 mm)。若将平衡基面选定在滚筒的两端面上,两个平衡基面中平衡质量的回转半径均取 400mm,试求两个平衡质量大小及方位。若将平衡基面Ⅱ改选定在带轮宽度的中截面上,其他条件不变,两个平衡质量的大小及方位如何改变?

10-8 已知一个中型电动机转子质量为 m=50kg,转速 n=3000r/min,已测得其不平衡质径积 m_r=300g·mm,试问其是否满足平衡精度要求?

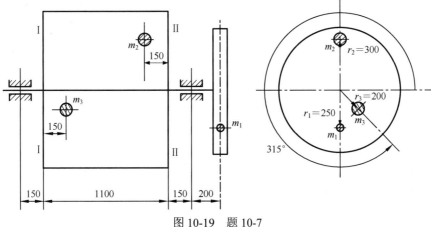

图 10-19 题 10-7

10-9 在图 10-20 所示的曲柄滑块机构中,已知各个构件的尺寸为 l_{AB}=100mm,l_{BC}=400mm;连杆 2 的质量 m_2=12kg,质心在 S_2 处,l_{BS_2}=400/3mm;滑块 3 的质量 m_3=20kg,质心在 C 处;曲柄 1 的质心与 A 点重合。试利用平衡质量法对该机构进行平衡,问若对机构进行完全平衡和只平衡滑块 3 所处的往复惯性力 50%的部分平衡,平衡质量 $m_{C'}$ 及 $m_{C''}$ 各需多大(取 $l_{BC'}=l_{BC''}$=50mm)?

10-10 在图 10-21 所示的连杆-齿轮组合机构中,齿轮 a 与曲柄 1 固连,齿轮 b 和齿轮 c 分别活套在轴 C 和轴 D 上,设各个齿轮的质量分别为 m_a=10kg,m_b=12kg,m_c=8kg,其质心分别与轴心 B、C、D 重合,杆 1、杆 2、杆 3 自身的质量略去不计,试设法平衡此机构在运动中的惯性力。

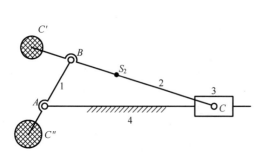

图 10-20　题 10-9

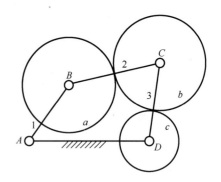

图 10-21　题 10-10

三、考研真题

10-11　（西安交通大学，2008 年）机械运转中，转子动平衡的条件为回转件各不平衡质量产生的离心惯性力系的（　　）。

  A. 合力等于零　　　　　　　　B. 合力偶矩等于零

  C. 合力和合力偶矩均为零　　　D. 合力和合力偶矩均不为零

10-12　（湖南大学，2007 年）当整个机构的惯性力得到平衡后，在机构的（　　）上将检测不到惯性力引起的振动。

  A. 机架　　　　B. 回转构件　　　C. 配重　　　D. 平面运动构件

10-13　（华东理工大学，2005 年）已知一个薄壁转盘质量为 m，质心偏心距为 r，力矩 $M_r=6$kg·m，方向垂直向下，由于该回转面不允许安装平衡质量，只能在平面 A、B 上调整，其位置如图 10-22 所示，求应加的平衡质径积 $m_A r_A$、$m_B r_B$ 的大小和方向（图中单位：mm）。

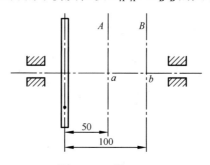

图 10-22　题 10-13

第 11 章 机械的运转及其速度波动的调节

学习目标：了解机械运转的过程；掌握等效力（力矩）、等效质量（等效转动惯量）的意义并能根据转化的需要进行计算；掌握机械运转的周期性速度波动原因和非周期性速度波动的原因及各自的调节方法。

11.1 机械系统动力学问题

11.1.1 研究机械系统动力学问题的目的和内容

第8章和第9章对机构进行运动分析和力分析时，都假定其主动件的运动规律是已知的，并且是作等速运动的。实际上，机构主动件的真实运动规律是由作用在其上的所有外力（驱动力和工作阻力）及机构中各个构件的质量和转动惯量等因素决定的，在一般情况下，主动件的速度和加速度是随时间变化的。因此，研究机械在外力作用下的运动规律对分析现有机械和设计新机械都是必不可少的，尤其是对研究高速、重载、高精度、高自动化程度的机械是十分重要的。

此外，在一般情况下，由于机构主动件的速度是随时间变化的，即机械在运动过程中将会出现速度波动。而这种速度波动一方面将在运动副中产生附加动压力，增加机械的能量消耗和运动副元素的磨损，不仅使机械的工作可靠性下降，而且降低机械效率。另一方面容易引起机械的振动，影响机械的强度，降低产品质量和工具的寿命。因此，也需要对机械运转速度的波动及其调节方法加以研究。

为了研究机械在运转过程中出现的上述问题，下面介绍机械在其运转过程中各阶段的运动状态，以及作用在机械上的驱动力和工作阻力的特性。

11.1.2 机械的运转过程

机械从开始运转到停止运转的全过程都要经历启动、稳定运转和停车三个阶段。图 11-1 所示为机械的运转过程及主动件的角速度 ω 随时间 t 变化的曲线。

1. 机械的启动阶段

机械的启动阶段指机械主动件转速由零逐渐上升到正常运转平均角速度 ω_m 前的过程。这一阶段，由于机械所受的驱动力做的驱动功 W_d 大于为克服工作阻力所需的功 W_r 和克服有害阻力消耗的损耗功 W_f 之和，因此，机械系统内积蓄了动能 ΔE，因而主动件作加速运动。该阶段的功能关系为

$$W_d = W_r + W_f + \Delta E \tag{11-1}$$

启动阶段最好能空载启动，即 $W_r = 0$。这样，不但可缩短启动时间，而且还可选择较小功率的电动机，以降低整机的成本。

2. 机械的稳定运转阶段

启动阶段完成之后，机械进入稳定运转阶段。此时，机械主动件以平均角速度 ω_m 作稳定运转。此时 $\Delta E = 0$，故有

$$W_d = W_r + W_f \tag{11-2}$$

在这一阶段，主动件的平均角速度 ω_m 保持稳定，为一常数。但是在通常情况下，在机械稳定运转阶段，主动件的角速度 ω 还会出现周期性波动，即在一个周期 T（机械主动件角速度变化的一个周期又称为一个运动循环周期）内的各个瞬时，主动件的角速度 $\omega \neq$ 常数，与平均角速度 ω_m 比较，略有升降，但在一个周期 T 的始末，其角速度 ω 是相等的，即 $\Delta E = 0$。这种稳定运转称为周期性变速稳定运转。电动机带动的曲柄压力机、活塞式发动机等就属于这种情况。另外一些机械（如鼓风机、提升机）主动件的角速度 ω 在稳定运转过程中恒定不变，即 ω 为常数，称为等速稳定运转。

3. 机械的停车阶段

停车阶段是指机械从稳定运转到完全停止运转的过程。这一阶段一般先去除驱动力，因此驱动力的功 W_d 为零，机械系统依靠停车前储存的动能继续克服阻力做功，速度不断下降，直到动能全部耗尽，机械才能完全停住。在一般情况下，在停车阶段机械上的工作阻力不再起作用。

这一阶段 $W_d = 0$，$W_r = 0$（有用功），故有

$$W_f + \Delta E = 0 \tag{11-3}$$

为了缩短停车时间和安全起见，可在机械上安装制动装置，加速消耗机械的动能，减少停车时间。图 11-1 所示的虚线表示机械在安装制动器后，停车阶段主动件的角速度 ω 随时间 t 的变化关系。

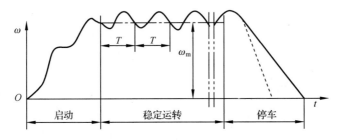

图 11-1 机械的运转过程及主动件的角速度随时间变化的曲线

以上介绍的是常见机械系统的一般运动过程，大多数机械是在稳定运转阶段进行工作的，但是有些机械（如挖土机、起重机、可逆式轧钢机等）的很大一部分工作时间是在启动和停车阶段完成的。启动阶段和停车阶段统称为机械运转的过渡阶段。

11.1.3 驱动力和工作阻力的类型及机械特性

在研究机械的运转过程时，必须了解作用在机械上的力及其变化规律。当忽略机械中各个构件的重力及运动副摩擦力时，作用在机械上的力可分为原动机发出的驱动力和执行构件完成有用功时所承受的工作阻力两大类。作用在机械上的驱动力和工作阻力是确定机构运动特性的基本力，它们随着机械工作情况的不同及所使用的原动机的不同而多种多样。

为研究在力的作用下机械的运动，把作用在机械上的力按其机械特性来分类。力（或力矩）与运动参数（位移、速度、时间等）之间的关系通常称为机械特性。按机械特性分，驱动力可以是常数（如用重锤作为驱动件时），可以是位移的函数，也可以是速度的函数。如蒸汽机、内燃机等原动机输出的驱动力是活塞位置的函数；机械中应用最广的交流异步电动机输出的驱动力矩是转子角速度的函数。

执行构件完成有用功时所承受的工作阻力的变化规律取决于机械工艺过程的特点。按机械特性分，有些机械在某阶段工作过程中，工作阻力近似常数（如车床），有些机械的工作阻力是执行构件位置的函数（如曲柄压力机）；还有一些机械的工作阻力是执行构件速度的函数（如鼓风机、搅拌机等）；也有极少数机械的工作阻力是时间的函数（如揉面机、球磨机等）。

驱动力和工作阻力的确定涉及很多专业知识，已不属于本课程的范围。本章在讨论机械在外力作用下的运动问题时，认为外力是已知的。

11.2 机械系统的等效动力学模型

11.2.1 等效动力学模型的基本原理

研究机械系统的真实运动，必须首先建立作用在机构上的力、构件的质量、转动惯量、构件与运动参数之间的函数表达式，这种函数表达式称为机械的运动方程式。虽然机械是由机构组成的多构件复杂系统，其一般运动方程式不仅复杂，求解也很烦琐。但是，对于单自由度的机械系统，只要知道其中一个构件的运动规律，其余所有构件的运动规律就可求得。

为方便研究，把作用在机构上的所有外力简化到机构的某一构件上，同时把所有构件的质量和转动惯量也简化到该构件上，此构件称为等效构件。简化到等效构件上的力称为等效力或等效力矩，简化到等效构件上的质量或转动惯量称为等效质量或等效转动惯量。具有等效质量或等效转动惯量的等效构件在等效力或等效力矩作用下的运动，与在真实外力和外力矩作用下的机械运动等效。研究等效构件的运动比研究整个机械的运动简单。

为使等效构件和对应构件的真实运动一致，根据质点系动能定理，将作用于机械系统上的所有外力和外力矩、所有构件的质量和转动惯量，都向等效构件转化。转化的原则：使该系统转化前后的动力学效果保持不变。即

（1）等效构件的质量或转动惯量所具有的动能应等于整个机械系统的总动能。

（2）等效构件上的等效力、等效力矩所做的功或所产生的功率，应等于整个机械系统的所有力、所有力矩所做功或所产生的功率之和。

满足这两个条件，就可将等效构件作为该系统的等效动力学模型。为了便于计算，通常将绕固定轴转动或作直线移动的构件选取为等效构件，如图 11-2 所示。当选取等效构件作为绕固定轴转动的构件时，作用于其上的等效力矩为 M_e，它具有的绕固定轴转动的等效转动惯量为 J_e；当选取等效构件作为往复移动的构件时，作用在其上的力为等效力 F_e，它具有的等效质量为 m_e。

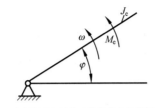 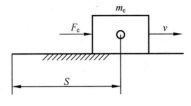

（a）选取绕固定轴转动的构件作为等效构件　　（b）选取往复移动的构件作为等效构件

图 11-2　等效构件的选取

11.2.2　等效力矩和等效力

设作用在机械上的外力为 F_i（$i=1,2,\cdots,n$），力作用点的速度为 v_i，F_i 的方向和 v_i 的方向之间的夹角为 α_i，作用在机械中的外力矩为 M_j（$j=1,2,\cdots,m$），设外力矩 M_j 作用下构件的角速度为 ω_j，角位移为 φ_j，则作用在机械中的所有外力和外力矩产生的功率之和为

$$P = \sum_{i=1}^{n} F_i v_i \cos\alpha_i \pm \sum_{j=1}^{m} M_j \omega_j$$

式中，当 M_j 和 ω_j 同方向时取"+"号，否则，取"-"号。

若等效构件为绕固定轴转动的构件，如图 11-2(a)所示，其上作用有假想的等效力矩 M_e，等效构件的角速度为 ω，则根据等效构件上作用的等效力矩所产生的功率应等于整个机械系统中所有外力、外力矩产生的功率之和，可得

$$M_e \omega = P = \sum_{i=1}^{n} F_i v_i \cos\alpha_i \pm \sum_{j=1}^{m} M_j \omega_j$$

解得

$$M_e = \sum_{i=1}^{n} F_i \left(\frac{v_i}{\omega}\right) \cos\alpha_i \pm \sum_{j=1}^{m} M_j \left(\frac{\omega_j}{\omega}\right) \tag{11-4}$$

同理，当等效构件为往复移动的构件并且速度为 v 时，仿照上述推导过程，可得作用于其上的等效力，即

$$F_e = \sum_{i=1}^{n} F_i \left(\frac{v_i}{v}\right) \cos\alpha_i \pm \sum_{j=1}^{m} M_j \left(\frac{\omega_j}{v}\right) \tag{11-5}$$

由式（11-4）和式（11-5）可知：

① 等效力矩与等效力不仅与外力有关，而且与各速度比有关。若速度比是机构位置的函数，则等效力和等效力矩就是机构位置和外力的函数；若各速度比均为常数，则等效力和等效力矩只与外力变化规律有关。

② 等效力矩和等效力仅与各速度比有关，与各速度的大小无关，即与机构真实速度无关。

11.2.3　等效转动惯量和等效质量

设机械系统中各个运动构件的质量为 m_i（$i=1,2,\cdots,n$），质心 S_i 的速度为 v_{S_i}；各个运动构件对质心轴线的转动惯量为 J_{S_j}（$j=1,2,\cdots,m$），角速度为 ω_j，则整个机械系统具有的动能为

$$E = \sum_{i=1}^{n} \frac{1}{2} m_i v_{S_i}^2 + \sum_{j=1}^{m} \frac{1}{2} J_{S_j} \omega_j^2$$

若等效构件为绕固定轴转动的构件，并且角速度为 ω，其对转动轴的假想的等效转动惯量为 J_e，则根据等效构件所具有的动能应等于机械系统中各个构件所具有的动能之和，可得

$$\frac{1}{2} J_e \omega^2 = E = \sum_{i=1}^{n} \frac{1}{2} m_i v_{S_i}^2 + \sum_{j=1}^{m} \frac{1}{2} J_{S_j} \omega_j^2$$

解得

$$J_e = \sum_{i=1}^{n} m_i \left(\frac{v_{S_i}}{\omega} \right)^2 + \sum_{j=1}^{m} J_{S_j} \left(\frac{\omega_j}{\omega} \right)^2 \quad (11\text{-}6)$$

当等效构件为往复移动的构件，并且速度为 v 时，仿照上述推导过程，可得到等效构件所具有的假想等效质量 m_e，即

$$m_e = \sum_{i=1}^{n} m_i \left(\frac{v_{S_i}}{v} \right)^2 + \sum_{j=1}^{m} J_{S_j} \left(\frac{\omega_j}{v} \right)^2 \quad (11\text{-}7)$$

由式（11-6）和式（11-7）可知：

① 等效转动惯量和等效质量不仅与各个构件的质量 m_i 和转动惯量 J_{S_j} 有关，而且与速度比的平方有关。如果各速度比是机构位置的函数，那么 J_e 或 m_e 可能是机构位置的函数；如果各速度比均为常数，那么 J_e 或 m_e 也可能是常数。

② 等效转动惯量和等效质量绝对不是原机械系统各个活动构件的转动惯量或质量之和。

应该注意以下3个问题：

（1）等效力或等效力矩是一个假想的力或力矩，它并不是被代替的已知力的合力或力矩的合力矩。

（2）等效质量或等效转动惯量是一个假想的质量或转动惯量，它并不是机构中所有运动构件的质量或转动惯量的总和。因此，在力的分析中不能用它确定机构总惯性力或总惯性力偶矩。

（3）等效力或等效力矩、等效质量或等效转动惯量只与角速度（速度）的相对值有关。因此，在一般情况下，未知机械系统的真实运动，也可求出等效力或等效力矩、等效质量或等效转动惯量。

【例 11.1】 图 11-3 所示为一个简易机床的主传动系统，该系统由带传动和二级齿轮传动组成。已知直流电动机的转速 $n_0 = 1500$ rad/s，小带轮直径 $d = 100$mm，转动惯量 $J_d = 0.1$kg·m^2，大带轮直径 $D = 200$mm，转动惯量 $J_D = 0.3$kg·m^2，各个齿轮的齿数和转动惯量分别为 $z_1 = 32$，$J_1 = 0.1$kg·m^2，$z_2 = 56$，$J_2 = 0.2$kg·m^2，$z_{2'} = 32$，$J_{2'} = 0.1$kg·m^2，$z_3 = 56$，$J_3 = 0.25$kg·m^2。要求在关闭电源后 2s 内，利用装在轴上的制动器使整个传动系统停止运转，求所需的制动力矩。

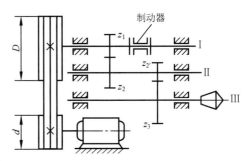

图 11-3 简易机床的主传动系统

解：该轮系为固定轴轮系，题中已选定 I 轴为等效构件，由式（11-6）可求其等效转动惯量 J_{e1}。

根据动能相等条件，可得

$$J_{eI}\omega_1^2 = J_1\omega_1^2 + J_D\omega_1^2 + J_d\omega_0^2 + J_2\omega_2^2 + J_{2'}\omega_{2'}^2 + J_3\omega_3^2$$

解得

$$J_{eI} = J_1 + J_D + J_d\left(\frac{\omega_0}{\omega_1}\right)^2 + J_2\left(\frac{\omega_2}{\omega_1}\right)^2 + J_{2'}\left(\frac{\omega_2'}{\omega_1}\right)^2 + J_3\left(\frac{\omega_3}{\omega_1}\right)^2$$

将 $\dfrac{\omega_0}{\omega_1} = \dfrac{D}{d}$，$\dfrac{\omega_2}{\omega_1} = \dfrac{z_1}{z_2}$，$\dfrac{\omega_3}{\omega_1} = \dfrac{z_1 z_3}{z_2 z_4}$ 代入上式，可得

$$J_{eI} = J_1 + J_D + J_d\left(\frac{D}{d}\right)^2 + (J_2 + J_{2'})\left(\frac{z_1}{z_2}\right)^2 + J_3\left(\frac{z_1 z_3}{z_2 z_4}\right)^2$$

$$= 0.1 + 0.3 + 0.1\left(\frac{200}{100}\right)^2 + (0.2 + 0.1)\left(\frac{32}{56}\right)^2 + 0.25\left(\frac{32 \times 32}{56 \times 56}\right)^2$$

$$= 0.925 (\text{kg} \cdot \text{m}^2)$$

$$n_I = n_0 \frac{d}{D} = 1500 \times \frac{100}{200} = 750 \text{ (r/min)}$$

$$\omega_I = \frac{\pi n_I}{30} = \frac{\pi \times 750}{30} = 78.54 \text{ (rad/s)}$$

则

$$\varepsilon = \frac{\omega - \omega_I}{t} = \frac{0 - 78.54}{2} = -39.27 \text{ (rad/s)}$$

由此可得所需的制动力矩，即

$$M_{er} = J_{eI} \times \varepsilon = 0.925 \times 39.27 = 36.32 \text{ (N} \cdot \text{m)}$$

计算结果说明等效转动惯量 J_{eI} 是常数。

【例 11.2】在图 11-4 所示的一个由齿轮驱动的正弦机构中，已知：齿轮 1 的齿数 $z_1 = 20$，转动惯量为 J_1；齿轮 2 的齿数 $z_2 = 60$，转动惯量为 J_2，曲柄长为 l，滑块 3 和构件 4 的质量分别为 m_3、m_4，其质心分别在 C 点和 D 点，齿轮 1 上作用有驱动力矩 M_1，在构件 4 上作用有阻抗力 F_4，选取曲柄为等效构件，试求该正弦机构在图示位置时的等效转动惯量 J_e 及等效力矩 M_e。

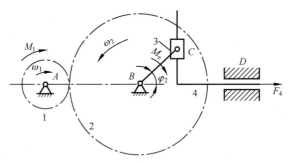

图 11-4 由齿轮驱动的正弦机构

解：（1）求等效转动惯量 J_e。

题中已选取曲柄为等效构件，由式（11-6）可求得其等效转动惯量，即

$$J_e = J_1\left(\frac{\omega_1}{\omega_2}\right)^2 + J_2 + m_3\left(\frac{v_3}{\omega_2}\right)^2 + m_4\left(\frac{v_4}{\omega_2}\right)^2$$

将 $v_3 = v_C = \omega_2 l$ 和 $v_4 = v_C \sin\varphi_2 = \omega_2 l \sin\varphi_2$ 代入上式得

$$J_e = J_1\left(\frac{z_2}{z_1}\right)^2 + J_2 + m_3\left(\frac{\omega_2 l}{\omega_2}\right)^2 + m_4\left(\frac{\omega_2 l \sin\varphi_2}{\omega_2}\right)^2$$

$$= 9J_1 + J_2 + m_3 l^2 + m_4 l^2 \sin^2\varphi_2$$

（2）求等效力矩 M_e。

由式（11-4）可求得其等效力矩，即

$$M_e = M_1 \frac{\omega_1}{\omega_2} + F_4\left(\frac{v_4}{\omega_2}\right)\cos 180°$$

$$= M_1\left(\frac{z_2}{z_1}\right) - F_4\left(\frac{\omega_2 l \sin\varphi_2}{\omega_2}\right) = 3M_1 - F_4 l \sin\varphi_2$$

说明：

① 上述所求 J_e 的等式右边前三项为常数，第四项为等效构件的转角参数 φ_2 的函数，为变量。由于在一般机械中速度比为变量的活动构件在其构件总数中所占的比例较小，又由于这类构件出现在机械系统的低速端，因此其等效转动惯量较小。在实际工程中，为了简化计算，通常把等效转动惯量 J_e 中的变量部分用其平均值近似代替或忽略不计。

② 在上述所求等效力矩 M_e 等式右边包括两项，第一项为等效驱动力矩，第二项为等效阻力矩。为方便起见，有时将等效力矩按等效驱动力矩（用符号 M_{ed} 表示）、等效阻力矩（用符号 M_{er} 表示）分别计算。

由以上两例可以看出，等效转动惯量 J_e 可能是常数，也可能是机构转角 φ 的函数；又因为机械的外力可能是时间 t、机构转角 φ 及构件速度 v 的函数，所以等效力矩 M_e 是运动参数 t、φ、ω 的函数。因此，等效量可以写成如下一般函数式：

$$\begin{cases} J_e = J_e(\varphi) \\ M_e = M_e(\varphi, \omega, t) \end{cases}$$

11.3 机械运转速度波动的调节

由前文可知，一般机械主动件的速度是变化的，而主动件速度的波动将会引起不良后果，必须采取措施加以调节，使其速度波动控制在允许范围内，以保证机械的工作质量。

机械运转的速度波动分为两类：周期性速度波动和非周期性速度波动。

11.3.1 周期性速度波动产生的原因

作用在机械上的驱动力矩和阻力矩在稳定运转状态下往往是主动件转角 φ 的周期性函数，其等效驱动力矩 M_{ed} 与等效阻力矩 M_{er} 必然也是等效构件转角 φ 的周期性函数。

周期性速度波动产生的原因分析如图 11-5 所示。其中，如图 11-5（a）所示为某一机构在稳定运转过程中其等效构件（一般选取主动件）在一个周期转角 φ_T 中所受等效驱动力矩 M_{ed} 与等效阻力矩 M_{er} 的变化曲线。

在等效构件回转角度 φ 时（设起始位置的转角为 φ_a），其驱动功与阻抗功分别为

$$\begin{cases} W_d(\varphi) = \int_{\varphi_a}^{\varphi} M_{ed}(\varphi)d\varphi \\ W_r(\varphi) = \int_{\varphi_a}^{\varphi} M_{er}(\varphi)d\varphi \end{cases} \quad (11\text{-}8)$$

等效构件从起始位置转角 φ_a 转过角度 φ 角时，等效力矩 M_{ed} 所做的功的增量为

$$\Delta W = W_d(\varphi) - W_r(\varphi) = \int_{\varphi_a}^{\varphi} M_{ed}(\varphi)d\varphi - \int_{\varphi_a}^{\varphi} M_{er}(\varphi)d\varphi \quad (11\text{-}9)$$

ΔW 称为盈亏功。当 $\Delta W > 0$ 时，称为盈功；当 $\Delta W < 0$ 时，称为亏功。

机械动能的增量为

$$\Delta E = \Delta W = \frac{1}{2}J_e(\varphi)\omega^2(\varphi) - \frac{1}{2}J_{ea}\omega_a^2 \quad (11\text{-}10)$$

由此可得到机械动能 $E(\varphi)$ 的变化曲线，如图 11-5（b）所示。

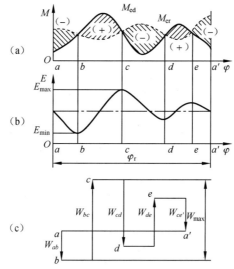

注：图（a）为等效驱动力矩和等效阻力矩的变化曲线，图（b）为机械动能变化曲线，图（c）为能量指示图。

图 11-5　周期性速度波动产生的原因分析

分析图 11-5（a）中曲线的变化可以看出，在 bc 段由于 $M_{ed} > M_{er}$，因此机械的驱动功大于阻抗功，多余的功在图中以"+"标识的面积表示，称为盈功。在这一运动过程中，等效构件的角速度由于动能的增加而上升。在 cd 段，由于 $M_{ed} > M_{er}$，因此机械的驱动功小于阻抗功，不足的功在图中以"-"标识的面积表示，称为亏功。等效构件的角速度由于动能减少而下降。

在等效力矩 M_e 和等效转动惯量 J_e 的变化的公共周期（假设 M_{ed} 的变化周期为 4π，M_{er} 的变化周期是 3π，J_e 的变化周期为 2π，则其公共周期为 12π，在该公共周期的始末，等效力矩与等效转动惯量的值均应分别相同）内，即图 11-5 中从 φ_a 到 $\varphi_{a'}$ 的一段中，驱动功等于阻抗功，则机械动能的增量为零，即

$$\int_{\varphi_a}^{\varphi_{a'}}(M_{ed} - M_{er})d\varphi = \frac{1}{2}J_{ea'}\omega_{a'}^2 - \frac{1}{2}J_{ea}\omega_a^2 = 0 \quad (11\text{-}11)$$

经过等效力矩 M_e 和等效转动惯量 J_e 变化的一个公共周期，机械的动能又恢复到原来的值，等效构件的角速度也恢复到原来的值。由此可知，机械系统在外力（驱动力和各种阻力）

作用下运转时，如果每一瞬时都保证驱动功与各种阻抗功相等，那么机械系统就能保持匀速运转。但是，多数机械系统工作时并不能保证这一点，从而导致机械在驱动功大于或小于阻抗功的情况下工作，机械转速就会升高或降低，出现波动。周期性速度波动是由于机械系统动能增减呈周期性变化，造成等效构件角速度随之做周期性波动。

11.3.2 周期性速度波动的不均匀系数

对机械稳定运转过程中出现的周期性速度波动进行分析前，首先要了解衡量速度波动程度的几个参数。

图 11-6 所示为在一个周期内等效构件角速度的变化曲线。在实际工程中，对等效构件的平均角速度 ω_m，通常近似地采用算术平均值来表示，即

$$\omega_m = \frac{\omega_{max} + \omega_{min}}{2} \tag{11-12}$$

其中，ω_m 可通过查机械铭牌上的转述 n（r/min）进行换算。

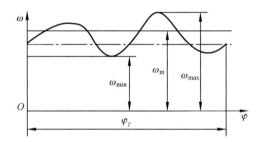

图 11-6 一个周期内等效构件角速度的变化曲线

机械运转速度波动的程度不能仅用角速度变化的幅度（$\omega_{max} - \omega_{min}$）来表示。因为当（$\omega_{max} - \omega_{min}$）一定，对低速机械运转速度波动的影响十分严重，而对高速机械就不太明显，所以平均角速度 ω_m 也是一个重要指标。综合考虑这两方面的因素，用速度不均匀系数 δ 来表示机械动转速度波动的程度，其定义为角速度波动的幅度（$\omega_{max} - \omega_{min}$）与平均角速度之比，即

$$\delta = \frac{\omega_{max} - \omega_{min}}{\omega_m} \tag{11-13}$$

不同类型的机械对速度不均匀系数的要求是不同的。表 11-1 列出了一些常用机械动转速度不均匀系数的许用值$[\delta]$，供设计时参考。

表 11-1 常用机械运转速度不均匀系数的许用值$[\delta]$

机械的名称	$[\delta]$	机械的名称	$[\delta]$
碎石机	1/5～1/20	水泵、鼓风机	1/30～1/50
冲床、剪床	1/7～1/10	造纸机、织布机	1/40～1/50
轧压机	1/10～1/25	纺纱机	1/60～1/100
汽车、拖拉机	1/20～1/60	直流发电机	1/100～1/200
金属切削机床	1/30～1/40	交流发电机	1/200～1/300

在设计机械时，应满足

$$\delta \leqslant [\delta] \tag{11-14}$$

如果$\delta > [\delta]$，机械的正常工作将受到影响，例如，对于驱动照明用的发电机组，如果转子速度波动很大（$\delta > [\delta]$），将会引起电压和电流的变化，使灯光忽明忽暗，闪烁不定。

为了减少机械运转时的周期性速度波动，可以在机械中安装一个转动惯量很大的回转构件——飞轮，以调节周期性速度的波动。

11.3.3 周期性速度波动调节的基本原理

由图 11-5（c）可见，在 b 点出现能量最小值 $E_{\min}$，而在 c 点出现能量最大值 $E_{\max}$。因此在 φ_b 和 φ_c 之间出现最大盈亏功 $\Delta W_{\max}$，其值为驱动功和阻抗功之差的最大值，可由下式计算：

$$\Delta W_{\max} = E_{\max} - E_{\min} = \int_{\varphi_b}^{\varphi_c}[M_{ed}(\varphi) - M_{er}(\varphi)]d\varphi \tag{11-15}$$

如果忽略等效转动惯量中的变量部分，即设机械的等效惯量 J_e 为常数，则当 $\varphi = \varphi_b$ 时，$\omega = \omega_{\min}$；当 $\varphi = \varphi_c$ 时，$\omega = \omega_{\max}$，由式（11-15）可得

$$\Delta W_{\max} = E_{\max} - E_{\min} = \frac{1}{2}J_e(\omega_{\max}^2 - \omega_{\min}^2) = J_e\omega_m^2\delta$$

对机械系统原来具有的转动惯量 J_e 来说，等效构件的速度不均匀系数 δ 为

$$\delta = \frac{\Delta W_{\max}}{J_e\omega_m^2}$$

当速度不均匀系数 $\delta > [\delta]$ 时，为了调节机械的周期性速度波动，可在机械上安装飞轮。飞轮的等效转动惯量为 J_F，则由上式得

$$\Delta W_{\max} = (J_e + J_F)\omega_m^2\delta$$

解得

$$\delta = \frac{\Delta W_{\max}}{\omega_m^2(J_e + J_F)} \tag{11-16}$$

对某一具体机械而言，由于 $\Delta W_{\max}$、ω_m 及 J_e 都是确定的，故由式（11-16）可知，在机械上安装一个具有足够大转动惯量 J_F 的飞轮后，可以使 δ 值下降到许可值的范围之内，以满足工程的需要，达到调节机械运转波动的目的。

实质上，飞轮在机械中的作用相当于一个能量储存器。当机械的驱动功大于阻抗功时，机械主轴速度增大，飞轮的角速度也增大，但是，飞轮的惯性作用总是力图阻止主轴速度迅速增大。此时，飞轮动能的增大相当于将一部分多余的驱动功以能量的形式储存起来。由于飞轮的转动惯量很大，因此吸收多余的能量后主轴速度只是略增不至于过大。反之，当阻抗功大于驱动功时，机械主轴速度下降，飞轮的角速度也下降，但是，由于惯性作用，飞轮又力图阻止主轴速度的迅速下降。此时，飞轮就将高速时储存的能量释放出来以弥补驱动功的不足。同样，由于飞轮的转动惯量很大，释放所需的能量后主轴速度只是略降而不至于降得过多。由此可见，采用具有很大转动惯量的飞轮储存和释放能量就可达到减小周期内机械主轴运转速度波动幅度的目的。

安装飞轮能减小周期速度波动的程度。但要强调指出，安装飞轮不能使机器运转速度绝对不变，也不能解决非周期性速度波动问题。因为如果在一个时期内，输入功一直小于总耗功（为克服工作阻力所需的功 W_r 和克服有害阻力消耗的损耗功 W_f 之和），则飞轮能量将没有补充的来源，也就起不到储存和释放能量的调节作用。

在一个工作循环周期中工作时间很短但有很大尖峰负载的某些机械，如冲床、剪床及某些轧钢机，就利用了飞轮在机械非工作时间所储存的能量来帮助克服其尖峰负载，在安装飞轮后可以采用功率较小的电动机拖动，进而达到减少投资及降低能耗的目的。惯性玩具小汽车就利用了飞轮储存和释放能量这种功能。这方面较新的应用研究如下：利用飞轮在汽车制动时吸收能量和汽车启动时释放能量以节省能源；在太阳能及风能发电装置上安装飞轮充当能量平衡器（储能器），等等。

11.3.4 飞轮转动惯量 J_F 的近似计算

由式（11-14）和式（11-16）可得

$$J_F = \frac{\Delta W_{max}}{\omega_m^2 [\delta]} - J_e$$

如果 $J_e \ll J_F$，则 J_e 可以忽略不计，于是上式可近似写为

$$J_F = \frac{\Delta W_{max}}{\omega_m^2 [\delta]} \tag{11-17}$$

若以平均转速 n（r/min）代替平均角速度 ω_m，则飞轮的转动惯量为

$$J_F = \frac{900 \Delta W_{max}}{\pi^2 n^2 [\delta]} \tag{11-18}$$

由式（11-17）和式（11-18）可知：

① 忽略 J_e 后算出的飞轮转动惯量 J_F 将比实际需要的大，从满足运转平稳性的要求来看是趋于安全的。当 ΔW_{max} 与 ω_m 一定时，若加大飞轮转动惯量 J_F，则机械的速度不均匀系数 δ 将下降，起到减小机械运转速度波动的作用，从而达到机械调速的目的。但是，如果 $[\delta]$ 取值过小，那么飞轮的转动惯量 J_F 就过大。而且飞轮的转动惯量 J_F 是一个有限值，不可能使 $[\delta]=0$。因此，不能过分追求机械运转速度的均匀性，否则将会使飞轮过于笨重。

② 当 ΔW_{max} 值和 $[\delta]$ 值一定，飞轮转动惯量 J_F 与其转速 n 的平方成反比。为了减小飞轮的转动惯量，所以飞轮应该装在机械的高速轴上。在实际设计中还必须考虑安装飞轮轴的刚性和结构上的可能性。

为了计算飞轮转动惯量 J_F，关键是确定盈亏功 ΔW_{max}。对于一些比较简单的情况，机械最大动能 E_{max} 和最小动能 E_{min} 出现的位置可直接由 $M-\varphi$ 关系图中看出；对于较复杂的情况，则可借助于能量指示图来确定。下面以图 11-5 为例加以说明，如图 11-5（a）所示为某一机构在稳定运转过程中其等效构件（一般选取主动件）在一个周期转角 φ_T 中所受等效驱动力矩 M_{ed} 与等效阻抗力矩 M_{er} 的变化曲线，两条曲线所包围的面积代表相应区间等效驱动功和等效阻力功差的大小。在相应区间上，若等效驱动力矩大于等效阻抗力矩，则称之为盈功，若等效驱动力矩小于等效阻抗力矩，则称之为亏功。最大盈亏功 W_{max} 是指对应机械主轴角速度从 ω_{min} 变化到 ω_{max} 过程中功的变化量，可用如图 11-5（c）所示的能量指示图来帮助确定 ω_{max} 和 ω_{min}。选取一条水平基线代表运动循环开始时机械的动能，选取任一点 a 作为起点，按一定比例作向量线段 $\overrightarrow{ab}$、$\overrightarrow{bc}$、$\overrightarrow{cd}$、$\overrightarrow{de}$、$\overrightarrow{ea'}$ 依次表示相应位置 M_{ed} 与 M_{er} 之间所包围的面积 W_{ab}、W_{bc}、W_{cd}、W_{de} 和 $W_{ea'}$ 的大小和正负。盈功值为正，箭头向上；亏功值为负，箭头向下；各段首尾相连，构成一个封闭向量图。由于在一个循环的起始位置与终止位置的动能相等，因此能量指示图的首尾应在同一条水平线上，即形成封闭的台阶形折线。由图 11-5

（c）可以看出，位置b点的动能最小，位置c点的动能最大，图11-5（c）中折线的最高点和最低点的距离W_{max}代表最大盈亏功ΔW_{max}的大小。

【例 11.3】 图11-7所示为某机械在一个稳定运转周期中的等效阻力矩M_{er}（单位：N·m）的变化曲线，等效驱动力矩M_{ed}为常数（其值待求），主轴的平均角速度ω_m为 50 rad/s，许用速度不均匀系数$[\delta]=0.05$，在不计原机械系统的转动惯量J_e的条件下，试求飞轮的转动惯量J_F。

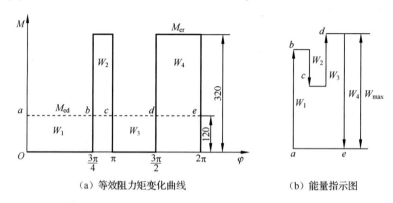

(a) 等效阻力矩变化曲线　　　　(b) 能量指示图

图 11-7　某机械在一个稳定运转周期中的等效阻力矩的变化曲线和能量指示图

解：（1）求等效驱动力矩M_{ed}。

机械在一个稳定运转周期中，等效驱动力矩所做的功M_{ed}与等效阻力矩所做的功W_{er}应相等，即

$$2\pi M_{ed} = 320 \times \left(\frac{\pi}{4} + \frac{\pi}{2}\right)$$

解得

$$M_{ed} = 120(\text{N} \cdot \text{m})$$

计算得到的等效驱动力矩M_{ed}如图11-7（a）中的虚线所示。

（2）画出能量指示图，并确定最大盈亏功ΔW_{max}。

由图11-7可知，W_1、W_3为盈功，W_2、W_4为亏功。

$$W_1 = 120 \times \frac{3\pi}{4} = 90\pi(\text{N} \cdot \text{m})$$

$$W_2 = (120 - 320) \times \frac{\pi}{4} = -50\pi(\text{N} \cdot \text{m})$$

$$W_3 = 120 \times \frac{\pi}{2} = 60\pi(\text{N} \cdot \text{m})$$

$$W_4 = (120 - 320)\frac{\pi}{2} = -100\pi(\text{N} \cdot \text{m})$$

根据以上计算结果画出能量指示图，如图11-7（b）所示。由图可知，d点功能最高，e点功能最低，图11-7（a）中线段de之间的面积即最大盈亏功，其值为

$$\Delta W_{max} = |W_4| = 100\pi(\text{N} \cdot \text{m})$$

最后由式（11-17）解得飞轮的转动惯量

$$J_F = \frac{\Delta W_{max}}{\omega_m^2 \times [\delta]} = \frac{100\pi}{50^2 \times 0.04} = 3.14(\text{kg} \cdot \text{m}^2)$$

11.3.5 非周期性速度波动的调节

1. 非周期性速度波动产生的原因

在机械运转过程中，如果等效力矩 $M_e = M_d - M_r$ 的变化是非周期性的，那么机械运动就会出现非周期性的速度波动，从而破坏机械的稳定运转状态。若在长时间内出现 $M_d > M_r$，则机械运转的速度会不断升高，导致"飞车"现象，使机械遭到破坏；反之，若在长时间内出现 $M_d < M_r$，则机械会逐渐停止运转。为了避免上述两种情况发生，必须对非周期性速度波动进行调节，以使机械系统重新恢复稳定运转状态，这就需要设法使驱动力矩与工作阻力矩恢复平衡关系。

2. 非周期性速度波动的调节方法

对非周期性速度波动，通过安装飞轮是不能达到调节目的的，这是因为飞轮的作用只是"吸收"和"释放"能量，它既不能创造出能量，也不能消耗掉能量。

非周期性速度波动的调节问题可分为以下两种情况：

① 当机械的原动机发出的驱动力矩是速度的函数且具有下降的趋势时，机械具有自动调节非周期性速度波动的能力。例如，用电动机作为原动机的机械就可以利用电动机自身所具有的"自调性"来保证机械的稳定运转。对选用电动机作为原动机的机械系统，其自身就可使驱动力矩和工作阻力矩协调一致。因为当电动机的转速因 $M_{er} > M_{ed}$ 而下降时，其产生的驱动力矩将增大；反之，当因 $M_{ed} > M_{er}$ 而引起电动机转速上升时，驱动力矩减小，机械就自动地重新达到平衡，这种性能称为自调性。

② 对没有自调性的机械系统（如采用蒸汽机、汽轮机或内燃机作为原动机的机械系统），就必须安装一种专门的调节装置——调速器，以调节机械出现的非周期性速度波动。调速器的种类很多，按执行构件分类，主要有机械式、气动式、机械气动式、液压式调速器，还有电液调速器和电子调速器。最简单的机械式调速器是离心调速器。

图 11-8 所示为燃气涡轮发动机中采用的离心调速器的示意。图中离心球 2 的支架 1 与发动机轴相连，离心球 2 铰接在支架 1 上，并通过连杆 3 与活塞 4 相连。在稳定运转状态下，发动机轴的角速度 ω 保持不变。由油箱供给的燃油一部分通过增压泵 7 增压后输送到发动机中，另一部分多余的油则经过油路 a 进入调节油缸 6，再经油路 b 回到油泵进口。当因外界工作条件变化而引起工作阻力矩减小时，发动机轴的转速 ω 将增大。这时离心球 2 将因离心力的增大而向外摆动，通过连杆 3 推动活塞 4 向右移动，从而使被活塞 4 部分封闭的回油孔间隙增大。因此，回油量增大，输送给发动机的油量减少。发动机的驱动力矩相应地有所下降，发动机又重新归于稳定运转。反之，如果工作阻力增加，发动机轴的转速 ω 下降，离心球 2 的离心力减小，使活塞 4 在弹簧 5 的作用下向左移动，回油孔间隙减小，从而导致回油量减小，供给发动机的油量增加。于是，发动机发出的驱动力矩与工作阻力矩将再次达到新的平衡，从而使发动机恢复稳定运转状态。

此外，液压式调速器具有良好的稳定性和较高的静态调节精度，但其结构工艺复杂，制燃成本高。一般情况下，大功率柴油机多使用液压调速器。

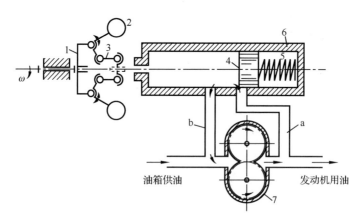

1—支架　2—离心球　3—连杆　4—活塞　5—弹簧　6—调节油缸　7—增压泵　a、b—油路

图 11-8　离心式调速器示意

电子调速器具有很高的静态和动态调节精度，易实现多功能、远距离和自动化控制及多机组同步并联运行。电子调速器中的各类传感器将采集到的各种信号转换成电信号输入计算机，经计算机处理后发出指令，由执行机构完成控制任务。例如，在航空电源车、自动化电站、低噪声电站、高精度的柴油发电机组和大功率船用柴油发电机中就采用了电子调速器。

习题与思考题

一、思考题

11-1　通常机械运转的过程分为几个阶段？各阶段的功能特征是什么？什么是等速稳定运转和周期性变速稳定运转？

11-2　建立机械系统动力学模型的目的是什么？等效构件的运动为什么能代表机械的运动？

11-3　什么是机械运转速度波动不均匀系数？它表示机械运转的什么性质？是否速度波动不均匀系数越小越好？

11-4　飞轮有何作用？应将飞轮安装在高速构件上还是安装在低速构件上？

11-5　试简述机械运转过程中产生周期性速度波动及非周期性速度波动的原因，以及它们各自的调节方法。

11-6　说明离心调速器是如何调速的。

二、习题

11-7　列出以移动构件作为等效构件时机器等效动力学模型中等效质量的计算公式，并说明该计算公式中各量的物理意义。

11-8　在图 11-9 所示的机床工作台的传动系统中，已知条件如下：各齿轮齿数为 z_1、z_2、$z_{2'}$、z_3，齿轮 3 的分度圆半径 r_3，各齿轮的转动惯量 J_1、J_2、$J_{2'}$、J_3。齿轮 1 直接安装在电动机轴上，因此 J_1 中包含了电动机转子的转动惯量，工作台和被加工零件质量之和为 m，当选定齿轮 1 为等效构件时，试求该机械系统的等效转动惯量 J_e。

11-9 在图 11-10 所示的导杆机构中，已知构件 $l_{AB}=100$ mm，$\varphi_1=90°$，$\varphi_3=30°$，导杆 3 对轴 C 的转动惯量 $J_C=0.006$ kg·m^2，其他构件的质量忽略不计。作用在导杆 3 上的阻力矩 $M_3=100$ N·m。试求此机构转化到曲柄 1 上的等效阻力矩 M_{er} 和转化到轴 A 上的等效转动惯量 J_{e1}。

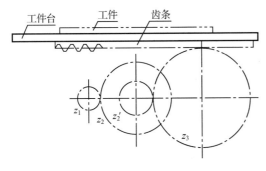
图 11-9 题 11-8

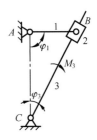
图 11-10 题 11-9

11-10 一台机器稳定运转，其中一个运动循环中的等效阻力矩 M_{er} 与等效驱动力矩 M_{ed} 的变化曲线如图 11-11 所示，等效驱动力矩 M_{ed} 的最大值为 200 N·m，机器的等效转动惯量 $J_e=1$ kg·m^2，在运动循环开始时，等效构件的平均角速度 $\omega_0=20$ rad/s。试确定：

① 等效驱动力矩 M_{ed} 的大小。
② 等效构件的最大角速度 ω_{max} 和最小角速度 ω_{min}，并指出其出现的位置。
③ 最大盈亏功 ΔW_{max}。
④ 若运转速度不均匀系数 $\delta=0.125$，则应在等效构件上增设多大转动惯量的飞轮？

11-11 某机械系统以其主轴为等效构件，已知主轴稳定运转一个周期 3π 内的等效阻力矩 M_{er} 变化曲线如图 11-12 所示，等效驱动力矩 M_{ed} 为常数，主轴的平均角速度和许可的运转速度不均匀系数已给定，试确定：

① 等效驱动力矩 M_{ed} 的大小。
② 出现最大角速度和最小角速度时对应的主轴转角。
③ 采取什么方法来调节该速度波动？简述调速原理。
④ 用飞轮调节速度波动，增大飞轮质量，就能使速度没有波动，对吗？为什么？

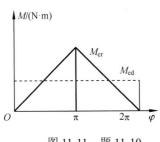
图 11-11 题 11-10

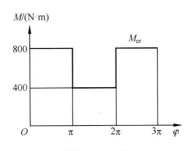
图 11-12 题 11-11

三、考研真题

11-12 （清华大学，2002 年）机械速度的波动可分为_____和_____两类。

11-13 （清华大学，2001 年）常用的系统速度波动调节方法有_____和_____。

11-14 （西北工业大学，2004 年）什么是机器的"运转速度不均匀系数"？其产生的原因是什么？用什么方法加以调节？能否完全消除周期性速度波动？

11-15 （电子科技大学，2004 年）机器中安装飞轮后，可以（   ）。
  A. 使驱动功与主力功保持平衡 B. 增大机器的转速
  C. 调节周期性速度波动 D. 调节非周期性速度波动

11-16 （电子科技大学，2006 年）机器中安装飞轮的目的是（   ）。
  A. 调速 B. 闯过死点 C. 储存能量 D. 调速和闯过死点

第 12 章　机构创新设计基本理论与方法

学习目标：了解机构创新设计的基本理论与方法，了解机构的变异和组合方式。

12.1　机构的变异与创新设计

工程实际中，单一的基本机构应用较少，多数是在基本机构的基础上通过机构的演化与变异等创新手段，改变构件、运动副等形状，设计出具有相同机构的简图而功能不同、能满足特定工作要求的机械装置。该方法属于机构的应用创新范畴，机构的应用创新是机械设计过程中常见的问题，也是解决工程实际应用的有效途径之一。

12.1.1　构件形状变异与创新设计

构件的形状变异可以从两个方面入手进行研究：一是从构件的具体结构方面加以考虑，二是从构件的相对运动方面加以考虑。

构件的结构设计涉及构件的强度、刚度、材料及加工等诸多方面，例如，连杆截面形状是圆形、方形、管形还是其他形状之类的问题，都属于构件结构设计范畴。下面仅从构件的相对运动方面讨论构件的形状变异与创新设计。构件的形状变异大都与运动副有密切关系，首先讨论单纯的构件形状变异。

1. 避免构件之间的运动干涉而采取的形状变异

研究机构运动时，各个构件的运动空间是必须要考虑的问题，否则，可能发生构件之间或构件与机架之间的运动干涉。曲柄滑块机构中曲柄的形状变异如图 12-1 所示。其中，图 12-1（a）所示为开启和关闭公交车车门的曲柄滑块机构，为避免曲柄 *AB* 与启闭机构箱体发生碰撞，需要把曲柄 *AB* 做成图 12-1（b）所示的折线形状。

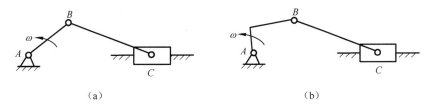

图 12-1　曲柄滑块机构中曲柄的形状变异

在摆动从动件盘形凸轮机构中，为避免摆杆与盘形凸轮轮廓曲线发生运动干涉，经常把摆杆做成曲线状或折线状。摆动从动件盘形凸轮机构中摆杆的形状变异如图 12-2 所示。其中，图 12-2（a）所示为机构的原始结构，图 12-2（b）和图 12-2（c）为摆杆进行变异设计后的结构。

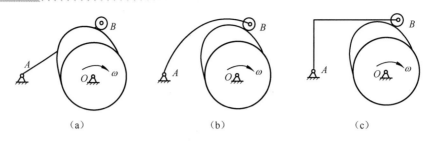

图 12-2 摆动从动件盘形凸轮机构中摆杆的形状变异

在平面连杆机构和凸轮机构中，为避免运动干涉，经常涉及构件的形状变异设计。进行变异设计时，还要考虑到构件的强度和刚度是否满足运动要求。

2. 为满足特定的工作要求而采取的形状变异

有时为满足特定的工作要求，可以改变两个相对运动构件的形状。在图 12-3（a）所示的曲柄摆动摇块机构中，若把摇块 3 做成杆状，把连杆 2 做成块状，则演化为图 12-3（b）所示的曲柄摆动导杆机构。曲柄摆动摇块机构应用在插齿机中，曲柄摆动导杆机构则在牛头刨床中有广泛应用。

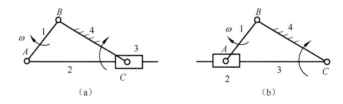

图 12-3 平面连杆机构中杆和块的形状变异

在图 12-4（a）所示的曲柄滑块机构中，将导路作成曲线形状，即可得到图 12-4（b）所示的曲柄曲线滑块机构，曲率中心的位置及曲线形状根据实际需要确定。该机构可用于圆弧门窗的启闭装置中。

还可以对曲柄滑块机构的滑块形状进行变异，如图 12-4（c）所示，曲柄与连杆均置于空心的滑块内部，该机构可用来驱动大面积的块状物体。

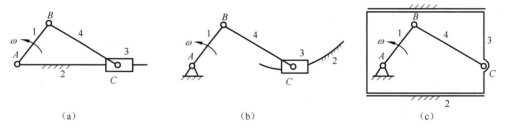

图 12-4 曲柄滑块机构中构件形状变异

在创新设计过程中，机构的哪个构件变异、如何变异，视具体设计要求而定。另外，对于平面连杆机构，还可以通过机架变换实现机构的创新，满足特定的工作要求。

12.1.2 运动副形状变异与创新设计

运动副的变异设计是机构结构设计中的重要创新内容。机构是通过运动副把各个构件连接起来的、具有确定运动的组合体，因此各个构件之间的相对运动都是由运动副保证的。在工程设计中，运动副的变异设计常常和构件形状的设计密切相关。下面主要讨论低副的变异设计。

1. 转动副的变异设计

两个构件之间的相对运动形式为转动时，常常用滚动轴承或滑动轴承作为转动副。这里的变异设计主要指轴径尺寸的设计，或称为运动副的销钉扩大。曲柄摇杆机构中转动副的形状变异如图 12-5 所示。其中，图 12-5（a）为曲柄摇杆机构，图 12-5（b）为将该机构中的转动副 B、C、D 依次扩大后形成的机构。变异后该机构的机构简图并没有发生变化，但同时具有了较高的强度和刚度。

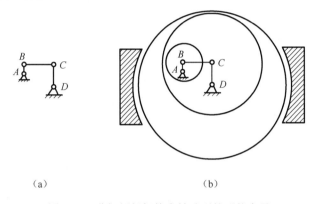

图 12-5　曲柄摇杆机构中转动副的形状变异

以图 12-6 所示的曲柄滑块机构为例介绍转动副的变异。为提高转动副 C 的强度和刚度，可把销轴作成半球状，上面与滑块底面的球形凹槽接触，下面做成与偏心圆盘等半径的弧面。变异后其作用仍是连杆与滑块之间的转动连接，但是承载能力获得了极大的提高。

2. 移动副的变异设计

移动副的变异设计可分为移动滑块的扩大和滑块形状的变异设计两部分。图 12-4（c）和图 12-7 所示机构为滑块扩大示意图。

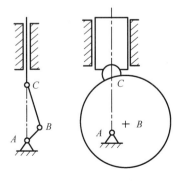

图 12-6　转动副的变异

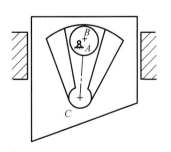

图 12-7　滑块扩大示意

滑块扩大后,可把其他构件包容在块体内部,适用于剪床或压床之类的工作装置。移动副的变异设计多体现在形状和结构上。图 12-8 所示的移动副为滑块形状变异设计示意。在移动副中,有时需要用滚动摩擦代替滑动摩擦,因此用滚动导轨代替滑动导轨是常见的移动副变异设计。为避免组成移动副的两个构件发生脱离现象,移动副的变异设计必须考虑虚约束的形状问题。

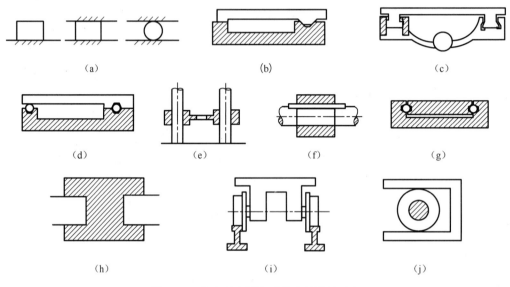

图 12-8 移动副为滑块形状变异设计示意

总之,运动副的形状变异一般都伴随着构件的形状变异。认真研究这些变异,并且做到举一反三,对机构的创新设计特别是对机构结构的创新设计有很大的帮助。

12.1.3 运动副等效代换与创新设计

运动副等效代换是指在不改变运动副自由度的前提下,用平面运动副代换空间运动副,或是低副与高副之间的代换,代换后运动副的运动特性不改变。运动副的等效代换不仅能增强机构的实用性,还为创建新机构提供了理论基础。

1. 空间运动副与平面运动副的等效代换

常用的空间机构主要有球面副、球销副和圆柱副。其中,圆柱副主要用于从动件的连接,因此对机构创新设计而言,一般不需要进行代换。而球面副常出现在机构主动件的连接处,特别是主动件与机架出现球面副时,给机构的运动控制带来诸多不便。这时可利用 3 个轴线相交的转动副代换 1 个球面副。球面副与转动副的等效代换如图 12-9 所示。其中,图 12-9(a)所示为 $SSRR$ 空间四杆机构,若以 SS 杆为主动件,则难以控制主动件的运动。这时可用图 12-9(b)所示的 3 个转动副代换球面副。代换条件是运动副自由度不变,转动中心不变,运动特性不变。图 12-9(b)所示的 3 个电动机驱动 3 个转动副的转轴,各个转动轴的轴线相交于 O 点。各个转轴的转角 φ_x、φ_y、φ_z 的合成运动即空间转动,各个转轴的角速度 ω_x、ω_y、ω_z 的合成即曲柄的角速度。

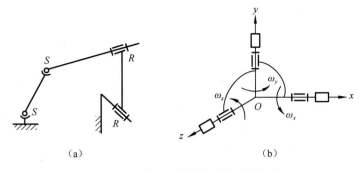

图 12-9 球面副与转动副的等效代换

两个自由度球销副的代换也可按照上述方法进行。

2. 高副与低副的等效代换

高副与低副的等效代换在工程设计中有广泛的应用,例如,用滚动导轨代换滑动导轨、用滚珠丝杠代换传动的螺旋副等在工程中都得到了广泛的应用。高副低代,虽然得到的机构是瞬时机构,但是当组成高副机构的轮廓曲线的曲率半径是常数时,则可以用定低副机构代换高副机构。图 12-10 所示的偏心圆盘凸轮机构就可以用相应的四杆机构代替。其中,图 12-10 (a) 和图 12-10 (b) 运动等效,图 12-10 (c) 和图 12-10 (d) 运动等效。

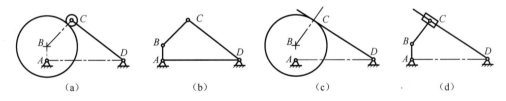

图 12-10 偏心圆盘凸轮机构的等效代换

高副低代过程中要注意:共轭曲线高副机构是啮合高副机构,这类高副机构可以用低副机构代换;瞬心高副机构是摩擦高副机构,其连心线与过两条曲线接触点的公法线共线,因此不能用相应的低副机构代换。

3. 滑动摩擦副与滚动副的等效代换

运动副是两个构件之间的可动连接,按其相对运动方式可分为转动副和移动副。但以面接触的相对运动会产生滑动摩擦,较大的摩擦力会产生较严重的磨损。根据相对运动速度和承受载荷的大小,运动副接触处常选用滑动摩擦或滚动摩擦。对转动副而言,常使用滚动轴承作为运动副,但对于承受重载的转动副,常常使用滑动轴承作为转动副。对于移动副而言,考虑到滑动构件的定位与约束的方便,经常使用滑动摩擦导轨代换。但对于要求运动灵活且承受的载荷较小时,使用滚动导轨更加方便。以此类推,低速、重载的螺旋副常使用滑动摩擦副代换,有时,则使用滚珠螺旋副更加方便。

12.2 机构的组合与创新设计

在工程实际中,单一的基本机构应用较少,而基本机构的组合机构应用在绝大部分的机械装置中。因此,机构的组合是机械创新设计的重要手段。其组合方法主要有连接杆组法以及各类基本机构的串联组合、并联组合、叠加组合、封闭组合 5 种。本章从基本机构组合理论出发详细讨论机构的组合方法,为系统学习机构创新设计奠定基础。

12.2.1 机构组合的基本概念

机构是机器中执行机械运动的主体装置,机构的类型与复杂程度和机器的性能、成本、制造工艺、使用寿命、工作可靠性等有密切关系。因此,机构的组合在机械设计的全过程占有极其重要的地位。

任何复杂的机构系统都是由基本机构组合而成的。这些基本机构可以进行串联、并联、叠加连接和封闭连接,组成各种各样的机械;也可以是相互之间不连接的、单独工作的基本机构组成的机械系统,但各个机构之间的运动必须满足运动协调条件,完成各种各样的动作。

1. 基本机构的应用

1)基本机构的单独使用

基本机构可以直接应用在机械装置中,但只包含一个基本机构的机械装置少之又少。只有一些简单机械中才包含一个基本机构,如空气压缩机中只包含一个曲柄滑块机构。

2)互不连接的基本机构的组合

若干互不连接、单独工作的基本机构可以组成复杂的机械系统。设计要点是选择满足工作要求的基本机构,对各个基本机构进行运动协调设计。图 12-11 所示的压片机是互不连接的基本机构,其中包含 3 个独立工作的基本机构:送料凸轮机构、上加压机构和下加压机构。

送料凸轮机构与上/下加压机构之间的运动不能发生干涉。送料凸轮机构必须在上加压机构上行到某一位置、下加压机构把药片送出型腔后,才开始送料,并上下加压机构开始压紧动作时返回原位静止不动。

3)各个基本机构互相连接的组合

各个基本机构通过某种连接方式组合在一起,形成一个较复杂的机械系统,这类机械是工程中应用最广泛也是最普遍的。

基本机构的连接组合方式主要有串联组合、并联组合、叠加组合和封闭组合等。其中串联组合和并联组合是应用最广泛的组合方式。图 12-12 为基本机构的串联组合示意,图 12-13 为基本机构的并联组合示意。

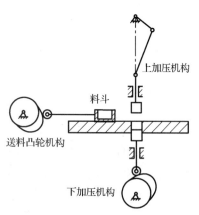

图 12-11 互不连接的基本机构

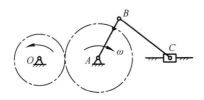
图 12-12　基本机构的串联组合示意

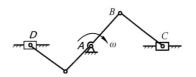
图 12-13　基本机构的并联组合

只要掌握基本机构的运动规律和运动特性，再根据具体的工作要求，选择适当的基本机构类型和数量，对其进行组合设计，为设计新机构提供了一条最佳途径。

机械的运动变换是通过机构来实现的。不同的机构能实现不同的运动变换，具有不同的运动特性。这里的基本机构主要有平面四杆机构、凸轮机构、齿轮机构、间歇运动机构、螺旋机构、带传动机构、链传动机构、摩擦轮机构等，基本机构的设计与分析是机械原理课程的主要内容，这些机构也是机械运动方案设计的首选机构。

图 12-14 所示的带式输送机一是由带传动机构与一级圆柱齿轮机构组合而成的机械系统；图 12-15 所示的带式输送机二和图 12-16 所示的卷扬机均是由二级圆柱齿轮机构组合而成的机械系统。这些最简单的机械装置都包含了两个以上的基本机构，可见，机构的组合设计在机械设计中占非常重要的地位。

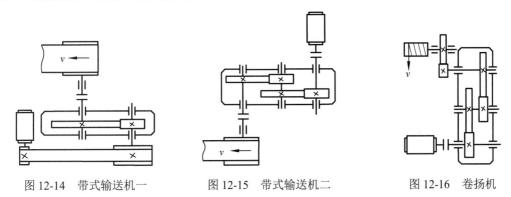

图 12-14　带式输送机一　　　图 12-15　带式输送机二　　　图 12-16　卷扬机

图 12-17 所示是较为复杂的机械装置简图。图 12-17（a）所示的机构系统为牛头刨床的机构简图，由齿轮机构和平面连杆机构组合而成；图 12-17（b）所示的机构系统为冲床机构简图，由带传动机构、多级齿轮机构和平面连杆机构组合而成。

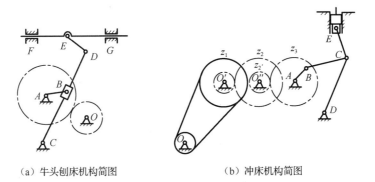

（a）牛头刨床机构简图　　　　（b）冲床机构简图

图 12-17　复杂的机械装置简图

综上所述，一般的机械运动系统都是由若干基本机构组合而成，可完成特定的工作任务，但机构的组合方法必须遵循一定的理论与规则。学习和掌握这些机构组合的理论与规则，对机构系统的创新设计有很大的指导意义。

2. 常用的机构组合方法

机构的组合是指把相同或不同类型的机构通过一定的连接方法和一定的规则组合而成的一个机构系统，从而实现既定的功能目标。

常用的机构组合方法如下：

（1）利用机构的组成原理，通过连接各类杆组，可得到复杂的机构系统。
（2）按照串联规则组合基本机构，可得到复杂的串联机构系统。
（3）按照并联规则组合基本机构，可得到复杂的并联机构系统。
（4）按照叠加规则组合基本机构，可得到复杂的叠加机构系统。
（5）按照封闭规则组合基本机构，可得到复杂的封闭机构系统。
（6）利用上述几种方法的混合连接，可得到更复杂的机构系统。

实际工程中的机械装置很少应用单一的机构，大多是几个机构组合在一起，形成一个机构系统，基本上都是由上述方法组成的各种各样的机械。下面重点讨论串联组合、并联组合、叠加组合、封闭组合。

12.2.2　机构的串联组合与创新设计

1. 机构的串联组合

1）基本概念

前一个机构的输出构件与后一个机构的输入构件刚性连接在一起，称为机构的串联组合。前一个机构称为前置机构，后一个机构称为后置机构，其特征是前置机构和后置机构都是单自由度的机构。

2）分类

单自由度的高副机构只有一个输入构件和一个输出构件，连杆机构输出运动的构件可能是连架杆（作固定轴转动或往复直线移动），也可能是作平面运动的连杆。根据参与组合的前后机构连接点的不同，可分为两种串联组合方法。连接点选在作简单运动的构件（一般为连架杆）上，称为Ⅰ型串联；连接点选在作复杂平面运动的构件上，称为Ⅱ型串联。作简单运动的构件一般指作固定轴旋转或往复直线移动的构件，作复杂平面运动的构件一般指连杆或行星轮。图12-18为机构的串联组合的2种类型。

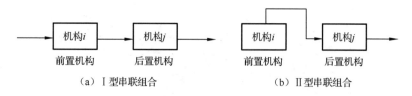

(a) Ⅰ型串联组合　　　　(b) Ⅱ型串联组合

图12-18　机构串联组合的2种类型

串联组合中的各个机构可以是同类机构，也可以是不同类型的机构。其中，前置机构和后置机构没有严格区别，按照工作需要选择即可。设计要点是两个机构连接点的选择。

3）串联组合实例

串联组合机构实例如图 12-19 所示。在图 12-19（a）中，铰链四杆机构 ABCD 为前置机构，曲柄滑块机构 DEF 为后置机构。前置机构中的输出构件 CD 与后置机构的输入构件 DE 固定连接，形成 I 型串联组合。合理进行机构尺度综合后，可获得滑块的特定运动规律。

在图 12-19（b）中，前置机构为平行四边形机构 ABCD，后置机构为内齿轮 1 和外齿轮 2 组合的内啮合齿轮机构。其中的内齿轮 1 与作平动的连杆 BC 固定连接，并且圆心位于连杆 BC 的轴线上。内、外两个齿轮的连心线 O_1O_2 与曲柄 AB 平行，并且满足 $O_1O_2=AB=CD$。该机构为 II 型串联组合机构。

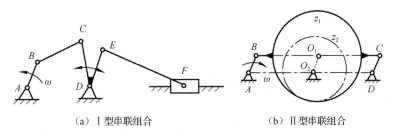

(a) I 型串联组合　　　(b) II 型串联组合

图 12-19　串联组合机构实例

2. 串联组合的基本原则

串联组合的基本原则如下：

1）实现后置机构的速度变换

实际工程中的原动机大多采用输出转速较高的电动机或内燃机，而后置机构的转速一般较低。为实现后置机构的低速或变速的工作要求，前置机构经常采用各种齿轮机构、齿轮机构与链传动机构、齿轮机构与 V 带传动机构等。其中，齿轮机构、带传动机构、链传动机构已经标准化和系列化。图 12-20 为实现后置机构速度变换的串联组合实例一简图。

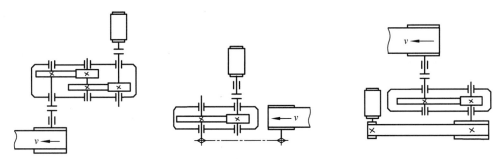

(a) 前置机构为齿轮机构　　(b) 前置机构为齿轮机构与链传动机构　　(c) 前置机构为齿轮机构与V带机构

图 12-20　实现后置机构速度变换的串联组合实例一简图

图 12-21 为实现后置机构速度变换的串联组合实例二简图。齿轮机构是应用最为广泛的实现速度变化的前置机构。

2）实现后置机构的运动变换

基本机构的运动规律受到机构类型的限制，例如，曲柄滑块机构中的滑块或曲柄摇杆机构中的摇杆很难获得等速运动。需要串联一个前置的平面连杆机构，并通过适当的尺寸计算，使后置的平面连杆机构获得预期的运动规律。图 12-22 所示为改变后置机构运动规律的组合实例简图。

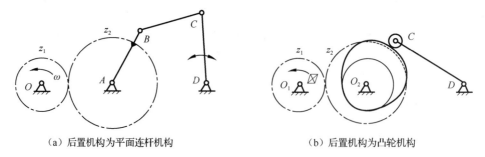

(a) 后置机构为平面连杆机构　　　(b) 后置机构为凸轮机构

图 12-21　实现后置机构速度变换的串联组合实例二简图

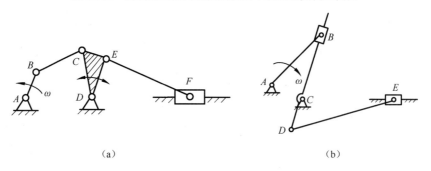

(a)　　　(b)

图 12-22　改变后置机构运动规律的串联组合实例简图

3）满足机构运动要求的前提下，做到运动链最短

串联组合的机械系统的总机械效率等于各个机构的机械效率连乘积，运动链过长会降低机械系统的机械效率，同时也会导致传动误差增大。因此，在进行机构的串联组合时应力求运动链最短。

12.2.3　机构的并联组合与创新设计

1. 机构的并联组合

1）基本概念

若干单自由度的基本机构的输入构件连接在一起，保留各自的输出运动；或若干个单自由度机构的输出构件连接在一起，保留各自的输入运动；或输入构件连接在一起、输出构件也连接在一起。以上均称为机构的并联组合，其特征是各个基本机构均采用单自由度机构。

2）分类

根据并联机构输入与输出特性的不同，分为 3 种并联组合方式。各机构把输入构件连接到一起，保留各自输出运动的连接方式称为 Ⅰ 型并联；把输出构件连接在一起的方式称为 Ⅱ 型并联；各个机构的输入构件和输出构件分别连接在一起的方式称为 Ⅲ 型并联。图 12-23 所示为机构并联组合的 3 种类型。

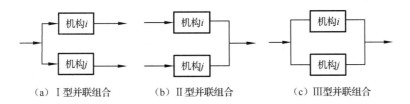

(a) Ⅰ型并联组合　　　(b) Ⅱ型并联组合　　　(c) Ⅲ型并联组合

图 12-23　机构并联组合的 3 种类型

3）并联组合实例

机构的Ⅰ型和Ⅱ型并联组合实例简图如图 12-24 所示。其中，图 12-24（a）为两个曲柄滑块机构的并联组合，把这两个机构的曲柄连接在一起，使之成为共同的输入构件，两个滑块各自输出往复直线移动；图 12-24（b）为两个曲柄摇杆机构的并联组合，这两个机构的曲柄连接成为共同的输入构件，两个摇杆均输出往复摆动。它们都是机构的Ⅰ型并联组合实例。Ⅰ型并联组合机构可实现机构的惯性力完全平衡或部分平衡，还可实现运动的分解。如何选择被连接的输入构件之间的相位，可根据具体的设计要求来定。图 12-24（c）为机构的Ⅱ型并联组合实例简图，4 个主动滑块的移动共同驱动一个曲柄的输出。Ⅱ型并联组合机构可实现运动的合成，这类组合方式是设计多缸发动机的理论依据。

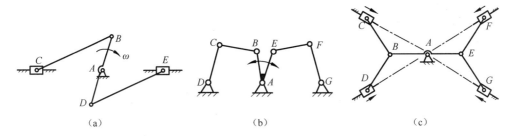

图 12-24　机构的Ⅰ型和Ⅱ型并联组合实例简图

图 12-25 所示为机构的Ⅲ型并联组合实例简图，该机构共同的输入构件为主动带轮，共同的输出构件为滑块 KF。为保持曲柄 O_1G 和 O_1B 的反向转动，可通过图 12-25 所示的同向带和交叉带传动机构实现。Ⅲ型并联组合机构常用于压床机构。

2. 并联组合的基本原则

串联组合机构的目的主要是改变后置机构的运动速度或运动规律，而并联组合机构的目的主要是实现运动的分解或运动的合成，有时也可以改变机构的动力性能。并联组合的基本原则如下：

（1）以对称方式并联相同的机构，可实现机构的平衡。通过对称地并联同类机构，可实现机构惯性力的完全平衡与部分平衡。利用机构的Ⅰ型并联组合就可实现该目的。

（2）实现运动的分解与合成。机构的Ⅰ型并联组合可以实现运动的分解，机构的Ⅱ型并联组合可以实现运动的合成。

（3）改善机构的受力性能。在图 12-25 所示的压床机构中，两个曲柄驱动两套相同的串联机构，再通过滑块输出动力，使滑块受力均衡。机构的Ⅲ型并联组合可使机构的受力状况大大改善，因而在冲床、压床机构中得到广泛应用。

对图 12-19（b）所示的平动齿轮机构采用并联组合，可得到图 12-26 所示的三环减速器机构。3个平动齿轮共同驱动一个外齿轮减速输出,不但增加了运动平稳性,而且改善了传力性能。

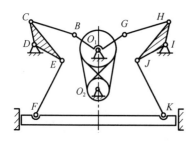

图 12-25　机构的Ⅲ型并联组合实例简图

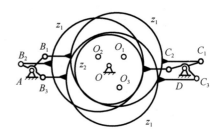

图 12-26　三环减速器机构

（4）同类机构可以并联组合,不同类机构也可以并联组合。并联组合中的分路机构可以是同类机构也可以是不同类机构,基本机构的并联组合极大开阔了机构创新设计思路,具有广泛的应用前景。

12.2.4　机构的叠加组合与创新设计

1. 机构的叠加组合

1）基本概念

机构叠加组合是指在一个基本机构的可动构件上再安装一个或多个基本机构的组合方式。把支撑其他机构的基本机构称为基础机构,安装在基础机构可动构件上的机构称为附加机构。

2）分类

如图 12-27 所示,机构的叠加组合类型有两种,分别为Ⅰ型叠加和Ⅱ型叠加。

（1）Ⅰ型叠加机构的动力源作用在附加机构上,可以是主动机构为附加机构,还可以由附加机构输入运动。附加机构在驱动基础机构运动的同时,也可以有自己的运动输出。附加机构安装在基础机构的可动构件上,同时附加机构的输出构件驱动基础机构的某个构件。

（2）Ⅱ型叠加机构的附加机构和基础机构分别有各自动力源,或有各自的运动输入构件,最后由附加机构输出运动。Ⅱ型叠加机构的特点是附加机构安装在基础机构的可动构件上,再由设置在基础机构可动构件上的动力源驱动附加机构运动。进行多次叠加时,前一个机构为后一个机构的基础机构。

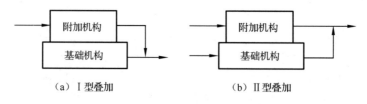

(a) Ⅰ型叠加　　　　　　　(b) Ⅱ型叠加

图 12-27　机构的叠加组合类型

3）叠加组合实例

图 12-28 所示为根据Ⅰ型叠加原理设计的机构。其中,蜗杆传动机构为附加机构,行星轮系机构为基础机构。蜗杆传动机构安装在行星轮系的行星架 H 上,附加机构的输出蜗轮

与基础机构的行星轮连接在一起，为基础机构输入运动，带动行星架缓慢转动。附加机构的蜗杆驱动扇叶转动，又可通过基础机构的运动实现附加机构360°全方位缓慢转动。利用该机构可设计出理想的电风扇，扇叶转速可通过电动机调速进行调整。附加机构的机架（基础机构的行星架H）转速为

$$n_H = \frac{z_3}{z_2 z_4} n_1$$

式中，n_1 为电动机转速，n_H 为行星架转速。

也可通过调整齿轮的齿数改变附加机构机架的转速。

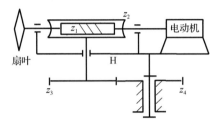

图 12-28　蜗杆机构与行星轮系机构组成的叠加机构

Ⅰ型叠加机构是设计摇头电风扇机构的基础，图 12-29 所示为Ⅰ型叠加机构实例简图，其中图 12-29（a）所示机构为电风扇的机构简图，图 12-29（b）所示机构是按Ⅰ型叠加原理设计的双重轮系机构。一般情况下，以齿轮机构为附加机构、以平面连杆机构或齿轮机构为基础机构的叠加方式应用较为广泛。

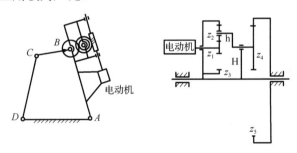

（a）连杆机构为基础机构　　（b）齿轮机构为基础机构

图 12-29　Ⅰ型叠加机构实例简图

Ⅱ叠加机构在工程中也得到了广泛的应用。图 12-27（b）所示的叠加组合机构中，附加机构和基础机构有各自的动力源，或有各自的运动输入构件，最后由附加机构输出运动。Ⅱ型叠加机构的特点是附加机构安装在基础机构的可动构件上，再由设置在基础机构可动构件上的动力源驱动附加机构运动。进行多次叠加时，前一个机构为后一个机构的基础机构。Ⅱ型叠加机构实例简图如图 12-30 所示。其中，图 12-30（a）所示为摄影车的平台机构，图中平行四边形机构 ABCD 为基础机构，由液压缸 1 驱动 BC 杆运动；平行四边形机构 CDFE 为附加机构，安装在基础机构的 CD 杆上。安装在基础机构 AD 杆上的液压缸 2 驱动附加机构的 DF 杆，使附加机构相对基础机构运动。该平台的运动为叠加机构的复合运动。

Ⅱ型叠加机构在各种机器人和机械手机构中得到了非常广泛的应用。图 12-30（b）所示的机械手就是按照Ⅱ型叠加原理设计的叠加机构。

机构的叠加组合为创建新机构提供了坚实的理论基础,特别是在要求实现复杂的运动和特殊的运动规律时,机构的叠加组合有巨大的创新潜力。

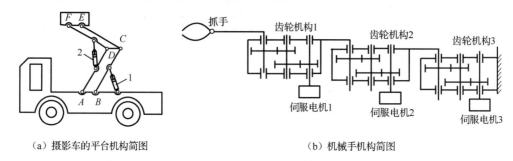

(a) 摄影车的平台机构简图　　　　(b) 机械手机构简图

图 12-30　Ⅱ型叠加机构实例简图

2. 机构叠加组合创新设计的关键问题

机构叠加组合创新设计的关键问题是确定附加机构与基础机构之间的运动传递关系,或者确定附加机构的输出构件与基础机构的哪一个构件进行连接。

Ⅰ型叠加机构的连接方式较为复杂,当齿轮机构为附加机构、平面连杆机构为基础机构时,连接点选在附加机构的输出齿轮和基础机构的输入连杆上;当基础机构是行星轮系机构时,可把附加齿轮机构安置在基础轮系机构的行星架上,把附加机构的齿轮或行星架与基础机构的齿轮连接即可。在图 12-29(b)所示的双重轮系机构中,以齿轮 1、齿轮 2、齿轮 3 和行星架 h 组成的轮系为附加机构,以齿轮 4、齿轮 5 和行星架 H 组成的行星轮系为基础机构。附加机构的行星架 h 与基础机构的齿轮 4 连接,实现附加机构向基础机构的运动传递。

由多个机构叠加组合而成的新机构具有很多优点,可实现复杂的运动;机构的传力性能较好,可减小传动功率,但设计构思难度较大。上述叠加组合方式,为创建叠加机构提供了理论基础。图 12-31 所示为利用机构的叠加组合原理设计的天线旋转机构简图。天线旋转机构要求天线作全方位的空间转动。

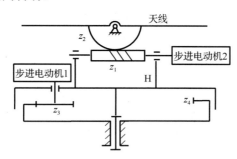

图 12-31　天线旋转机构简图

设计思路:天线绕水平轴旋转,又绕垂直轴旋转,二者运动的合成可实现空间全方位转动任务。采用单自由度的平面机构难以实现空间任意位置要求,而采用绕水平轴旋转的机构和绕垂直轴旋转的两个单自由度平面机构的叠加组合就能实现设计要求。采用齿轮机构是简单且体积小的最佳选择。

绕水平轴(y 轴)的转动用蜗杆传动机构实现,把它作为附加机构,驱动电动机安装在蜗杆轴上。绕垂直轴(z 轴)的转动可用行星轮系实现,把它作为基础机构。其中行星轮为主动件。固定连接在行星架上的步进电机直接驱动行星轮,实现行星架的转动。附加机构安置在基础机构的行星架 H 上,行星架 H 称为附加机构的机架。同时控制行星架上的两个步进电动机,可实现天线任意方向和位置的运动。

Ⅱ型叠加机构中,动力源安装在基础机构的可动构件上,驱动附加机构的一个可动构件,按附加机构数量一次连接即可。Ⅱ型叠加机构之间的连接方式较为简单。

12.2.5 机构的封闭组合与创新设计

1. 机构的封闭组合

1)基本概念

一个双自由度机构中的两个输入构件和两个输出构件或一个输入构件和一个输出构件用单自由度的机构连接起来,形成一个单自由度的机构系统,称为封闭组合。其特征是基础机构为两个自由度机构,附加机构为单自由度机构。

具有两个自由度的机构为基础机构,其共有 3 个运动。因此,附加单自由度的机构可封闭两个输入运动和封闭两个输出运动或封闭一个输入运动和一个输出运动。由于单自由度的机构连接了两个自由度基础机构中的两个构件的运动,也就限制了被连接构件的一个独立运动,使组合机构系统的自由度减少了一个。因此,封闭组合机构的自由度为 1。

在基础机构的 3 个运动中,有两个运动被第三个附加机构封闭连接。因此,不能分别单独设计基础机构和附加机构,必须把基础机构和附加机构看成一个整体来考虑其设计方法。

2)分类

根据封闭组合机构输入与输出特性的不同,共分 3 种封闭组合方式。一个单自由度的附加机构的封闭基础机构有两个输入和输出运动,称为Ⅰ型封闭组合机构,如图 12-32(a)所示(运动流程也可反向);两个单自由度的附加机构的封闭基础机构有两个输入和输出运动,称为Ⅱ型封闭组合机构,如图 12-32(b)所示(运动流程也可反向);一个单自由度的附加机构的封闭基础机构有一个输入运动和输出运动,称为Ⅲ型封闭组合机构,如图 12-32(c)所示。

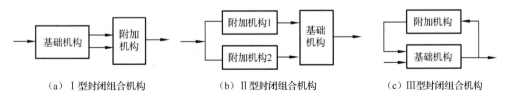

(a) Ⅰ型封闭组合机构　　(b) Ⅱ型封闭组合机构　　(c) Ⅲ型封闭组合机构

图 12-32　机构的封闭组合类型

3)封闭组合实例

图 12-33 为封闭组合实例一简图。其中图 12-33(a)所示的差动轮系有两个自由度,给定任何两个输入运动(如齿轮 1 和齿轮 3),可实现行星架 H 的预期输出运动。若在齿轮 1 和齿轮 3 之间组合附加定轴轮系(由齿轮 4、齿轮 5、齿轮 6 组成)后,即可获得图 12-33(b)所示的Ⅰ型封闭组合机构,调整定轴轮系的传动比,可得到任意预期的行星架 H 转速。把行星架 H 的输出运动通过定轴轮系(齿轮 4、齿轮 5、齿轮 6)反馈到输入构件(齿轮 3)

后，可得到图 12-33（c）所示的Ⅲ型封闭组合机构。

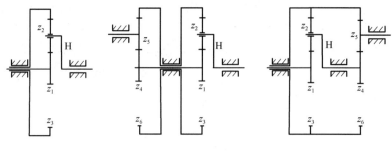

图 12-33　封闭组合实例一简图

封闭组合机构实例二简图如图 12-34 所示。在图 12-34（a）所示机构中，由齿轮 1、齿轮 2、齿轮 3 及行星架 H 组成的差动轮系为基础机构，差动轮系的行星架 H 和齿轮 1 经平面连杆机构 ABCD 和齿轮机构 z_1、z_4 封闭组合，平面四杆机构和由定轴轮系组成的两个附加机构形成Ⅱ型齿轮连杆封闭组合机构。

在图 12-34（b）所示机构中，两个自由度的平面五杆机构 OABCD 为基础机构，凸轮机构为封闭机构。平面五杆机构的两个连架杆分别与凸轮和推杆固定连接，形成Ⅰ型凸轮连杆封闭组合机构。

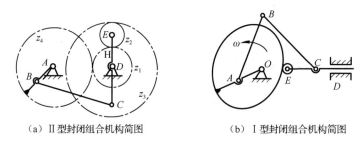

图 12-34　封闭组合机构实例二简图

Ⅲ型封闭组合机构实例三简图如图 12-35 所示。其中，凸轮机构封闭了两个自由度蜗杆机构的蜗轮转动（基础机构的输出运动）和蜗杆的移动（基础机构的一个输入运动），是典型的Ⅲ型封闭组合机构。封闭组合机构可以实现良好的运动特性，但有时也会产生机构内部的封闭功率流，降低了机械效率。因此，对传力封闭组合机构要进行封闭功率的验算。

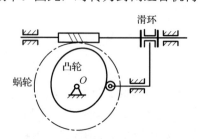

图 12-35　Ⅲ型封闭组合机构实例三简图

2. 封闭组合的基本原则

封闭组合的前提是两个自由度的基础机构和单自由度机构的组合，基本原则如下：

（1）常见的基础机构主要有平面五杆机构和差动轮系机构，附加封闭机构可以是齿轮机构、凸轮机构和平面四杆机构，有时也可用间歇运动机构作为封闭机构。

（2）附加机构的封闭基础机构的两个输入运动或两个输出运动简便易行，工程应用最为广泛。

（3）附加机构封闭基础机构的一个输入构件和一个输出构件，输出运动反馈到输入构件。其反馈条件必须满足以下计算公式条件。

① 由于基础机构的自由度为2，附加封闭机构的自由度为1，设 n_1 和 p_1 为两个自由度基础机构的可动构件数和运动副数。

② 设 n_2 和 p_2 分别为封闭连接后的机构系统的可动构件数和运动副数。

③ 设 Δn 和 Δp 分别为附加机构的构件数和运动副数。

$$3n_1 - 2p_1 = 2$$
$$3n_2 - 2p_2 = 1$$

两式相减，得

$$3(n_2 - n_1) - 2(p_2 - p_1) = -1$$
$$3\Delta n - 2\Delta p = -1$$

解得

$$\Delta n = \frac{2\Delta p - 1}{3}$$

计算结果如表 12-1 所示。附加机构的组成必须满足表 12-1 的数据，由于构件数和运动副数必须是整数，故表 12-1 中的1、3、5、7列的数据是有效的。高副机构可用其等效低副机构代换。

表 12-1　附加机构的构件数与运动副数

	1	2	3	4	5	6	7
Δn	1	2	3	4	5	6	7
Δp	2	3.5	5	6.5	8	9.5	11

封闭组合机构实例四简图如图 12-36 所示。图 12-36（a）所示为Ⅰ型封闭组合机构，其附加机构满足表 12-1 第 1 列数据。图 12-36（b）所示为Ⅱ型封闭组合机构简图，经过高副低代后，其附加机构满足表 12-1 第 3 列数据。图 12-36（c）所示为Ⅲ型封闭组合机构简图，其附加机构也满足表 12-1 第 3 列数据。

当附加机构封闭基础机构有输入与输出构件时，基础机构的输出运动端与附加机构之间必须增加一个含有两个低副的构件或者一个高副，这样才能满足表 12-1 的基本条件。图 12-35 中的滑环为一个构件，滑环与蜗杆轴和凸轮的推杆以低副连接。在图 12-36（c）中，C 点的运动经 CH 构件，通过附加机构 $AGFE$ 反馈到基础机构的另一个输入构件 DE 上。

（4）通过机构的封闭组合方式组建新的机构，其设计和分析方法与基础机构和附加机构类型有密切关系。任意两个自由度的机构均可作为基础机构，而单自由度的机构则可作为附加机构。例如，当基础机构为平面连杆机构时，附加机构可为平面连杆机构、齿轮机构、凸轮机构和间歇运动机构等。此时，可组成连杆-连杆组合机构、连杆-齿轮组合机构、连杆-凸轮组合机构、连杆-槽轮组合机构等各种组合机构。

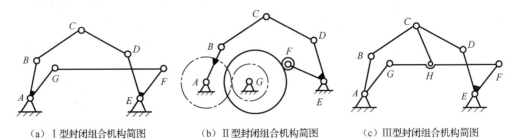

（a）Ⅰ型封闭组合机构简图　　（b）Ⅱ型封闭组合机构简图　　（c）Ⅲ型封闭组合机构简图

图 12-36　封闭组合机构实例四简图

12.2.6　其他类型的机构组合与创新设计

除了上述几种典型机构组合方式之外，在实际工程应用中，还存在一些其他的机构组合方式。

1. 机构的混合组合

实际工程中应用的机构系统经常联合使用上述组合方式，称为混合组合机构。例如，串联组合后再并联组合，或者串联组合后再叠加组合。图 12-17（a）和图 12-17（b）所示的机构都是在串联组合的基础上叠加Ⅱ级杆组 CE 后，形成完整的机构系统。混合组合是其他组合方式的联合应用，故不再赘述。

2. 附加约束组合

附加约束组合是指在多自由度机构中，人为地增加约束条件，从而达到创新设计目的。在图 12-37 所示的凸轮-连杆组合机构中，平面四杆机构 $ABCD$ 的自由度是 2，用一个固定的凸轮高副约束 C 点的运动。改变凸轮的廓线形状，即可实现滑块的预期运动。

在实际工程中，附加约束一般采用具有复杂曲线结构的高副。图 12-37 所示的凸轮-连杆机构在纺织机械和印刷机械中应用比较广泛。

附加约束是多自由度机构转化为单自由度机构且能完成特定运动的有效创新方法。在图 12-38 所示的两个自由度的轮系机构中，如果对内齿轮设置附加约束，即加装制动器 B，就可改变行星架 H 的转速。

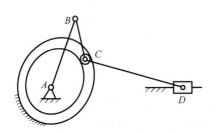

图 12-37　凸轮-连杆组合机构

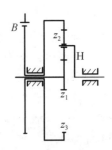

图 12-38　附加约束的轮系机构

该轮系机构在两个自由度状态下工作时，行星架 H 的输出转速为

$$n_\text{H} = \frac{n_1 z_1 + n_3 z_3}{z_1 + z_3}$$

对内齿轮设置附加约束，即加装制动器 B 后，行星架 H 的输出转速为

$$n_\text{H} = \frac{n_1 z_1}{z_1 + z_3}$$

附加约束种类的不同，对机构运动的影响也不同，设计时可针对不同机构、不同要求具体分析。

习题与思考题

12-1 机构的变异分为哪几种形式？针对每种变异形式列举出 1~2 种应用实例。

12-2 常用的机构组合方式有哪些？每种组合方式又具体分为哪几种类型？

12-3 仔细观察生产、生活中所见过的机械装置，请列举出几种组合机构。

12-4 通过学习本章内容，您对机构创新设计有何感受？

第 13 章　机械传动系统的方案设计

学习目标：了解在拟定机械传动系统方案时，应考虑的基本原则和机构构件之间运动的协调及机械系统运动循环图，通过实例了解机械传动系统方案的构思及设计。

13.1　概　　述

机械传动系统是指将原动机的运动和动力传递到执行机构的中间环节，它是机械的重要组成部分。其作用不仅转换运动形式、改变运动大小和保证各执行构件的协调配合，而且还要将原动机的功率和转矩传递给执行构件，以克服阻力。除此以外，现代完善的机械传动系统还应具有运动操纵和控制功能，将光、机、电、液有机地组合，借助计算机控制，自动实现机械所需要的完整工作过程。

机械传动系统的设计是机械设计中极其重要的一环，设计得正确和合理与否，对提高机械的性能和质量、降低制造成本与维护费用等影响很大，故应认真对待。

机械传动系统方案设计一般按以下步骤进行：

（1）拟定机械的工作原理。根据生产或市场需要，确定机械的总功能，拟定实现总功能的工作原理和技术手段，确定机械所要实现的工艺动作。

（2）执行构件和原动机的运动设计。根据机械要实现的功能和工艺动作，确定执行构件的数目、运动形式、运动参数及运动协调配合关系，并选定原动机的类型和运动参数。

（3）机构的选型、变异与组合。根据机械的运动及动力等功能的要求，选择能实现这些功能的机构类型。

（4）机构的尺寸综合。根据执行机构和主动件的运动参数，以及各执行构件运动的协调配合要求，确定各个构件的运动尺寸，绘制机械传动系统的机构运动简图。

（5）方案分析。对机械传动系统方案进行运动和动力分析，考察其能否全面满足机械的运动和动力要求，必要时还应进行适当的调整。运动和动力分析结果也将为机械结构设计提供必要的数据。

（6）方案评审。通过对众多方案的评比，从中选出最佳方案。

13.2　机械传动系统方案设计及机构类型的选择

13.2.1　机械传动系统方案设计的基本原则

因为机械功能、工作原理和使用场合不同，所以对机械传动系统的要求就不同。通常，在拟定机械传动系统方案时均应遵循下列一般原则。

1. 合理安排传动机构的顺序

组合起来构成机械传动系统的各种传动机构有各自的特点,传动作用也各不相同,应按一定规律合理安排各种机构传动顺序。一般将减速机构安排在运动链的起始端,尽量靠近原动机;将变换运动形式的机构安排在运动链的末端,使其与执行构件靠近,例如,将凸轮机构、平面连杆机构、螺旋机构等靠近执行构件布置;将带传动安排在运动链中转速高的起始端,以减小传递的转矩、降低打滑的可能性。在传递同样转矩的条件下,与其他传动形式比较,摩擦传动机构尺寸比较大,为减小外部尺寸,应把它布置在运动链的起始端。传动链中采用圆锥齿轮时,应考虑到圆锥齿轮制造较困难、造价高等特点,避免用大尺寸的圆锥齿轮;而采用较小的圆锥齿轮时也应把它布置在运动链中转速较高的位置。

上述顺序安排只是一般性的考虑,具体安排时需要综合考虑多种因素,如充分利用空间、降低传动噪声和振动,以及方便装配维修等。

2. 尽可能采用简短的运动链

拟定机械传动系统时,尽可能采用简单、紧凑的运动链。因为运动链越简短,组成传动系统所使用的机构和构件数目越少。这样不仅能降低制造成本、减小体积和质量,而且还能提高传动效率。而传动环节的减少也使传动中的积累误差随之减小,这将提高机械的传动精度和工作准确性。

3. 应使传动系统有较高的机械效率

传动系统的机械效率主要取决于组成机械的各个基本机构的效率及相互之间的连接方式。因此,当机械中含有效率较低的机构时(如蜗杆传动),将降低机械的总效率。机械传动中的大部分功率是由主传动链传递的,应力求使其具有较高的传动效率。而辅助传动链(如进给传动链、分度传动链、调速换向传动链等)所传递的功率很小,其传动效率的高低对整个机械的效率影响较小。对辅助传动链主要着眼于简化机械、减小其外部尺寸、力求操作方便、安全可靠等要求。

4. 合理分配传动比

运动链的总传动比应合理地分配给各级传动机构,具体分配时应注意以下两点:

(1) 每一级传动的传动比应在常用的范围内选取。如果一级传动的传动比过大,那么对机构的性能和尺寸都是不利的。例如,当齿轮传动的传动比大于 8~10 时,一般应设计成两级传动;当传动比在 30 以上时,常设计成两级以上的齿轮传动。但是,对于带传动来说,一般不采用多级传动。几种常用传动机构的圆周速度、单级减速比及其传递的最大功率范围见表 13-1。

表 13-1 几种常用传动机构的圆周速度、单级减速比及其传递的最大功率范围

传动机构	平型带	V 带	摩擦轮	齿轮	蜗杆	链
圆周速度/(m/s)	5~25 (30)	5~30	≤15~25	≤15~120	≤15~35	≤15~40
单级减速比	≤5	≤8~15	≤7~10	≤4~8 (20)	≤80	≤6~10
最大功率/kW	2000	750~1200	150~250	50000	550	3750

(2) 当运动链为减速传动时（因电动机的速度一般比执行构件的速度高，故通常都是减速传动）。一般情况下，按照"前小后大"的原则分配传动比，有利于减小机械的尺寸。

5. 保证机械的安全运转

设计机械传动系统时，必须充分重视机械的安全运转，防止发生人身事故或损坏机械构件的现象。一般在传动系统或执行机构中设有安全装置、防过载装置、自动停机等装置。例如，对起重机的起吊部分，必须防止其在载荷作用下发生倒转，避免造成起吊物件突然下落砸伤人员或损坏货物的后果，所以在传动链中应设置具有自锁功能的机构（如蜗杆传动），或者设置有效的制动器。又如，为防止机械因短时间过载而损坏，可采功能用具有过载打滑的摩擦传动装置或设置安全联轴节和其他安全过载装置。

13.2.2 机构类型的选择

机构类型的选择就是选择或创造满足执行构件运动和动力要求的机构，是机械传动系统方案设计中很重要的一环。为了便于机构的选型，下面对 5 种常用机构的工作特点、性能和使用场合进行简单的归纳和比较，以供参考。

1. 实现连续回转运动的机构

能实现匀速转动的机构有齿轮机构、蜗杆传动、带传动或链传动、摩擦轮传动等，这类机构在以交流异步电动机作为原动机的机械中，是最常见的减速或增速机构。双曲柄机构、回转导杆机构和非圆齿轮机构等可以实现周期性变速转动，但非圆齿轮机构的加工较为困难，实际应用较少。根据工作原理的不同，实现连续回转运动的常用机构有以下三大类。

（1）摩擦传动机构。包括带传动、摩擦轮传动等。其优点是机构简单、传动平稳，易于实现无极变速，有过载保护功能；缺点是传动比不准确、传递功率小、传动效率低等。

（2）啮合传动机构。包括齿轮传动、蜗杆传动、链传动等。前两种机构的性能前面已做专门介绍，此处不再重复。链传动通常应用于传递距离较远、传动精度要求不高而工作条件恶劣的场合。

（3）平面连杆机构。平面连杆机构中的双曲柄机构和平行四边形机构多用于有特殊需要的地方。

2. 实现往复移动或往复摆动的机构

常见的能实现往复移动或摆动的机构有平面连杆机构、凸轮机构、螺旋机构、齿轮齿条机构及其组合机构等。

平面连杆机构中用来实现往复移动功能的主要是曲柄滑块机构、正弦机构、正切机构、平面六连杆机构等。平面连杆机构是低副机构，容易制造，承载能力大，但平面连杆机构因难以准确地实现任意给定的运动规律，故多用于无严格运动规律要求的场合。

凸轮机构可以实现复杂的运动规律，也便于实现各执行构件之间的运动协调配合。但由于是高副机构，因此多用在受力较小的场合。

螺旋机构可获得大的减速比和较高的运动精度，常用作低速进给和精密微调机构。

齿轮齿条机构适用于移动速度较高的场合，但是，由于精密齿条制造困难，传动精度及平稳性不及螺旋机构，因此不宜把它用于精确传动及平稳性要求较高的场合。

实现往复摆动的机构有曲柄摇杆机构、曲柄摆动导杆机构、曲柄摇块机构、摆动从动件盘形凸轮机构等。

3. 实现单向间歇回转运动的机构

实现单向间歇回转运动的常用机构有槽轮机构、棘轮机构、不完全齿轮机构、凸轮式间歇机构及齿轮-连杆组合机构等。

槽轮机构中的槽轮每次转过的角度与槽轮的槽数有关，要改变其转角的大小，必须更换槽轮。因此，槽轮机构多用于转角为固定值的转位运动。

棘轮机构主要用于要求每次转角较小或转角大小需要调节的低速场合。

不完全齿轮机构的转角在设计时可在较大范围内选择，其值可大于 360°，故常用于要求大转角而速度不高的场合。

凸轮式间歇机构运动平稳、分度、定位准确，但制造困难，多用于速度较高或定位精度要求较高的转位装置中。

齿轮-连杆组合机构主要用于有特殊需要的输送机中。

4. 实现轨迹运动的机构

实现轨迹运动的机构有平面四杆机构、齿轮-连杆和凸轮-连杆组合机构等。平面四杆机构虽然结构简单、制造方便，但一般只能近似地实现所预期的轨迹。平面多杆机构或组合机构能实现预期轨迹，但设计难度较大、制造成本较高。

5. 运动的合成与分解机构

可以应用各种差动机构进行运动的合成与分解，它们都是具有两个自由度的机构，由两个主动件输入运动，其输出运动是输入运动的合成。其中，由齿轮组成的差动机构的输入和输出运动是线性关系，设计比较简单，应用广泛。

13.2.3 机构构件之间运动的协调与机械系统运动循环图

1. 执行构件的运动形式和运动参数

执行构件运动形式不同，其运动参数也不同。运动参数分两种：一种是设计要求已明确提出，另一种需要经过分析确定。执行构件常见的运动形式和运动参数如下：

（1）连续回转运动。连续回转运动多为匀速回转运动，如车床主轴的转动、球磨机筒体的转动等，其运动参数为转速或角速度。有些机器的转速是可调的，其运动参数还有调速范围、调速级数、相邻两级速度的级比和级差等。

（2）间歇回转运动。该运动常用作分度运动或转位运动，如多工位机床的工作台转位等，其运动参数通常为每分钟的动作次数、运动系数、动停比等。

（3）往复直线运动或往复摆动运动。往复直线运动如牛头刨床刨头、冲压机冲头、内燃机活塞的运动；往复摆动运动如摆式喂料机料斗的运动。运动参数有行程或摆角、每分钟往复次数、行程速比系数等。

（4）单向间歇直线运动。如牛头刨床、插床工作台的送进运动，其运动参数为刀具往返一次工作台的送进量。

(5) 平面复杂运动或轨迹运动。如复摆颚式破碎机动颚的运动、搅拌机某点的运动。其运动参数常用坐标来表示。

2. 各执行构件运动的协调配合关系

在某些机械传动系统中,各执行构件的运动彼此独立,因此在设计时可不考虑运动的协调配合问题。例如,起重机吊钩的起落和吊杆的摆动是各自独立的,并不存在协调配合的问题,将其设计成各自独立的运动链,而且可以采用不同的原动机。而在另一些机械传动系统中,各执行构件的运动必须严格保证协调配合,才能实现预期功能。它又可分为如下两种情况。

1) 各执行机构的动作在时间和空间上协调配合

有些机械要求各执行构件在运动时间和运动位置的安排上必须准确地相互配合。

图 13-1 所示为一台干粉料压片机,该机器由上冲头(平面六杆机构 8—9—10—11—12—13)、下冲头(双凸轮机构 5—6—7—8)、料筛传送机构(凸轮-连杆机构 1—2—3—4—8)组成。传送机构将料筛 4 送至上冲头 9、下冲头 7 之间,通过上、下冲头加压将粉料压成片状。显然,在送料期间上冲头 9 不能压到料筛 4,只有当料筛 4 位于上冲头 9、下冲头 7 之间时,冲头才能加压。因此,送料及上下冲头之间的运动在时间顺序和空间位置上必须有严格的协调配合要求。

2) 各执行构件运动速度的协调配合

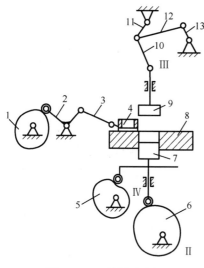

图 13-1 干粉料压片机

有些机械要求执行构件各运动必须保持严格的速比关系。例如,利用范成法加工齿轮时,刀具和工件的范成运动必须保持某一恒定传动比;用车床车削螺纹时,主轴的转速和刀架的走刀速度也必须保持严格的恒定速比关系。

对于有运动配合要求的执行构件,往往采用一个原动机,通过运动链将运动分配到各执行构件上去,借助机械传动系统实现运动的协调配合。

3. 机械系统运动循环图

为保证机械在工作时各执行构件之间动作的协调配合关系,在设计机械时应编制出用于表明机械在一个工作循环中各执行构件运动配合关系的机械系统运动循环图。在编制机械系统运动循环图时,要从机械中选择一个构件作为定标件,用它的运动位置(转角或位移)作为确定其他执行构件运动先后顺序的基准。机械系统运动循环图通常有以下 3 种形式。

1) 直线式机械系统运动循环图

图 13-2 所示为金属片冲制机的机械系统运动循环图,它以主轴作为定标件。为提高生产率,各执行构件的工作行程有时允许有局部重叠。

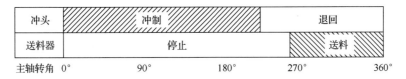

图 13-2 金属片冲制机的机械系统运动循环图

2）圆周式机械系统运动循环图

图 13-3 所示为单缸四冲程内燃机的机械系统运动循环图，它以曲轴作为定标件，曲轴每转 2 周为一个工作循环。

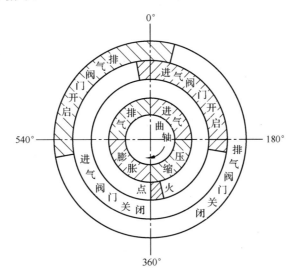

图 13-3 单缸四冲程内燃机的机械系统运动循环图

3）直角坐标式机械系统运动循环图

图 13-4 所示为一台饼干包装机中包装折纸机构的机械系统运动循环图。图中横坐标表示机械分配轴（定标件）运动的转角，纵坐标表示执行构件的转角。此图不仅能表示出两个执行构件动作的顺序，而且能表示出两个构件的运动规律及配合关系。

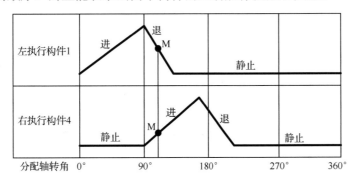

图 13-4 饼干包装机中折纸机构机械系统运动循环图

总之，机械系统运动循环图是进一步设计机械传动系统的重要依据。

13.3 机械传动系统方案设计举例

为加深对前述内容的理解,本节先对一个已有的机械传动系统进行分析,然后再讨论某一新设备的机械传动系统设计,以了解在设计机械传动系统时应考虑的一些问题及设计的简要过程。

13.3.1 C1325型单轴六角自动车床转塔刀架机械传动系统的分析

1. 转塔刀架机械传动系统的功能分析

图13-5所示为C1325型单轴六角自动车床转塔刀架机械传动系统的机构简图。此刀架转塔机械传动系统要求能够自动换刀,并能沿工件轴向完成进给运动。此功能又可分为如下4个分功能或元功能。

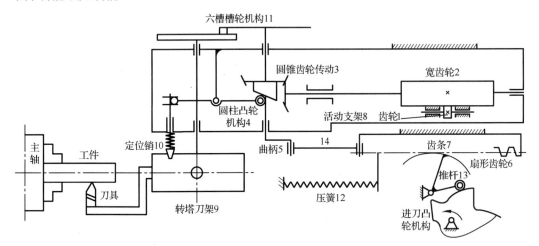

图13-5 C1325型单轴六角自动车床转塔刀架机械传动系统的机构简图

(1) 转位。为了完成工件若干工序的加工,在转塔刀架上固定着若干组刀具。为使各组刀具能依次参加工作,转塔刀架需相应转位(每次绕转塔刀架轴线转过60°)。

(2) 让刀。为了避免转塔刀架转位时刀具和工件相碰而损坏,转塔刀架应先向右退出一段距离后再转位。

(3) 定位。为保证加工精度,在加工时转塔刀架应精确定位,转位时应先将定位销拔出。

(4) 进、退刀。转塔刀架在非转位期间,应在进刀凸轮的控制下,精确地实现预定的进、退刀。

2. 转塔刀架机械传动系统的工作过程

本例中的转塔刀架机械传动系统的工作过程如下:在一组刀具加工完毕后,在压簧12的作用下,进刀凸轮机构的推杆13回程,通过其扇形齿轮6与齿条7的啮合传动,使整个活动支架8(连同转塔刀架9)向后退回,即进行退刀。而与此同时,齿轮1的离合器(图中未示出)接合并开始转动,通过宽齿轮2、圆锥齿轮传动3、圆柱凸轮机构4、将定位销

10 拔出；同时，曲柄 5 回转，使活动支架 8 向右快速后退一段距离，进行让刀。在此后退行程结束时，六槽槽轮机构 11 开始使转塔刀架转位。在其转位的后半周，继续回转着的曲柄 5 使整个活动支架 8（连同转塔刀架 9）开始向左复位。在转位结束时，圆柱凸轮机构 4 的推杆使定位销 10 重新插入转塔刀架的定位孔中进行定位。在转塔刀架定位后，齿轮 1 的离合器脱开并停止转动。活动支架 8（连同转塔刀架 9）在进刀凸轮机构、扇形齿轮和齿条的作用下，向左作进刀运动。进刀完毕后，又重复上述的退刀、让刀、转位、复位、定位运动。

综上所述，在转位过程中，定位销、活动支架和六槽槽轮机构需协调配合工作，转塔刀架机械系统运动循环图如图 13-6 所示。由于圆柱凸轮转一周为一个转位循环，故以其为定标件。

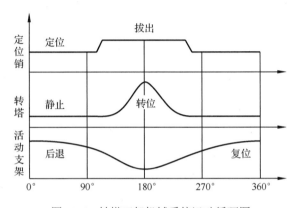

图 13-6 转塔刀架机械系统运动循环图

3. 转塔刀架机械传动系统各机构的组合方式及特点

转塔刀架机械传动系统各机构组合方式的示意框图如图 13-7 所示，其中主要采用了一般串联组合，在 I、II 两处采用了特殊并联组合，而且在这两处都有时序要求。

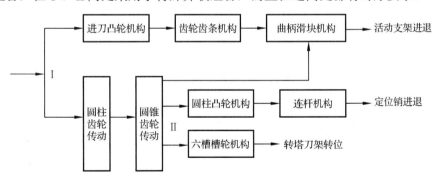

图 13-7 转塔刀架机械传动系统各机构组合方式示意框图

在此机械传动系统中，第一条传动线路各机构的功用如下：进刀凸轮机构控制整个工件的加工过程，不同的加工件要换用不同的凸轮。在凸轮机构后串联一个齿轮齿条机构是为了改变运动形式并放大运动。其后再串联一个曲柄滑块机构，是为了转塔刀架在转位之前能先向右后退较大距离。

在第二条传动线路中,在圆柱齿轮传动之后串联圆锥齿轮传动是为了改变运动方向。之后再并联六槽槽轮机构、曲柄滑块机构及圆柱凸轮机构3个机构是为了实现转位、让位、定位3个动作。操作定位销运动之所以采用圆柱凸轮机构,是为了满足该机械系统运动循环图中提出的时序要求。

特别值得注意的是,为了实现让刀运动,本例巧妙地运用了一种特殊形式的曲柄滑块机构,曲柄5的一端通过连杆14铰接在作为滑块的齿条上,而另一端又与作往复运动的活动支架8相铰接。故该机构实为图13-8所示的双滑块五杆机构,它有两个自由度,可同时接受来自进刀凸轮和圆柱齿轮的两个主运动。在转位时,由于曲柄的回转,在运动前半周转塔刀架活动支架将向齿条靠拢(图13-8中的虚线箭头所示),加上齿条自身向右运动,故可使转塔刀架迅速离开工件一大段距离,以便能让出足够的转位空间。在转位结束时,曲柄停止转动并停在与连杆共线的位置上,即当以齿条为主动件时,该机构处于死点位置。这时转塔刀架活动支架与齿条像刚体一样,同时左右运动,完成预定的进、退刀动作。

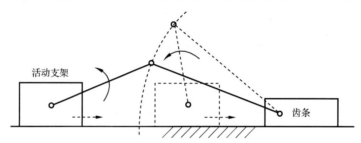

图13-8 实现让刀运动的双滑块五杆机构

由于齿轮2要随着活动支架左右移动,为了保证其始终与无轴向移动的齿轮1啮合,故将其做成宽齿轮。

通过本例可以看出,要做好机械传动系统的设计,不仅要熟悉各种机构的特性,还应熟悉机构的各种组合方式及机构的变异方法,才能达到预期目的。

13.3.2 多头专用自动钻床的机械传动系统设计

假设要设计一台专用自动钻床,要其能同时加工图13-9所示零件上的3个直径为8mm的孔,并能自动送料。

1. 确定工作原理

由于设计要求钻孔,故工作原理就是利用钻头与工件间的相对回转和进给移动切除孔中的材料,如图13-10所示。钻孔加工的运动方案有如下三种:第一种运动方案是钻头既作回转切削运动,又作轴向进给运动,而放置工件的工作台则静止不动,如图13-10(a)所示;第二种运动方案是钻头只作回转切削运动,而工作台连同工件作轴向进给运动,如图13-10(b)所示;第三种运动方案是工件作回转运动,钻头作轴向进给运动,如图13-10(c)所示。一般钻床多采用第一种方案,但对于现在要设计的多头专

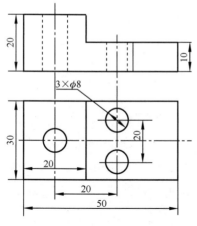

图13-9 钻孔零件

用自动钻床（配置三根钻头）来说，因工件很小，工作台很轻，移动工作台比同时移动三根钻头简单，故采用第二种运动方案较合理。

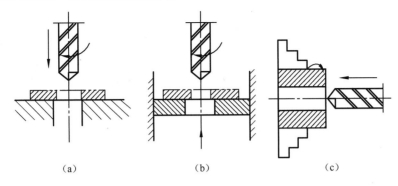

图 13-10 工作原理示意

对送料方案，可以采用送料杆从工件料仓推送工件的方式，送料工艺动作过程如图 13-11 所示。

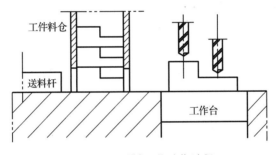

图 13-11 送料工艺动作过程

2. 执行构件运动设计

由所确定的运动方案可知，共有三个执行机构，即钻头、工作台和送料杆。其工艺动作过程如下：送料杆从工件料仓里推出一个待加工工件，并将已加工好的工件从工作台上的夹具中顶出，使待加工工件被夹具（图中未画出）定位并夹紧在工作台上，送料杆退回；工作台带着工件向上快速靠近回转着的钻头，然后慢速工进，钻孔结束后，又带着工件快速退回，等待更换工件并完成下一个工作循环。

由上述内容可知，钻头的运动形式为连续回转，其转速 n_c（r/min）可由下式确定：

$$n_c = 1000v/(\pi d)$$

式中，d 为钻头直径（mm）；v 为切削速度（m/min），由金属切削手册可知，当工件材料为 45 钢、孔径为 8mm 时，

$$n_c = 1000 \times 12.5/(\pi \times 8) \approx 500 \text{（r/min）}$$

在本例中，工作台作上下往复直线运动。根据加工要求，工作台连同工件应先快速趋近钻头，然后改用工作进给速度先钻削凸台上的一个孔。待钻到一定深度时，三个钻头才同时钻削，此时因为切削阻力较单孔钻削时大得多，所以进给速度应比单孔钻削小一些。在钻削完毕后，工作台又应快速退回。由此可见，对工作台的运动要求是较复杂的。

设工作台一个工作循环所需的时间为 T_f，其由五部分组成，即
$$T_f = t_1 + t_2 + t_3 + t_4 + t_5$$
式中，t_1 为单孔钻削所需时间，可根据进给量和单孔钻削深度来计算。设单孔钻削时每转的进给量 $s_1=0.2$mm/r，单孔钻削深度为 10mm，并考虑 3mm 的提前工作量，可求得单孔钻削时间为 $t_1=(10+3)/(s_1 n_c)=13/(0.2×500)=0.13$（min）$=7.8$（s）；

t_2 为三孔同时钻削的时间，设钻头进给量 $s_2=0.16$mm/r，钻削深度为 10mm，并考虑钻头越程 3mm，则可得三孔同时钻削所需的时间，即 $t_2=(10+3)/(s_2 n_c)=13/(0.16×500)=0.163$（min）$=9.8$（s）；

t_3 和 t_4 分别为快速趋近和快速退回所用时间，选取 $t_3=1.5$s，$t_4=2.5$s；

t_5 为工作台停歇等待更换工件的时间，选取 $t_5=3$s。

由此可知，工作台完成一个工作循环所需的时间为
$$T_f = 7.8 + 9.8 + 1.5 + 2.5 + 3 = 24.6（s）$$
工作台每分钟的工作循环数为
$$n_f = 60/T_f = 2.44$$
送料杆运动形式为左右往复直线运动，其一个工作循环所需的时间 T_s 与工作台的一个工作循环所需的时间相同，即 $T_s=24.6$s。

工作台的行程为
$$H_f = h_0 + h_1 + h_2$$
式中，h_0 为工作台快速趋近钻头的运动距离；h_1 和 h_2 分别为单孔和三孔的钻削深度。

选取 $h_0=15$mm，$h_1=h_2=13$mm，则 $H_f=41$mm。送料杆的行程 $H_s=100$mm（取工件长的 2 倍）。送料杆的运动与工作台的运动必须协调，而钻头回转与送料杆和工作台的运动是相互独立的，其机械系统运动循环图如图 13-12 所示，以凸轮轴为定标件。

送料杆	送料	静止			送料
工作台	停止	快进	单孔钻	三孔钻	快退
凸轮轴转角	0°	90°	180°	270°	360°

图 13-12 送料杆与工作台的协调运动机械系统运动循环图

3. 原动机的选择

根据机床的工作要求，确定原动机的类型为交流异步感应电动机。考虑到钻头的转速较高，选用同步转速为 1500 r/min 的交流异步感应电动机，其额定转速 $n_n=1440$ r/min。此外，为了减少原动机的数量，可将三个执行机构的运动链并联，用同一电动机驱动。切削运动链的总传动比为
$$i_c = n_n / n_c = 1440 / 500 = 2.88$$
进给运动链的总传动比与送料运动链的总传动比相等，即
$$i_f = i_s = n_n / n_f = 1440 / 2.44 = 563$$

4. 机构类型的选择

1）切削运动链的设计

设计切削运动链时应满足下列各元功能：

(1) 钻头作连续回转运动，运动链总传动比为 2.88。在这种情况下，无须运动形式的

变换，但要求减速。

（2）三个钻头应同向回转，并且各个钻头之间的距离很小。在这种情况下，要求运动链具有运动分解功能，其尺寸有严格的限制。

（3）电动机轴一般为水平方向放置，与钻头回转轴线方向不一致。在这种情况下，要求运动链具有改变运动轴线方向的功能。

（4）电动机与钻头之间有较大的传动距离。在这种情况下，要求运动链能做远距离传动。

根据上述各个功能要求，进行机构类型的选择。能实现减速的传动有齿轮传动、链传动和带传动等，考虑到传动距离较远和速度较高等因素，决定采用 V 带传动，以实现减速和远距离传动的功能；能够实现变换运动轴线方向的传动有圆锥齿轮传动、交错轴斜齿轮传动和蜗杆传动等，考虑到两轴垂直相交且传动比较小，决定采用圆锥齿轮传动，以实现变换运动轴线方向的功能。

为使三个钻头同向回转，可采用由一个中心齿轮带动周围三个从动齿轮的定轴轮系。由于结构尺寸的限制，三个从动齿轮轴线间的距离远大于三个钻头间的距离。为了将三个从动齿轮的回转运动传递给三个钻头，可采用双万向联轴节或钢丝软轴。将上述所选机构适当组合后，即可形成钻削运动链。

2）进给运动链的设计

进给运动链应满足下列各元功能：

（1）工作台作上下往复直线运动，运动规律较为复杂，并且行程不大。

（2）进给运动链应能实现很大的减速比，但进给力不需要太大。

（3）因进给运动的方向和位置与电动机不一致，故应实现回转轴线方向和空间位置的变化。

由功能（1）可知，采用直动推杆盘形凸轮作为执行机构较为合理，减速换向可采用蜗杆传动，为达到很大的减速比和变换空间位置，在蜗杆传动之前可串联带传动。

3）送料运动链的设计

送料运动链的功能要求与进给运动链基本相同，只是往复运动的方向为水平，并且运动行程较大。又因其减速比与进给运动链相同，故可由进给运动链中的蜗轮轴带动。由于送料运动规律较为复杂，故宜采用凸轮机构；又因为其行程大，所以要采用平面连杆机构等进行行程的放大。

13.4 现代机械传动系统发展情况简介

随着科学技术的迅猛发展，特别是计算机的发展和普遍应用，为机械传动系统设计中的理论分析、数值计算和物理模拟等提供了极为有利的条件。系统论、控制论、信息论、突变论等一系列横向交叉学科的发展，使辩证唯物主义的哲学思想具体应用于科学领域，打破了长期以来孤立、片面、静止地观察和思考问题的禁锢。工程设计吸收了当代科学的成果，逐渐形成了自身的科学体系——现代设计方法。这是一门多元化新兴的交叉科学，它将当代各种先进科学方法融于设计之中，使设计工作完全不同于以往的传统设计，设计工作的面貌焕然一新，设计领域开始产生了突破性的变革。

将传统设计方法和现代设计方法相比较可知，传统设计方法是静态的、经验的、手工的方法，而现代设计方法是动态的、科学的、计算机化的方法。传统设计方法是被动地重复分析产品的性能，而现代设计方法则能做到主动地设计产品参数。

13.4.1 系统分析设计方法

系统分析设计方法的思想于 20 世纪 70 年代由德国学者 G.Pahl 和 W.Beitz 教授提出，他们以系统理论为基础，制定设计的一般模式，倡导设计工作应具备条理性。

系统分析设计方法的主要特点如下：将设计看成由若干设计要素组成的一个系统，每个设计要素具有独立性；各个要素间存在着有机的联系，并具有层次性；所有的设计要素结合后，即可实现设计系统所需完成的任务。

以系统工程的观点分析，设计系统是一个由时间维、方法维和逻辑维组成的三维系统。时间维是指按时间顺序的设计工作阶段，逻辑维是解决问题的逻辑步骤，方法维列出设计过程中的各种思维方法和工作方法。设计过程中的每一个行为都是这个三维空间中的一个点。也可以通过这三个方面进行深入分析和研究设计系统的规律。

13.4.2 创造性设计方法

在长期的社会实践中，人们依据创造学理论和创造性思维的规律，对广泛的创造性活动实践经验加以总结，提炼出创造发明的一些原理、技巧和方法。这些方法打破了传统的思维定势和所有阻碍创造性设想而产生的各种消极因素，充分发挥积极因素，提高创造力，为人们从事创新设计提供了切实可行的方法和技巧。创造性设计方法的基本原理归纳如下：

（1）主动原理。创造者需积极、主动地树立问题意识，有强烈的好奇心，勇于设问探索。

（2）刺激原理。广泛留心和接受各种外来刺激，善于吸纳各种知识和信息，对各种新奇的刺激有强烈的兴趣。

（3）环境原理。保持自由和良好的心境，要有允许失败的社会环境。

（4）多多益善原理。树立创造性设想越多，创造成功的概率越大的信念，解决任何问题都要有多方案、多设想，择善而从之。

（5）希望原理。不安于现状，不满足于既得经验和既成事实，追求事物（产品）的完美化和理想化。

创造性设计方法主要有集体激智法、提问追溯法和联想类比法。

13.4.3 优化设计方法

优化设计是将工程设计问题转化为最优化问题，利用数学规划的方法，借助电子计算机的高速度运算和逻辑判断的巨大能力，从满足设计要求的一切可行方案中，按照预定的目标自动寻找最优设计的一种设计方法。它能综合处理并最大限度地满足从不同角度提出的、甚至有时是互相矛盾的技术指标，因此它是重要的现代设计方法之一。

优化设计方法一般包括两部分内容。

（1）将实际设计问题转化为数学规划问题，即建立数学模型。建立数学模型时，要选取设计变量、列出目标函数、给出约束条件。目标函数是设计问题所要求的最优指标与设计变量之间的函数关系式。

（2）采用适当的最优化方法求解数学规划问题，即求解这个数学模型，可归结为在给定条件（如约束条件）下求解目标函数的极值或最优值问题。

13.4.4 可靠性设计方法

《可靠性基本名词术语及定义》（GB/T 3187—1994）中规定了可靠性的定义：可靠性是指产品在规定的条件下和规定的时间内，完成规定功能的能力。

机械可靠性设计是可靠性工程学的主要内容之一，是可靠性工程学在机械设计中的应用。人们对机械破坏机理的认识日益深化，机械故障概率资料的日积月累，以及概率与统计学在机械零件的应力与强度分析方面的应用等，都为机械可靠性设计提供了理论基础和实践经验，使可靠性理论的应用扩展到结构设计、强度分析、疲劳研究等方面。

在机械可靠性设计中，载荷、材料性能与强度及零部件尺寸都被视为属于某种概率分布的统计量。应用概率与数理统计及强度理论，求出在给定条件下零部件不产生破坏的概率公式、应用公式，就可以在给定可靠性下求出零部件的尺寸，或给定尺寸确定其安全寿命。

可靠性设计方法与以往的传统机械设计方法不同，可靠性设计具有以下基本特点：

（1）可靠性设计方法认为机器的工作过程是一个随机过程，作用在零部件上的载荷（广义的）和材料性能都不是定值，而是随机变量，具有明显的离散性质。因此，在数学上必须用分布函数来描述，并用概率统计的方法求解。

（2）可靠性设计方法认为所设计的任何产品都存在一定的失效可能性，并且可以定量地回答产品在工作中的可靠程度，从而弥补常规设计的不足。

13.4.5 机构的动力平衡

机器在运转过程中，除了受到外载荷的作用，还受到各部件自身质量和转动惯量在运动状态下产生的惯性作用。这种惯性作用随着机器转速的提高而迅速增加，在现代高速机械系统中，其作用已远远超过外载荷。这种随机构运转而发生周期性变化的强惯性作用是产生机器振动、噪声和疲劳等现象的主要原因，其结果大大影响了机构的运动和动力性能。尤其是在现代高速、精密、重载机械中，克服这种不利的惯性作用成为必须解决的重要问题。机构的动力平衡就是为解决这一问题进行的研究，它属于机构学领域，是机构动力学重要的前沿课题之一。

机构的动力平衡研究内容主要包括机构的完全动力平衡、机械的最优动力平衡以及机构弹性动力分析等。机构动力平衡的研究开始较早，而真正在连杆机构的平衡方面取得实质性进展是在20世纪70年代初，到80年代末期已经取得了重大成就。关于平面机构的动力平衡问题，无论是完全平衡还是部分平衡都已得到了比较完善的解决。自20世纪80年代以来，人们将平面机构的平衡原理和方法推广到空间机构，已在振动力和振动力矩的完全平衡以及部分平衡方面取得了重要突破，在输入扭矩平衡上也有一定进展。由于空间机构的复杂性，许多问题有待继续深入研究。在多项动力指标的综合平衡、实际有效的平衡方法、机构动力性能的综合改善等方面还需要进行新的探索，以使机构动力平衡研究更加完善。

习题与思考题

13-1 机械传动系统方案设计要考虑哪些基本要求？包括哪些步骤？

13-2 为什么要对机械进行功能分析？这对机械传动系统设计有什么指导意义？

13-3 什么是机械的工作循环图？它有哪些形式？工作循环图在机械传动系统设计中有什么作用？设计各种机械传动系统时是否都需要首先作出其工作循环图？

13-4 机构选型有哪几种途径？在选型时应考虑哪些问题？

13-5 机构的组合有哪几种方式？

13-6 拟定机械运动方案的基本原则有哪些？

参 考 文 献

[1] 陈立德. 机械设计基础[M]. 3 版. 北京：高等教育出版社，2013.
[2] 孙桓，陈作模. 机械原理[M]. 6 版. 北京：高等教育出版社，2000.
[3] 张春林. 机械原理[M]. 北京：高等教育出版社，2006.
[4] 孙桓，陈作模，葛西安. 机械原理[M]. 7 版. 北京：高等教育出版社，2006.
[5] 常治斌，张京辉. 机械原理[M]. 北京：北京大学出版社，2007.
[6] 杨可桢，程光蕴. 机械设计基础[M]. 3 版. 北京：高等教育出版社，1989.
[7] 胡西樵. 机械设计基础[M]. 北京：高等教育出版社，1990.
[8] 黄锡恺，郑文纬. 机械原理[M]. 6 版. 北京：高等教育出版社，1989.
[9] 孙桓，傅则绍. 机械原理[M]. 4 版. 北京：高等教育出版社，1989.
[10] 王跃进，机械原理[M]. 北京：北京大学出版社，2009.
[11] 王秀珍. 机械设计基础[M]. 4 版. 北京：机械工业出版社，2005.
[12] 孙桓. 机械原理学习指南[M]. 北京：高等教育出版社，1998.
[13] 黄茂林. 机械原理[M]. 重庆：重庆大学出版社，2002.
[14] 金圣才，曾龙. 机械原理知识精要与真题详解[M]. 北京：中国水利水电出版社，2011.
[15] 杨家军. 机械原理——基础篇[M]. 武汉：华中科技大学出版社，2005.
[16] 申永胜. 机械原理辅导与习题[M]. 北京：清华大学出版社，1999.
[17] 张世民，高松海. 机械原理辅导[M]. 北京：中国铁道出版社，1989.
[18]《现代机械传动手册》编辑委员会. 现代机械传动手册[G]. 2 版. 北京：机械工业出版社，2002.
[19] 邹慧君. 机械原理课程设计手册[G]. 北京：高等教育出版社，1998.
[20] 葛文杰. 机械原理作业集[M]. 北京：高等教育出版社，2002.